为何“废”了我的标

——否决投标与投标无效200例

主　编　白如银

副主编　章德君　高来龙　刘永平

参　编　廖　楠　高　靖　杨　雪　孙　逊
万雅丽　马　悦　马　琦　刘　晨
辛　洁　霍东光　王　赟　蒋岸林
吴亚丽　李雅男　马宏图

机械工业出版社

本书遵循法律法规、总结实践经验，尽可能涵盖招标投标法体系下的“否决投标”和政府采购法体系下的“投标无效”法律制度，将4类否决投标情形细分为29个中类220个子项逐一精析阐释，提出招标人合规设置否决投标条款、评标委员会准确把握评判尺度及投标人防范“投标无效”雷区的系统性对策建议。

这是一本给投标人阅读的投标工作参考指南，以帮助投标人全面掌握否决投标的情形，从而在投标工作中一一比对自查、有的放矢，尽量使其投标不会被否决；这也是一本给招标人、招标代理机构阅读的工具书，以帮助招标采购从业人员准确理解法律条文，编制出合法合规、内容详尽的招标文件；这还是一本给评标专家阅读的评标工作指引，以帮助评标委员会准确把握评判投标无效的衡量标准，在评标时依法依规否决投标。

图书在版编目（CIP）数据

为何“废”了我的标：否决投标与投标无效200例/白如银主编. —北京：机械工业出版社，2021.12（2024.3重印）

ISBN 978-7-111-45871-5

Ⅰ. ①为…　Ⅱ. ①白…　Ⅲ. ①建筑工程 – 投标 – 案例　Ⅳ. ①TU723

中国版本图书馆CIP数据核字（2022）第015528号

机械工业出版社（北京市百万庄大街22号　邮政编码100037）
策划编辑：关正美　　　责任编辑：关正美
责任校对：邓小妍　贾立萍　封面设计：严娅萍
责任印制：郜　敏
中煤（北京）印务有限公司印刷
2024年3月第1版第2次印刷
130mm × 184mm · 12.75印张 · 263千字
标准书号：ISBN 978-7-111-45871-5
定价：69.00元

电话服务
客服电话：010-88361066
010-88379833
010-68326294

网络服务
机工官网：www.cmpbook.com
机工官博：weibo.com/cmp1952
金书网：www.golden-book.com
机工教育服务网：www.cmpedu.com

封底无防伪标均为盗版

前　言

否决投标（政府采购称之为“投标无效”），或因违反法律规定，或因未实质性响应招标文件缺乏“合意”基础，导致投标被评标委员会作出否定性评价，从而失去中标机会。实践中，法律规定和招标文件约定的否决投标（投标无效）情形表象丰富，否决投标依据不足、理由奇葩，否决标准宽严不一、判定随意等问题也较为突出，影响了投标人的合法权益，也影响了招标投标制度的价值体现。

招标人编制招标文件时应当依法依规设置否决投标（投标无效）条款，便于评标委员会否决投标有明确详尽的判定依据、精准统一的判定尺度，也有利于投标人事前掌握投标文件的编制要求、投标行为的“红线”边界，精心编制出最大限度符合招标人要求的投标文件，防范投标被否决的风险，提高中标概率。

招标文件设置否决投标条款及评标委员会判定否决投标、投标无效，应坚持合法性、必要性和合理性原则。对否决投标条款进行类型化分析，主要有投标人资格不合格、投标文件格式不合格、投标文件内容有重大偏差及投标人有违法行为4类情形。本书遵循法律法规、总结实践经验，尽可能涵盖招标投标法体系下的“否决投标”和政府采购法体系下的“投标无效”法律制度，将这4类否决投标情形又细分为29个中类220个子项逐一精析阐释，提出招标人合规设置否决投标条款、评标委员会准确把握评判尺度及投标人防范“投标无效”雷区的系统性对策建议。

这是一本给投标人阅读的投标工作参考指南，以帮助投标人全面掌握否决投标的情形，从而在投标工作中一一比对自查、有的放矢，尽量使其投标不会被否决；这也是一本给招标人、招标代理机构阅读的工具书，以帮助招标采购从业人员准确理解法律条文，编制出合法合规、内容详尽的招标文件；这还是一本给评标专家阅读的评标工作指引，以帮助评标委员会准确把握评判投标无效的衡量标准，在评标时依法依规否决投标。编者期望招标文件中不合理、奇葩的否决投标条件再少一些，条款更合理；期望投标文件因工作疏忽和细节失误而被否决再少一些，投标更有效；也期望评标委员会随意否决及评判失据再少一些，结果更客观。

当然，本书内容来自于编者的实践体会，也参考了大量案例，列举了否决投标（投标无效）的常见情形，但这些情形只是提供了参考样本，并非“万能”“通用”而不加区分。适用于各类招标项目，实务中尚需结合不同项目实际、采购目标及具体法律规定设计否决投标（投标无效）条款，这一点还请各位读者明鉴。也恳请大家对本书提出补充、修改、完善的意见和建议，请发 E-mail 至 449076137@qq.com，谨致谢意。

编 者

目　录

第一章　投标人资格条件不合格

第一节　投标人不具备投标或订立合同的资格

1. 自然人参加依法招标的科研项目以外的其他项目投标

【案例】

某国有企业通过招标方式采购绿植花卉，招标文件中“投标人资格条件”要求：“投标人必须是中华人民共和国境内的法人或其他组织”。投标人之一为某鲜花店的个体工商户。

【分析】

《中华人民共和国招标投标法》(以下简称《招标投标法》)第二十五条规定：“投标人是响应招标、参加投标竞争的法人或者其他组织。依法招标的科研项目允许个人参加投标的，投标的个人适用本法有关投标人的规定。”也就是说，该法所称“投标人”为法人、其他组织和个人。“个人”也就是“自然人”，在依法招标的科研项目中为适格的“投标人”。《中华人民共和国民法典》(以下简称《民法典》)规定的民事主体是法人、非法人组织和自然人，该法第五十四条规定：“自然人从事工商业经营，经依法登记，为个体工商户。个体工商户可以起字号。”根据《个体工商户条例》第二条规定，个体工商户，是指有经营能力并依照条例的规定经市场监督管理部门登记，从事工商业经营的公民。也就是说，个体工商户仍属于自然人范畴。本案例中，招标文件要求投标人只能是“法人或其他组织”，并不包括自然人，则个体工商户没有资格参与该项目投标。根据《招标投标法》第二十五条、《中华人民共和国招标投标法实施条例》（以下简称《招标投标法实施条例》）第五十一条“有下列情形之一的，评标委员会应当否决其投标：……（三）投标人不符合国家或者招标文件规定的资格条件”及招标文件的规定，评标委员会应当否决该投标。

【提示】

（1）依法必须招标的科研项目以外的其他招标项目，自然人并非《招标投标法》上适格的“投标人”。允许自然人参加竞争的招标项目，不适用《招标投标法》，应适用《民法典》关于民事法律行为、合同成立的一般规定。

（2）对于招标人而言，类似绿植花卉采购项目不属于依法必须招标项目，一般金额也较小，个体工商户有能力承担该类项目，可以采取非招标方式采购，放宽资格条件限制，允许个体工商户参加采购竞争。

2. 无营业执照（事业单位法人证书）的单位投标

【案例】

某国有企业办公用房维修项目招标，招标文件规定：“投标人须是中华人民共和国境内的法人或非法人单位。”评标过程中，评标委员会发现某建筑有限公司的投标文件中未提供营业执照，经登录“国家企业信用信息公示系统”网站查询核实，未发现该公司的登记注册信息。

【分析】

《招标投标法》第二十五条规定：“投标人是响应招标、参加投标竞争的法人或者其他组织。”根据《民法典》规定，法人是具有民事权利能力和民事行为能力，依法独立享有民事权利和承担民事义务的组织；法人可以依法设立分支机构。非法人组织是不具有法人资格，但是能够依法以自己的名义从事民事活动的组织。不管设立法人还是非法人单位，法律、行政法规规定须经有关机关批准的，依照其规定。实践中，有限责任公司和股份有限公司依法取得企业法人营业执照；合伙企业、个人独资企业等非法人组织及企业法人的分支机构（如分公司）依法取得营业执照；事业单位法人作为国家机关举办或者其他组织利用国有资产举办的，从事教育、科技、文化、卫生等活动的社会服务组织，根据《事业单位登记管理暂行条例》规定取得事业单位法人证书。参与招标投标活动的各类市场主体是否持有营业执照（事业单位法人证书），是判断其是否具有合法经营资格的标志。公司及其分公司无营业执照，不能参与市场经营活动，不是合格的投标人。本案例中，某建筑有限公司未提供营业执照，经核实也未办理注册登记，故不符合招标文件对投标人资格条件的要求，根据《招标投标法实施条例》第五十一条“有下列情形之一的，评标委员会应当否决其投标：……（三）投标人不符合国家或者招标文件规定的资格条件”的规定，其投标应当被否决。

【提示】

（1）只有依法办理注册登记、领取营业执照的企业法人及其分支机构才是适格的民事主体，才有资格参加投标，参与市场经营活动。未领取营业执照的企业法人及其分支机构，不具备民事主体资格，也就无资格参加投标。

（2）在评标过程中，对于企业是否注册登记，评标委员会可以登录“国家企业信用信息公示系统”进行查询核实。

3. 未办理注册登记领取营业执照的分支机构投标

【案例】

某国家投资建设工程项目施工招标，招标文件中的“投标人资格条件”要求“投标人应为中华人民共和国境内依法取得营业执照的法人或其他组织”。A公司是某建筑公司未登记领取营业执照的分公司，A公司以自己的名义参加投标。

【分析】

《民法典》第七十四条规定：“法人可以依法设立分支机构。法律、行政法规规定分支机构应当登记的，依照其规定。分支机构以自己的名义从事民事活动，产生的民事责任由法人承担；也可以先以该分支机构管理的财产承担，不足以承担的，由法人承担。”法人分支机构作为法人的组成部分，由法人依法设立，在法人主要活动地点以外的一定领域内，行使法人的全部或部分职能。分支机构以自己的名义所从事的民事活动，对法人直接产生权利义务，并构成整个法人权利义务的一部分。根据《中华人民共和国公司法》（以下简称《公司法》）以及《中华人民共和国市场主体登记管理条例》的相关规定，公司以及其他企业法人分支机构的设立，应当向登记机关申请登记，领取营业执照。只有领取营业执照的法人分支机构，才是《民法典》中规定的适格的民事主体，才能以自己的名义从事民事活动，参加投标。本案例中，投标人资格条件要求为“依法取得营业执照的法人或其他组织”，但A公司属于未登记领取营业执照的分公司参加投标，其不是合格的民事主体，不得以自己的名义从事民事活动，故其不具有适格的投标人资格，根据《招标投标法实施条例》第五十一条“有下列情形之一的，评标委员会应当否决其投标：……（三）投标人不符合国家或者招标文件规定的资格条件”的规定，评标委员会应当否决其投标。

【提示】

（1）法人可以根据业务需要，设立分支机构，分支机构领取营业执照后，可以以自己的名义参加投标活动。

（2）招标文件中可以不要求法人分支机构投标时必须提交法人出具的投标授权委托书。

4. 招标文件不允许领取营业执照的法人分支机构投标

【案例】

某通信企业传输整治改造工程招标，招标文件规定：“本项目投标人须是中华人民共和国境内的法人，不接受法人的分支机构投标。”评审中发现，A公司是某网络科技公司的分公司，有营业执照，A公司以自己名义前来投标。

【分析】

《民法典》第七十四条规定："法人可以依法设立分支机构。法律、行政法规规定分支机构应当登记的，依照其规定。分支机构以自己的名义从事民事活动，产生的民事责任由法人承担；也可以先以该分支机构管理的财产承担，不足以承担的，由法人承担。"法人的分支机构是法人的组成部分，不具备独立的法人资格，不能独立承担民事责任。但招标投标法律并未禁止分支机构投标，只要是由法人依法设立且领取营业执照的分支机构，就属于《招标投标法》第二十五条规定的"其他组织"，可以独立参加投标。因此，如果招标人考虑项目实际不接受分支机构投标，则应当在招标文件中作出明确规定。投标人在招标文件已明文限制分支机构投标，但仍有分支机构投标的，则其不符合招标文件对投标主体资格的要求。本案例中，投标文件明确表示不接受分支机构投标，而A公司仍然投标，不满足投标人资格要求，根据《招标投标法实施条例》第五十一条"有下列情形之一的，评标委员会应当否决其投标：……（三）投标人不符合国家或者招标文件规定的资格条件"的规定，评标委员会应当否决其投标。

【提示】

《招标投标法实施条例》第三十二条将"依法必须进行招标的项目非法限定潜在投标人或者投标人的所有制形式或者组织形式"规定为"以不合理的条件限制、排斥潜在投标人或者投标人"的情形。因此，对于依法必须招标的项目，一般情形下招标人不得在招标文件中限制法人分支机构投标，但对于只向法人发放资质证书的项目，因分支机构无法取得该资质，故该类招标项目应将投标人范围设定为“法人”。对于非依法必须招标项目而言，并未作出类似上述限制性规定，故招标人可以在招标文件中明确规定是否接受法人分支机构投标。未明确规定“只允许法人投标”或“不接受分支机构投标”的，依法领取营业执照的分支机构可作为投标人参加投标。

5. 营业执照（事业单位法人证书）被吊销、注销

【案例】

某依法必须招标项目招标文件中的“投标人资格条件”要求“投标人不得存在破产清算、被吊销营业执照、被责令停业、被暂停或取消投标资格、财产被接管或冻结等情形”。开标现场，投标人 B 公司提出投标人 A 公司已被吊销营业执照，并提交“国家企业信用信息公示系统”的查询结果截屏图片。评标委员会核查，A 公司确实因“企业逾期不参加年检手续”被市场监督管理部门吊销营业执照。

【分析】

《民法典》第五十九条规定：“法人的民事权利能力和民事行为能力，从法人成立时产生，到法人终止时消灭。”根据该法第七十七条、第七十八条规定，营利法人经依法登记成立；依法设立的营利法人，由登记机关发给营利法人营业执照，营业执照签发日期为营利法人的成立日期。也就是说，对于有限责任公司、股份有限公司和其他企业法人等营利法人来说，营业执照是营利法人资格的证明。只有办理营

业登记、取得营业执照，法人才正式成立，才取得民事权利能力和民事行为能力，方可以作为合格的民事主体从事经营活动，参与投标竞争。但是领取营业执照后，由于经营不规范，市场监督管理部门也会依法对有违法经营行为情节严重的企业法人吊销其营业执照，如《招标投标法》第五十三条、第五十四条规定了投标人串通投标、弄虚作假情节严重的，市场监督管理部门可以吊销营业执照。吊销营业执照属于一种行政处罚，其后果是强制停止其经营活动，其也就失去投标资格。当然，企业法人在营业执照吊销后、注销前其法律主体资格依然存在。只有依法办理注销手续，债权债务关系全面清理完毕，合法地退出市场，法人资格才终结。本案例中，投标人A公司营业执照被吊销，被限制参与投标活动，根据《招标投标法实施条例》第五十一条“有下列情形之一的，评标委员会应当否决其投标：……（三）投标人不符合国家或者招标文件规定的资格条件”的规定，其投标应当被否决。

【提示】

（1）投标人应合法经营，避免营业执照被吊销。营业执照被吊销后，如果企业不再经营，应及时办理注销登记，合法退出市场；如果企业仍需继续经营，应向市场监督管理部门提出申请，尽快取得营业执照、恢复经营资格。

（2）评标委员会可以通过审查企业法人的营业执照来核实投标人的民事主体资格，可以通过查询“国家企业信用信息公示系统”或“信用中国”网站等方式获得投标人经营状态是否正常，营业执照有无被吊销、注销的情形等信息。

6. 非依法必须招标项目投标人不符合招标文件限定的所有制形式

【案例】

某市水务有限公司供水管网工程施工预选承包商项目（不属于依法必须招标项目）公开招标，招标文件规定："本项目限国有企业投标。"有一民营企业H公司参与投标。

【分析】

企业所有制形式分为公有制和非公有制两种。其中，公有制又可以分为国家所有制和集体所有制；非公有制企业包括个体、私营企业和外商投资企业。此外，还有混合所有制企业，包含国有、集体、个体、私营、外资等不同所有制混合的企业。《招标投标法实施条例》第三十二条规定："招标人不得以不合理的条件限制、排斥潜在投标人或者投标人。招标人有下列行为之一的，属于以不合理条件限制、排斥潜在投标人或者投标人：……（六）依法必须进行招标的项目非法限定潜在投标人或者投标人的所有制形式或者组织形式。"因此，对于依法必须进行招标的项目，除法律法规对投标人的所有制形式或组织形式提出明确要求外，招标人不得限定投标人的所有制形式或者组织形式，不得歧视、排斥不同所有制性质和不同组织形式的企业参加投标竞争。但对于非依法必须招标项目，选择招标方式进行采购的，不受上述法律法规中针对依法必须招标项目的特定要求的约束，可以限定投标人所有制形式和组织形式。本案例中，某水务有限公司的招标项目是非依法必须招标项目，其招标文件要求投标人必须为国有企业，投标人H公司是民营企业，不符合招标文件对投标人资格条件的要求，根据《招标投标法实施条例》第五十一条“有下列情形之一的，评标委员会应当否决其投标：……（三）投标人不符合国家或者招标文件规定的资格条件”的规定，评标委员会应当否决投标。

【提示】

（1）对于非依法必须招标的项目，招标人有权选择是否采用招标方式进行采购，也有权限定投标人的所有制形式和组织形式，如可以在招标文件中明确规定：“本项目只接受国有或国有资本控股的企业投标”，并要求投标人在投标文件中提供出资人（股东）及出资比例（股权比例）说明。

（2）在评标过程中，评标委员会可以登录“国家企业信用信息公示系统”查询投标人的企业信息，根据记载的“类型”“股东及出资信息”等分析投标人的所有制形式、组织形式。

7. 非依法必须招标项目投标人不符合招标文件限定的单位类型

【案例】

某民营企业拟采用招标方式确定园林绿化工程施工单位，招标文件要求“投标人是中华人民共和国境内的企业法人”。有一事业单位××研究院递交了投标文件参与投标。

【分析】

根据《民法典》有关规定，法人分为营利法人、非营利法人及特别法人。以取得利润并分配给股东等出资人为目的成立的法人，为营利法人，包括有限责任公司、股份有限公司和其他企业法人等。以公益目的或者其他非营利目的成立，不向出资人、设立人或者会员分配所取得利润的法人，为非营利法人，包括事业单位、社会团体、基金会、社会服务机构等。机关法人、农村集体经济组织法人、城镇农村的合作经济组织法人、基层群众性自治组织法人，为特别法人。《招标投标法实施条例》第三十二条规定："招标人不得以不合理的条件限制、排斥潜在投标人或者投标人。招标人有下列行为之一的，属于以不合理条件限制、排斥潜在投标人或者投标人：……（六）依法必须进行招标的项目非法限定潜在投标人或者投标人的所有制形式或者组织形式。"该规定仅限制依法必须进行招标的项目。对于非依法必须招标项目，可以不遵从上述规定，对投标人的所有制形式或者组织形式有权作出限制。本案例中，某民营企业的非依法必须招标的采购项目在招标文件中要求投标人必须为企业法人，投标人××研究院作为事业单位法人，不符合招标文件对投标人单位类型的要求，根据《招标投标法实施条例》第五十一条"有下列情形之一的，评标委员会应当否决其投标：……（三）投标人不符合国家或者招标文件规定的资格条件"的规定，评标委员会应当否决投标。

【提示】

非依法必须招标的项目选择招标方式进行采购的，招标人可自主决定是否限制投标人单位类型，如可以在招标文件中明确规定"本项目必须是中华人民共和国境内的企业法人”，这样就将投标人限定为企业法人而限制了事业单位法人的投标资格。

8. 法人与其分支机构同时参加同一招标项目的投标

【案例】

某集团公司对2021年年度广告策划宣传项目进行招标采购，共11家投标人参与竞标。评审中发现，A设计公司与其依法领取营业执照的广州分公司同时参加了该项目的投标。

【分析】

《民法典》第七十四条规定：“法人可以依法设立分支机构。法律、行政法规规定分支机构应当登记的，依照其规定。法人分支机构以自己名义从事民事活动，产生的民事责任由法人承担；也可以先以该分支机构管理的财产承担，不足以承担的，由法人承担。”《公司法》第十四条也规定：“公司可以设立分公司。设立分公司，应当向公司登记机关申请登记，领取营业执照。分公司不具有法人资格，其民事责任由所属法人承担。”分公司是公司法人的分支机构，是公司在其住所以外设立的从事经营活动的机构，是法人的组成部分，不具有独立的法人资格，其投标行为的民事责任最终由该法人来承担。法人与其分支机构同时参加同一项目的投标，等同于一个法人提交了两份投标文件，对其他投标人不公平。《招标投标法实施条例》第五十一条也禁止同一投标人提交两份以上不同的投标文件。因此，对同一招标项目，投标人可自行参加或由其分支机构代表其参加投标。本案例中，投标人A设计公司与其分公司共同参加同一项目的投标，视为A设计公司一个法人递交两份投标文件，根据《招标投标法实施条例》第五十一条“有下列情形之一的，评标委员会应当否决其投标：……（四）同一投标人提交两个以上不同的投标文件或者投标报价，但招标文件要求提交备选投标的除外”的规定，应当同时否决这两个投标。

【提示】

法人与其分支机构（如公司法人与其所属分公司）不能同时参加同一项目或划分标段时同一标段的投标。因此，投标人应合理分配任务，做好内部沟通协调，避免法人与其分支机构同时参加投标。

9. 同一法人的若干分支机构参加同一招标项目的投标

【案例】

某国有企业信息系统开发项目招标，招标文件规定：“投标人须为中华人民共和国境内依法注册的法人或其他组织”。评审时发现，投标人A公司为国内信息开发行业的翘楚，在各地设有多家分支机构且均依法注册登记领取营业执照，此次A公司在多个城市设立的分支机构同时参与投标。

【分析】

法律虽不禁止分支机构参与投标，但分支机构作为法人的组成部分，无独立法人人格，不能独立承担民事责任，其投标行为等民事法律行为视同法人的民事法律行为，民事责任也最终由该法人承受。如果同一法人下属的若干个分支机构同时参加投标，就等于一个法人提交了几份投标文件，“一标多投”，这对其他投标人不公平，《招标投标法实施条例》

第五十一条也将“同一投标人提交两个以上不同的投标文件或者投标报价”作为否决投标的法定情形。因此，对同一招标项目或划分标段时同一个标段，同一投标人只能指定一个分支机构代表其投标。本案例中，投标人A公司的多家分支机构同时参与同一项目的投标，等同于“同一投标人提交两个以上不同的投标文件”，根据《招标投标法实施条例》第五十一条第四项的规定，对这多个投标，均应当否决。

【提示】

（1）在实践中，如一个法人设立了多家分支机构，可以按不同的经营方向授权其分支机构参与投标，防止各分支机构向不划分标段的同一个招标项目或同一招标项目划分标段时的同一标段“扎堆”投标，从而导致投标失败。

（2）如果同一招标项目划分为多个标段，同一法人的不同分支机构分别针对不同的标段投标，并不违反法律规定。

10. 法人分支机构投标未按照招标文件要求提交法人授权书

【案例】

某市安居房维修工程项目公开招标，招标文件规定：“分公司或分支机构参加投标，必须提供其法人针对该项目的授权委托书。如果未提供有效的授权委托书，则其投标无效。”评审中发现，投标人甲建设公司为某建筑集团公司的分公司，由该建筑集团公司依法设立，领取营业执照，本次以自己的名义投标，但未提交集团公司出具的法人授权书。

【分析】

《民法典》第七十四条规定："法人可以依法设立分支机构。法律、行政法规规定分支机构应当登记的，依照其规定。分支机构以自己的名义从事民事活动，产生的民事责任由法人承担；也可以先以该分支机构管理的财产承担，不足以承担的，由法人承担。"分公司或分支机构依法设立并领取营业执照后，无须经过其所属法人的授权，即可依法以自己的名义从事经营活动，独立参与投标，该民事行为在法律上是允许的。如果招标人另有要求，也可在招标文件中规定："依法领取营业执照的分公司或分支机构，必须经过法人授权，才可以参加投标"，其目的在于强调分支机构必须在其法人授权范围内开展经营活动，其法律责任由法人承担，降低分支机构履约风险。本案例中，招标文件明确要求"分公司或分支机构必须提供其法人针对该项目的授权委托书"，但甲建设公司作为分公司未提交法人授权委托书，根据招标文件中"如果未提供有效的授权委托书，则其投标无效"及《招标投标法实施条例》第五十一条第六项的规定，评标委员会应当否决该投标。

【提示】

（1）一般情况下，招标人无须要求参与投标的分支机构投标必须提交法人授权书。但如果招标人拟降低与分支机构直接交易的风险，也可要求分支机构必须提供其隶属的法人出具的投标授权委托书。

（2）法人授权委托书可以是"一事一授权"，如专门针对本招标项目出具的授权委托书；也可以是就一段时期、一类项目、一定地域内的“概括授权”，如按年度授权可以在某类项目中投标的授权委托书。除了书面投标授权委托书，投标人也可以按照其管理实际，出具授权文件代替授权委托书，只要载明的授权期限、授权范围涵盖本次招标项目即可。

11. 针对中小企业的政府采购项目供应商并非中小企业

【案例】

某政府部门专门面向中小企业公开招标采购一批办公设备，招标文件规定：“供应商应为中小企业，须提供《中小企业声明函》”。共有5家供应商前来投标，其中A公司虽提交了本企业的《中小企业声明函》，但经评标委员会核查确认其为某大型企业集团全资子公司。

【分析】

《中华人民共和国政府采购法实施条例》（以下简称《政府采购法实施条例》）第六条规定：“国务院财政部门应当根据国家的经济和社会发展政策，会同国务院有关部门制定政府采购政策，通过制定采购需求标准、预留采购份额、价格评审优惠、优先采购等措施，实现节约能源、保护环境、扶持不发达地区和少数民族地区、促进中小企业发展等目标。”为了落实政府采购促进中小企业发展政策，财政部专门出台了《政府采购促进中小企业发展管理办法》。该办法第二条规定：“本办法所称中小企业，是指在中华人民共和国境内依法设立，依据国务院批准的中小企业划分标准确定的中型企业、小型企业和微型企业，但与大企业的负责人为同一人，或者与大企业存在直接控股、管理关系的除外。符合中小企业划分标准的个体工商户，在政府采购活动中视同中小企业。”该办法第六条规定：“主管预算单位应当组织评估本部门及所属单位政府采购项目，统筹制定面向中小企业预留采购份额的具体方案，对适宜由中小企业提供的采购项目和采购包，预留采购份额专门面向中小企业采购，并在政府采购预算中单独列示。”该办法第七条规定：“采购限额标准以上，200万元以下的货物和服务采购项目、400万元以下的工程采购项目，适宜由中小企业提供的，采购人应当专门面向中小企业采购。”该办法第十一条进一步明确“中小企业参加政府采购活动，应当出具本办法规定的《中小企业声明函》(附1)，否则不得享受相关中小企业扶持政策。任何单位和个人不得要求供应商提供《中小企业声明函》之外的中小企业身份证明文件。”根据上述规定，专门面向中小企业的采购，供应商应当按照招标文件规定提供《中小企业声明函》等材料。本案例中，参加政府采购项目的A公司虽然提交了《中小企业声明函》，但由于其为某大型企业集团全资子公司，与大企业存在直接控股、管理关系，不属于《政府采购促进中小企业发展管理办法》第二条规定的“中小企业”，故不满足本项目投标人资格要求，评标委员会应当判定其投标无效。

【提示】

(1)参与政府采购活动的中小企业应按照《政府采购促进中小企业发展管理办法》的规定及附件提供的格式提交《中小企业声明函》等证明材料，否则其投标无效。

(2)供应商虽然符合中小企业划分标准可以认定为中小企业，但如果其与大企业的负责人为同一人，或者与大企业存在直接控股、管理关系，即不能在政府采购活动中作为中小企业享受优惠政策，不能参加专门面向中小企业的采购项目投标。

第二节　招标投标当事人之间有关联关系可能影响招标公正性

1. 投标人为招标人不具有独立法人资格的附属机构

【案例】

某集团公司对单身公寓改造工程建设项目施工招标。评审中，评标委员会发现该集团公司的分支机构 ×× 建筑分公司是本项目的投标人之一。

【分析】

《民法典》第七十四条规定：“法人可以依法设立分支机构。法律、行政法规规定分支机构应当登记的，依照其规定。分支机构以自己的名义从事民事活动，产生的民事责任由法人承担；也可以先以该分支机构管理的财产承担，不足以承担的，由法人承担。”分支机构不具有独立法人资格，属于法人的附属机构。法人与其分支机构在承担民事责任方面身份合一，若分支机构参与法人组织的招标，属于“自己交易”，在主体身份上与《招标投标法》的精神不符，对其他投标人也不公平。《工程建设项目施工招标投标办法》对于施工招标项目的投标人条件作出限制性规定，该办法第三十五条规定：“招标人的任何不具独立法人资格的附属机构（单位），或者为招标项目的前期准备或者监理工作提供设计、咨询服务的任何法人及其任何附属机构（单位），都无资格参加该招标项目的投标。”本案例中，××建筑分公司作为招标人某集团公司的分支机构，不得参与本项目的投标，根据上述法律规定，其投标应当被否决。

【提示】

（1）评标委员会可以根据“国家企业信用信息公示系统”载明的投标人的企业类型、出资人等信息来认定投标人是否为招标人不具有独立法人资格的附属机构。

（2）如果招标人的分支机构具备承担招标项目的能力，则属于《招标投标法实施条例》第九条第一款第（二）项所述“采购人依法能够自行建设、生产或提供”的情形，对该招标项目可以不必进行招标，直接交由其分支机构承担即可。

2. 投标人与本招标项目的其他投标人存在控股关系

【案例】

某国有企业通过招标方式采购一批通信设备，共有7家供应商参与投标，其中甲通信设备有限公司是乙通信科技网络有限公司的出资人之一，且出资额占乙通信科技网络有限公司注册资本的65%。

【分析】

《招标投标法实施条例》第三十四条第二款规定：“单位负责人为同一人或者存在控股、管理关系的不同单位，不得参加同一标段投标或者未划分标段的同一招标项目投标。”对“控股”的理解可参考《公司法》第二百一十六条第二项规定，“控股”是指以下两种情况：一是指股东的出资额占有限责任公司资本总额50%以上或者其持有的股份占股份有限公司股本总额50%以上；二是出资额或者持有股份的比例虽然不足50%，但依其出资额或者持有的股份所享有的表决权已足以对股东会、股东大会的决议产生重大影响，一般将前一种控股情形称为“绝对控股”，后一种控股情形称为“相对控股”。《国家统计局印发〈关于统计上对公有和非公有控股经济的分类办法〉的通知》（国统字〔2005〕79号）对于“绝对控股”和“相对控股”作了更为明确的表述：“绝对控股”是指在企业的全部实收资本中，某种经济成分的出资人拥有的实收资本（股本）所占企业的全部实收资本（股本）的比例大于50%。投资双方各占50%，且未明确由谁绝对控股的企业，若其中一方为国有或集体的，一律按公有绝对控股经济处理；若投资双方分别为国有、集体的，则按国有绝对控股处理。“相对控股”是指在被投资企业的全部实收资本中，某出资人拥有的实收资本（股本）所占的比例虽未大于50%，但根据协议规定拥有企业的实际控制权（协议控股）；或者相对大于其他任何一种经济成分的出资人所占比例（相对控股）。控股的母公司拥有子公司在财务上、经营上的控制权，并对重要人员的任命和重大决策有决定权，基于此种关系，投标人可能协同一致行动投标，影响招标公正性，故《招标投标法实施条例》对此作出限制性规定。本案例中，甲通信设备有限公司出资占乙通信科技网络有限公司注册资本的65%，两者构成绝对控股关系，根据上述法律规定，两投标人不得同时参加本项目的投标，两份投标均应当被否决。

【提示】

（1）《招标投标法实施条例》第三十四条第二款限制的是单位负责人为同一人或者存在控股、管理关系的不同单位，不得同时参加同一标段投标或者未划分标段的同一招标项目的投标；如果是招标项目划分了标段，则两个以上投标人即使具有控股、管理关系，也可以分别参加不同标段的投标。

（2）对于“相对控股”的情形，应从是否具有对公司的控制权方面考虑，可参考证监会《上市公司收购管理办法》第八十四条规定的“实际控制人”的具体认定情形来认定，即：投资者为上市公司持股50%以上的控股股东；投资者可以实际支配上市公司的股份表决权超过30%；投资者通过实际支配上市公司股份表决权能够决定公司董事会半数以上的成员选任；投资者依其可实际支配的上市公司股份表决权足以对公司股东大会的决议产生重大影响等。评标委员会可依据上述情形综合考量投标人之间是否具有控股关系。

3. 投标人与本招标项目的其他投标人存在管理关系

【案例】

某单位实验楼工程项目施工招标，甲建筑工程有限公司和乙工程有限公司均参与该项目投标。开标时，有供应商举报甲、乙公司存在管理关系并出具相关证明文件。在评审过程中，评标委员会经澄清和调查，证实两公司为同一集团公司下属的子企业，相互虽然没有出资持股关系，但是该集团公司发文授权由乙工程有限公司代管甲建筑工程有限公司，甲建筑工程有限公司的人事任免、预算安排、重大投资等事宜均须经乙工程有限公司决策同意。

【分析】

《招标投标法实施条例》第三十四条第二款规定：“单位负责人为同一人或者存在控股、管理关系的不同单位，不得参加同一标段投标或者未划分标段的同一招标项目投标。”国家发展和改革委员会法规司等编著的《中华人民共和国招标投标法实施条例释义》对存在管理关系的解释如下：“这里所称的管理关系，是指不具有出资持股关系的其他单位之间存在的管理与被管理关系。”比如一些上下级关系的事业单位和团体组织，或者一个企业由另一企业代管，这些情况都属于具有“管理关系”。这种存在管理关系的两个单位在同一标段或者不划分标段的同一招标项目中投标，容易发生事先沟通、私下串通等情形，影响公平竞争，因此有必要禁止其同时投标。《招标投标法实施条例》第三十四条第三款还规定：“违反前两款规定的，相关投标均无效。”这里的投标无效，是指投标活动自始无效。具体来说，如在评标环节发现这一情况，评标委员会应当否决其投标；如在中标候选人公示环节发现这一情况，招标人应当取消其中标资格。本案例中，甲建筑工程有限公司由乙工程有限公司代管，重大事项均须经过乙工程有限公司同意，证实两投标人之间存在管理关系。根据上述法律规定，评标委员会应当同时否决甲建筑工程有限公司和乙工程有限公司的投标。

【提示】

（1）评标委员会对于“管理关系”的认定，可以考虑以下因素：一是投标人之间有代管协议，如A公司与B公司签订代管协议，包括代管范围和内容、代管方的权利与义务、委托方的权利与义务等；二是基于一些文件来综合认定，如投标人之间存在《××企业代管方案》《××企业与××企业代管管理办法》等；三是在一家投标人的章程中发现公司的重大经营决策需经另一投标人的同意，或者一家投标人的人事任免、项目投资、综合计划、预算安排等均以另一投标人的文件决定的形式作出，或者某企业规章制度、文件中明确规定一投标人受托管理另一投标人等类似内容。在招标投标活动中，对于投标人之间是否具有"管理关系"，当事人很少自行陈述，更多需要其他供应商提供线索。

（2）具有管理关系的投标人，应当避免参加同一标段或者未划分标段的同一招标项目的投标，但其可以参加同一项目不同标段或者不划分标段时不同招标项目的投标。

4. 同一招标项目的两个投标人单位负责人为同一人

【案例】

某办公大楼工程项目施工招标（未划分标段），共有8家投标人参与投标。评标委员会在评审时发现，投标人甲建筑工程有限公司营业执照上载明的法定代表人是张某某，投标人乙工程有限公司营业执照上载明的法定代表人也是张某某，经澄清确认，两家投标人的法定代表人身份证号码相同，为同一人。

【分析】

《招标投标法实施条例》第三十四条规定："单位负责人为同一人或者存在控股、管理关系的不同单位，不得参加同一标段投标或者未划分标段的同一招标项目投标……违反前两款规定的，相关投标均无效。”所谓单位负责人，通常是指单位法定代表人或者法律、行政法规规定代表单位行使职权的主要负责人，主要有两类：一是单位的法定代表人，是指依法代表法人单位行使职权的负责人，如国有工业企业的厂长经理，公司制企业的董事长、事业单位的主要负责人等；二是按照法律、行政法规的规定代表单位行使职权的负责人，具体是指代表法人单位行使职权的负责人，如代表合伙企业执行合伙企业事务的合伙人、个人独资企业投资人等。若不同投标人单位负责人为同一人，则具有密切的关联关系、利益关系，容易在经营决策行为中协商一致，采取一致行动，如果允许其参加同一项目的投标，容易发生串通投标行为，致使采购丧失公平竞争性，因此《招标投标法实施条例》对“具有同一个单位负责人的不同投标人”参加同一招标项目作出限制性规定。类似的限制性规定还有《工程建设项目货物招标投标办法》第三十二条第二款：“法定代表人为同一个人的两个人及两个以上法人，母公司、全资子公司及其控股公司，都不得在同一货物招标中同时投标”；《政府采购法实施条例》第十八条：“单位负责人为同一人或者存在直接控股、管理关系的不同供应商，不得参加同一合同项下的政府采购活动。”本案例中，甲建筑工程有限公司和乙工程有限公司的法定代表人均为张某某，属于“单位负责人为同一人”的情形，两家公司同时参与本项目投标，根据上述法律规定，其投标均无效，评标委员会应当依法否决投标。

【提示】

（1）不同单位的负责人为同一人的，只能有一家单位参加同一标段或者未划分标段的同一招标项目的投标。不同投标人即使其单位负责人是同一人，但是参加的是不同招标项目或者划分标段时不同标段的投标，法律并不禁止。

（2）《招标投标法实施条例》第三十四条限定投标的情形是两个投标人之间存在利害关系，其并不包括两个投标人的法定代表人存在夫妻、兄弟、父子等关系的情形，也未禁止同一企业法人控股的多个子公司参与投标。若两投标单位法定代表人并不是同一人，它们之间不存在控股或管理关系，即使有共同的股东、高级管理人员，或者一家投标人的法定代表人是另一家投标人的股东、负责人、高级管理人员等情形，也可以参加同一个项目的投标。

（3）一般情况下，有共同控股股东的两家以上投标人，出现协商一致相互串通的可能性增大，为防止类似情形发生，招标人也可以在招标文件中作出限制投标的规定。

5. 工程建设项目施工招标的投标人是为本招标项目的监理工作提供咨询服务的任何法人及其任何附属机构（单位）

【案例】

某单位停车场改造工程项目，前期已选定甲工程监理咨询有限公司为该施工项目监理单位。后期该工程项目进行施工招标，评标委员会在评标时发现，甲工程监理咨询有限公司也参加了该施工项目的投标。

【分析】

《工程建设项目施工招标投标办法》第三十五条规定：“招标人的任何不具独立法人资格的附属机构（单位），或者为招标项目的前期准备或者监理工作提供设计、咨询服务的任何法人及其任何附属机构（单位），都无资格参加该招标项目的投标。”根据该规定，工程项目监理单位或与监理单位有利害关系的投标人不得参加被监理项目的施工招标活动，其目的在于维护监理的中立性、公正性。《建设工程质量管理条例》第三十五条也规定：“工程监理单位与被监理工程的施工承包单位以及建筑材料、建筑构配件和设备供应单位有隶属关系或者其他利害关系的，不得承担该项建设工程的监理业务”，这也是考虑到信息的对等性和竞争的公平性因素。本案例中，甲工程监理咨询有限公司是该施工项目的监理单位，再参加该施工项目的投标有可能影响监理质量，故根据前述规定，其不得参加该施工项目的投标，评标委员会应当根据《招标投标法实施条例》第五十一条第三项规定否决其投标。

【提示】

（1）评标委员会在评审过程中，应当注意参照《中华人民共和国标准施工招标资格预审文件》（以下简称《标准施工招标资格预审文件》）审核投标人有无为招标项目的前期准备或者监理工作提供过设计、咨询等服务。一般来说，施工招标项目的投标人不得存在下列情形：为本标段的监理人；为本标段的代建人；为本标段提供招标代理服务；与本标段的监理人或代建人或招标代理机构同为一个法定代表人；与本标段的监理人或代建人或招标代理机构相互控股或参股；与本标段的监理人或代建人或招标代理机构相互任职或工作。

（2）参与招标项目的前期准备或者监理工作，提供设计、咨询服务的单位，也不得作为联合体成员之一参加本项目施工投标。

6. 工程建设项目施工招标的投标人是为本招标项目前期准备提供设计服务的任何法人及其任何附属机构（单位）（但设计施工总承包的除外）

【案例】

某国有企业建设实验楼施工招标，A咨询设计有限公司为该项目前期准备工作提供了设计服务，后期在该项目施工招标时，A咨询设计有限公司作为投标人参加了该项目的投标。

【分析】

《工程建设项目施工招标投标办法》第三十五条规定："为招标项目的前期准备或监理工作提供设计、咨询服务的任何法人及任何附属机构（单位），都无资格参加该招标项目的投标。"同时，《标准施工招标资格预审文件》规定："为招标项目的前期准备或者监理工作提供设计、咨询服务的任何法人及其任何附属机构（单位），都无资格参加该项目的投标，但设计施工总承包的除外。"若一家投标人为招标项目的前期准备或监理工作提供设计、咨询服务，与招标人已经建立了交易关系，即便是为招标项目的前期准备或监理工作提供设计、咨询服务的企业的附属机构，也与该项目有了一定的利害关系，掌握信息不对等，对参加竞争的其他投标人不公平，因此作出前述限制投标的规定。本案例中，A咨询设计有限公司为该项目前期准备工作提供了设计服务，依据前述规定，其投标资格不合格，评标委员会应当根据《招标投标法实施条例》第五十一条第三项规定否决其投标。

【提示】

（1）为招标项目的前期准备或者监理工作提供设计、咨询服务的任何法人及其分支机构等任何附属机构（单位），都不得参加后续的施工项目投标。

（2）在设计施工总承包项目中，由于招标人向所有投标人提供相同的初步设计或方案设计，在合同执行期由总承包人在初步设计或方案设计的基础上自行设计施工图，提供过前期咨询的企业不存在投标优势，一般认为可以参加后续设计施工总承包项目的投标。

7. 工程建设项目施工招标的投标人是为本标段前期准备提供咨询服务的任何法人及其任何附属机构（单位）（但设计施工总承包的除外）

【案例】

某国有企业检测中心用房项目施工招标，招标文件规定：“投标人不得存在下列情形之一：……（2）为本标段前期准备提供设计或咨询服务的，但设计施工总承包的除外……”评审过程中，评标委员会发现投标人A咨询设计有限公司在该项目前期提供了工程造价咨询服务。

【分析】

《工程建设项目施工招标投标办法》第三十五条规定："为招标项目的前期准备或监理工作提供设计、咨询服务的任何法人及任何附属机构（单位），都无资格参加该招标项目的投标。"《标准施工招标资格预审文件》也规定："为招标项目的前期准备或者监理工作提供设计、咨询服务的任何法人及其任何附属机构（单位），都无资格参加该项目的投标，但设计施工总承包的除外。"工程项目前期咨询服务一般包括项目规划咨询、项目机会研究、项目可行性研究和项目评估、工程勘察设计、设计审查、工程和设备采购咨询服务等。工程前期咨询服务单位已经掌握了项目的技术、商务要求，对其他未参与前期咨询的投标人来说，双方获取的信息不对等，如果允许其参加施工项目投标，可能对其他投标人不公平。因此，《工程建设项目施工招标投标办法》作出前述禁止性规定。本案例中，A咨询设计有限公司为检测中心用房施工招标项目前期准备工作提供了造价咨询服务，掌握该项目的造价信息，其作为投标人前来投标，属于为本标段前期准备提供咨询服务的法人，其投标资格受法律限制，根据《招标投标法实施条例》第五十一条第三项、《工程建设项目施工招标投标办法》第三十五条等规定，其投标应当被否决。

【提示】

（1）为工程建设项目的前期准备或者监理工作提供设计、咨询服务的任何法人及其分支机构，都无资格参加该工程施工项目的投标，但设计施工总承包的除外。

（2）需要注意的是，一些地方出台的地方性法规或政府规章并没有绝对限制为项目提供前期咨询的单位作为投标人参加招标投标活动。如《雄安新区工程建设项目招标投标管理办法（试行）》第十四条第二款规定：“前期咨询资料、成果对潜在投标人全部公开的，工程建设项目的可行性研究报告编制单位和方案编制单位可以参与工程总承包项目的投标。”据此将前期咨询设计文件向所有投标人公开，保证了所有潜在投标人获取的信息对等，可以确保投标人在“同一起跑线上”充分竞争，保障了招标投标活动的公平公正性，在这种情形下，前期咨询单位可以参加后续的施工招标。

8. 工程建设项目施工、监理、勘察、设计招标项目的投标人，为本标段（本招标项目）的代建人

【案例】

某市政府河堤景观工程设计施工总承包项目招标，招标文件规定：“投标人不得存在下列情形之一：……（4）为本标段的代建人……”某公司前来投标，评审中发现，该投标人此前经公开招标被确定为该工程建设项目代建人。

【分析】

《国务院关于投资体制改革的决定》（国发〔2004〕20号）规定：“对非经营性政府投资项目加快推行‘代建制’，即通过招标等方式，选择专业化的项目管理单位负责建设实施，严格控制项目投资、质量和工期，竣工验收后移交给使用单位。”政府投资项目实行代建制，即由政府部门作为采购人通过招标或委托方式选择代建单位，由该政府部门与代建人签订代建合同，再由代建人与施工单位签订施工工程总承包合

同。代建制的核心是采购人与代建人双方签订的代建合同性质为工程项目管理服务合同，代建人对工程项目实施全面管理，包括项目可行性分析论证，前期立项，办理各项审批手续，协助选定施工单位，负责项目后期竣工验收、结算等。对于必须招标或代建采购单位要求招标的项目，通常由代建人配合完成各项招标投标工作，最终确定施工单位。代建人作为招标投标工作管理者，如果“自己招自己投”，对其他投标人参与竞争不公平。因此，代建人与招标人之间存在利害关系可能影响招标公正性，应当限制其投标资格。本案例中，投标人某公司为招标项目的代建人，根据《招标投标法实施条例》第三十四条第一款“与招标人存在利害关系可能影响招标公正性的法人、其他组织或者个人，不得参加投标”的规定，其投标应当被否决。

【提示】

目前，我国法律对代建制尚无明确规定，只有国务院文件及一些地方规章作出相关指导性意见。招标人可参照《标准施工招标资格预审文件》相关规定，在招标文件中明确写明该项目代建人，并在“投标人资格条件”中明确“代建人不得为本项目（本标段）投标人”。

9. 投标人为本招标项目的招标代理机构

【案例】

某公司视频会议系统维保采购项目招标，招标文件规定：“投标人不得存在下列情形之一：……（5）为本标段提供招标代理服务的……”评标过程中发现，投标人A公司为该项目招标代理机构，因熟知该项目便派员递交了投标文件。

【分析】

《招标投标法》第十三条规定：“招标代理机构是依法设立、从事招标代理业务并提供相关服务的社会中介组织……”《招标投标法实施条例》第十三条规定：“……招标代理机构代理招标业务，应当遵守招标投标法和本条例关于招标人的规定。招标代理机构不得在所代理的招标项目中投标或者代理投标，也不得为所代理的招标项目的投标人提供咨询。”招标代理机构的性质是中介组织，以其专业知识为招标人提供招标代理服务，包括受招标人委托编制招标文件，依据招标文件的规定审查投标人的资格，组织评标、定标等；提供与招标代理业务相关的服务即是指提供与招标活动有关的咨询、代书及其他服务性工作。招标代理机构作为招标投标活动的组织者，掌握大量招标项目信息，如允许其投标，将影响招标公正性，故法律明文禁止其作为投标人参与所代理的招标项目的投标。本案例中，投标人A公司作为招标代理机构参加投标，不符合《招标投标法实施条例》第十三条规定，其投标资格不合格，根据《招标投标法实施条例》第五十一条第三项规定，评标委员会应当否决其投标。

【提示】

（1）招标代理机构不得在所代理的招标项目中投标或者代理投标人投标，也不得为所代理的招标项目的投标人提供咨询，这是法律作出的强制性规定，招标代理机构必须严格遵守。招标人可依据法律规定，在招标文件中作出禁止招标代理机构投标的规定。

（2）即使招标文件并未作出禁止招标代理机构投标的规定，评标委员会仍可以依据《招标投标法实施条例》第十三条，针对本招标项目招标代理机构的投标依法作出否决决定。

10. 工程建设项目施工、勘察、设计招标的投标人，与本标段的监理人或代建人或招标代理机构的法定代表人为同一人

【案例】

某公路工程项目施工招标，招标文件规定："投标人不得存在下列情形之一：……（6）与本标段的监理人或代建人或招标代理机构同为一个法定代表人的……"评标过程中，评标委员会发现投标人A公司的法定代表人是李某某，与该工程建设项目代建人B公司的法定代表人也是李某某，经核对身份信息后，发现两家公司的法定代表人是同一人。

【分析】

法定代表人，是指由法律或者法人组织章程规定，代表法人对外行使民事权利、履行民事义务的负责人。根据《公司法》规定，公司法定代表人依照公司章程的规定由董事长、执行董事或者经理担任。在招标投标领域，工程项目监理人、代建人或招标代理机构本身不能成为施工项目投标人。当施工项目投标人的法定代表人和本招标项目监理人、代建人或招标代理机构的法定代表人重合时，可能影响招标公正性，损害招标人和其他投标人利益。国家发展和改革委员会发布的《中华人民共和国标准施工招标文件》（以下简称《标准施工招标文件》）、《中华人民共和国标准勘察招标文件》

（以下简称《标准勘察招标文件》）、《中华人民共和国标准设计招标文件》（以下简称《标准设计招标文件》）也列明工程建设项目施工、勘察、设计招标的投标人不得与本标段的监理人或代建人或招标代理机构同为一个法定代表人。本案例中，投标人A公司与本项目代建人B公司的法定代表人为同一人，根据招标文件规定，A公司的投标人资格不合格，评标委员会应当按照《招标投标法实施条例》第五十一条第三项规定和招标文件约定，否决其投标。

【提示】

招标项目划分为不同标段招标的，同一标段内投标人与建设工程项目施工、勘察、设计项目监理人或代建人或招标代理机构的法定代表人为同一人的，评标委员会应当否决其投标，但如果投标人在该项目的其他标段投标，不影响其投标资格。

11. 工程建设项目施工、勘察、设计招标的投标人，与本招标项目的代建人或招标代理机构相互控股或参股

【案例】

某桥梁工程项目施工招标，招标文件规定：“投标人不得存在下列情形之一：……（7）与本标段的代建人或招标代理机构相互控股或参股的……”A公司为投标人之一，评标过程中发现，本项目的招标代理机构B公司持有A公司60%的股份，为A公司的控股股东。

【分析】

《公司法》第二百一十六条规定：“本法相关用语的含

义：……（二）控股股东，是指其出资额占有限责任公司资本总额百分之五十以上或者其持有的股份占股份有限公司股本总额百分之五十以上的股东；出资额或者持有股份的比例虽然不足百分之五十，但依其出资额或者持有的股份所享有的表决权已足以对股东会、股东大会的决议产生重大影响的股东……”控股状态下所持的子公司股份占比较大，对子公司管理有较大控制力。参股持有股份虽不能对子公司股东会、股东大会的决议产生重大影响，但作为股东仍然对公司的经营发展有一定的发言权。涉及招标投标领域，招标项目代建人或招标代理机构熟知招标活动各环节，对其控股或参股的子公司的经营决策有影响力，如其子公司投标，有可能透露招标关键信息，操纵评标过程，对其他潜在投标人不公平，故应当限制其投标资格，反之亦然。国家发展和改革委员会发布的《标准施工招标文件》《标准勘察招标文件》《标准设计招标文件》中也列明工程建设项目施工、勘察、设计招标的投标人不得与本标段的监理人或代建人或招标代理机构相互控股或参股。本案例中，B公司作为本项目招标代理机构，又是投标人A公司的控股股东，对投标人A公司有绝对控制权，根据招标文件规定，A公司投标资格不合格，评标委员会应当按照《招标投标法实施条例》第五十一条第三项规定和招标文件约定，否决其投标。

【提示】

评标委员会在评审过程中，对投标人与本招标项目的代建人或招标代理机构相互控股或参股关系的认定，应依照《公司法》《关于统计上对公有和非公有控股经济的分类办法》等法律法规，结合投标人股权的结构来分析。

12. 工程建设项目监理招标的投标人，与本标段的代建人或招标代理机构的法定代表人为同一人

【案例】

某大学综合实验楼监理服务项目招标，招标文件规定："投标人不得存在下列情形之一：……（8）与本标段的代建人或招标代理机构同为一个法定代表人……"评标过程中发现，投标人A公司的法定代表人与该工程监理项目代建人的法定代表人是同一人。

【分析】

建设工程监理是指监理单位受项目法人的委托，依据国家批准的工程项目建设文件、有关工程建设的法律、法规和工程建设监理合同及其他工程建设合同，对工程建设实施的监督管理。目前，我国建设工程监理一般指的是施工阶段监理。建设工程监理工作应坚持独立性原则，监理机构在组织上和经济上不能依附于监理工作的对象，否则就不可能独立自主地履行监理职责。如果监理人和代建人法定代表人为同一人，等同于自己监督自己，并不能起到监督管理的作用，违背监理的本意。招标代理机构作为招标投标活动的组织者，提供专业知识服务于招标人，其法定代表人与监理项目投标人的法定代表人相同的，可能导致投标人之间获取信息不对等，影响招标投标活动的公正性。因此，工程建设项目监理招标的投标人，其法定代表人与本标段的代建人或招标代理机构不能为同一人。国家发展和改革委员会发布的《中

华人民共和国标准监理招标文件》（以下简称《标准监理招标文件》）也规定工程建设项目监理招标的投标人不得与本招标项目的代建人或招标代理机构同为一个法定代表人。本案例中，投标人A公司与该工程监理项目代建人的法定代表人是同一人，根据招标文件规定，其投标资格不合格，评标委员会应当按照《招标投标法实施条例》第五十一条第三项规定和招标文件约定，否决其投标。

【提示】

在工程建设项目监理招标评标过程中，评标委员会应当严格对照招标文件的各项条件和要求对投标人进行评审打分，仔细梳理投标人的资格条件，营业执照所载法定代表人与本标段的代建人或招标代理机构的法定代表人相同的，应当依法否决其投标。

13. 工程建设项目监理招标的投标人，与本招标项目的代建人或招标代理机构相互控股或参股

【案例】

某政府部门办公大楼建设工程项目监理服务招标，招标文件规定："投标人不得存在下列情形之一：……（8）与本标段的代建人或招标代理机构相互控股或参股的……"评标委员会在评标过程中发现，投标人A公司的股东之一B公司持有该公司30%的股份，而B公司为本项目招标代理机构。

【分析】

法人之间相互控股或参股均有可能对企业经营决策造成影响。招标项目代建人或招标代理机构掌握招标活动各项商

务或技术信息，与其有控股或参股关系的公司参与投标，相对于其他投标人具有信息优势，可能影响招标公正性，故其不宜成为投标人。且监理人应当独立于招标项目业主、项目代建人，自主监督施工活动，更不应为项目代建人或招标代理机构能够影响的关联公司。国家发展和改革委员会发布的《标准监理招标文件》明确规定工程建设项目监理招标的投标人不得与本招标项目的代建人或招标代理机构存在相互控股或参股关系。本案例中，B公司为本项目招标代理机构，与其参股的投标人A公司有利益关系，根据招标文件规定，该投标人资格不合格，评标委员会应当按照《招标投标法实施条例》第五十一条第三项规定和招标文件约定，否决其投标。

【提示】

招标文件中可将"投标人与本招标项目的代建人或招标代理机构存在相互控股或参股关系"列为投标人资格条件的负面清单。评标委员会应当按照《公司法》《上市公司收购管理办法》等法律法规认定控股或参股关系，建设工程监理项目的投标人的股东中一旦出现本标段项目代建人或招标投标代理机构的，即认定其可能影响招标投标活动公正性，可依据招标文件规定否决该投标。

14. 工程建设项目监理招标的投标人与本招标项目的施工承包人以及建筑材料、建筑构配件和设备供应商有隶属关系或者其他利害关系

【案例】

某公寓建设监理服务项目招标，招标文件规定："投标人

不得存在下列情形之一：……（10）与本招标项目的施工承包人以及建筑材料、建筑构配件和设备供应商有隶属关系或者其他利害关系……”评标过程中发现，投标人A公司为本招标项目施工总承包人的下属单位。

【分析】

《中华人民共和国建筑法》（以下简称《建筑法》）第三十四条规定：“工程监理单位与被监理工程的承包单位以及建筑材料、建筑构配件和设备供应单位不得有隶属关系或者其他利害关系。”《建设工程质量管理条例》第十二条规定：“实行监理的建设工程，建设单位应当委托具有相应资质等级的工程监理单位进行监理，也可以委托具有工程监理相应资质等级并与被监理工程的施工承包单位没有隶属关系或者其他利害关系的该工程的设计单位进行监理。”《建筑法》第三十五条规定：“工程监理单位与被监理工程的施工承包单位以及建筑材料、建筑构配件和设备供应单位有隶属关系或者其他利害关系的，不得承担该项建设工程的监理业务。”工程监理人应当依照法律、法规以及有关技术标准、设计文件和建设工程承包合同，对施工质量实施监理，并对施工质量承担监理责任。若监理人与施工承包人存在隶属关系或其他利害关系，属于“既当裁判又当运动员”，应当杜绝该情况发生。监理人与建筑材料、建筑构配件和设备供应商有隶属关系或者其他利害关系，其出于利益可能疏于职守，不能按要求公正独立履行监理职责。国家发展和改革委员会发布的《标准监理招标文件》也规定工程建设项目监理招标的投标人不得与本招标项目的施工承包人以及建筑材料、建筑构配件和设备供应商有隶属关系或者其他利害关系。本案例中，投标人 A 公司为本招标项目施工总承包人的下属单位，根据招标文件约定，其投标资格不合格，评标委员会应当按照《招标投标法实施条例》第五十一条第三项的规定，否决该投标。

【提示】

招标人在编制建设工程监理项目招标文件时，可规定由投标人出具书面声明，承诺其与本招标项目的施工承包人以及建筑材料、建筑构配件和设备供应商不存在隶属关系或者其他利害关系，否则其投标无效，即使双方签订监理合同，招标人也可单方解除合同，并追究监理单位的违约责任。

15. 工程建设项目设备采购的投标人为本招标项目提供过设计、编制技术规范和其他文件的咨询服务

【案例】

某新建城际轨道交通项目（信号）调度集中系统采购项目招标，其招标文件规定：“投标人不得存在下列情形之一：……（5）为本招标项目提供过设计、编制技术规范和其他文件的咨询服务……”评标委员会在评标过程中发现，投标人 ×× 建设公司为该招标项目编制过技术规范。

【分析】

工程建设项目设备采购活动中，招标人一般会在招标文件中提出符合项目实际的产品需求，如设备技术规格、参数及其他要求，筛选出最符合条件的投标人。招标人自己没有能力设计或提出专业技术条件的，可咨询或直接委托专业的第三方机构提供咨询服务。如果该机构参与投

标，因其事前参与过招标文件的前期咨询或编制服务，更加了解采购需求，相对于其他投标人掌握信息不对称，有先天竞争优势，将会造成竞争不公平，故有必要限制其投标资格。国家发展和改革委员会发布的《中华人民共和国标准设备采购招标文件》（以下简称《标准设备采购招标文件》）中规定工程建设项目设备采购的投标人不得是为本招标项目提供过设计、编制技术规范和其他文件的咨询服务的单位。本案例中，投标人××建设公司为该招标项目编制过技术规范，根据招标文件约定，其投标资格不合格，依据《招标投标法实施条例》第五十一条第三项规定，评标委员会应当否决其投标。

【提示】

（1）招标文件可将“投标人不得是为本招标项目提供过设计、编制技术规范和其他文件的咨询服务的单位”设定为投标人资格条件。

（2）为本招标项目提供过设计、编制技术规范和其他文件的咨询服务的投标人信息往往并不体现在投标文件中，针对此情形否决投标认定难度较大。招标人可依据《评标委员会和评标方法暂行规定》第十六条“招标人或其委托的招标代理机构应当向评标委员会提供评标所需的重要信息和数据，但不得带有明示或者暗示倾向或者排斥特定投标人的信息”的规定，将该信息提供给评标委员会，评标委员会可据此核实并否决参与前期设计、编制、咨询的投标人的投标资格。

16. 工程建设项目设备采购的投标人为本工程项目的相关监理人，或者与本工程项目的相关监理人存在隶属关系或其他利害关系

【案例】

某地铁工程项目需要招标采购数台大型机械设备。评标委员会在评审过程中发现，投标人 ×× 物资有限公司与该工程项目监理人 ×× 监理有限公司存在利害关系，即 ×× 物资有限公司持有 ×× 监理有限公司 55% 的出资额。

【分析】

《建筑法》第三十四条规定：“工程监理单位与被监理工程的承包单位不得有隶属关系或者其他利害关系。”《建设工程质量管理条例》第三十五条规定：“工程监理单位与被监理工程的施工承包单位以及建筑材料、建筑构配件和设备供应单位有隶属关系或者其他利害关系的，不得承担该项建设工程的监理业务。”《国务院办公厅关于加强基础设施工程质量管理的通知》（国办发〔1999〕16 号）第八条规定：“严禁在同一经济实体或同一行政单位管辖范围内搞设计、施工、监理‘一条龙’作业。”上述法律法规及文件均对工程监理单位承揽被监理工程的其他项目作出限制，这与监理的职责息息相关。若工程建设项目设备采购的投标人为该工程项目的监理人，或者与该工程项目的监理人存在隶属关系或者其他利害关系，都有可能影响招标活动的公正性，故应限制其投标资格。本案例中，×× 监理有限公司作为该工程项目的监理人，由 ×× 物资有限公司出资 55% 控股，可以认定两者之

间具有利害关系，××物资有限公司投标资格不合格，不得参加该设备采购项目的投标，故评标委员会应当依据《招标投标法实施条例》第五十一条第三项规定，否决其投标。

【提示】

（1）评标委员会应严格把关投标人的资格条件，避免与项目监理人有利害关系的投标人参与投标，甚至中标。

（2）不仅仅是监理人，包括与其有控股、管理等利害关系的供应商，都不得参加由该工程监理人监理的标段或招标项目的施工承包或设备、材料采购项目的投标。

17. 投标人是本招标项目使用的电子招标投标交易平台的运营机构

【案例】

某国有企业通过××电子商务平台为其××管理信息系统软件开发项目公开招标。在评审过程中，评标委员会发现投标人A网络有限公司提供的业绩证明中包括开发××电子商务平台，并且A网络有限公司是该电子商务交易平台的运营机构。

【分析】

电子招标投标交易平台是以数据电文形式完成招标投标交易活动的信息平台，是电子商务的载体，与公共服务平台交换数据电文，并与行政监督平台对接。它的主要功能包括在线完成招标投标全部交易过程；编辑、生成、对接、交换和发布有关招标投标数据信息。也就是说，在该交易平台上投标的投标人信息、投标产品业绩、投标报价等信息，该交易平台的运营机构均可能掌握。对此,《电子招标投标办法》第二十三条规定:"电子招标投标交易平台的运营机构,以及与该机构有控股或者管理关系可能影响招标公正性的任何单位和个人,不得在该交易平台进行的招标项目中投标和代理投标。"该规定的目的在于防范投标人信息、投标人报价等重要信息泄漏的风险,确保投标人信息对等、公平竞争。本案例中,通过投标人A网络有限公司提供的业绩材料可证明其是本招标项目使用的交易平台的运营机构,根据上述法律规定,评标委员会应当否决其投标。

【提示】

如果投标人是招标项目使用的电子招标投标交易平台的运营机构,应注意不要参与其平台承接项目的投标。

18. 投标人与本招标项目使用的电子招标投标交易平台的运营机构有控股或者管理关系

【案例】

某国有投资项目采取电子招标方式采购一批视频采集设备,电子招标投标交易平台的运营机构为××招标有限公司。在评标过程中,评标委员会收到举报信一封,其中记载"投标人A公司持有××招标有限公司76%的出资额",于是评标委员会通过"国家企业信用信息公示系统"进行查证,情况属实。

【分析】

《电子招标投标办法》第二十三条规定:"电子招标投标交易平台的运营机构,以及与该机构有控股或者管理关系可能影响招标公正性的任何单位和个人，不得在该交易平台进行的招标项目中投标和代理投标。”如果投标人与电子招标投标交易平台的运营机构有控股或者管理关系，电子招标投标交易平台的运营机构可能向该投标人泄露招标投标相关信息，甚至从技术操作方面向该投标人倾斜，对其他投标人不公平，因此应限制该运营机构的投标资格。对“控股”的理解可参考《公司法》第二百一十六条第二项规定，“控股”是指以下两种情况：一是指股东的出资额占有限责任公司资本总额 50% 以上或者其持有的股份占股份有限公司股本总额 50% 以上；二是出资额或者持有股份的比例虽然不足 50%，但依其出资额或者持有的股份所享有的表决权已足以对股东会、股东大会的决议产生重大影响。本案例中，A 公司持有电子招标投标交易平台的运营机构 ×× 招标有限公司 76% 的出资额，双方已经构成“控股关系”，故根据上述法律规定，A 公司不得在该电子招标投标交易平台上参与投标，评标委员会应当依法否决其投标。

【提示】

（1）评标过程中，评标委员会应注意审查投标人是否与招标项目使用的电子招标投标交易平台的运营机构存在控股或管理关系；如有，应当否决该投标，确保招标投标活动的公正性。

（2）投标人与招标项目使用的电子招标投标交易平台的运营机构存在控股或者管理关系的，应注意避免参与该平台承接项目的投标。

19. 本招标项目使用的电子招标投标交易平台的运营机构为他人代理投标

【案例】

某单位进行网络安全信息系统项目招标，招标形式为电子招标，××科技有限公司是本项目的电子招标投标交易平台的运营机构。评标委员会在评审中发现，投标人××网络有限公司实际上委托××科技有限公司代理其投标，××网络有限公司的投标文件由××科技有限公司编制，并且××网络有限公司的法定代表人授权委托书中载明的“被授权人”为××科技有限公司的员工。

【分析】

在招标投标活动中，存在代理投标服务的可能，投标人可以将自己在投标活动中所办理的投标事项委托他人代理或者协助进行，但此种代理行为应当依法进行，应当严格遵守招标投标活动中公开、公平、公正和诚实信用原则。《电子招标投标办法》第二十三条明确规定：“电子招标投标交易平台的运营机构，以及与该机构有控股或者管理关系可能影响招标公正性的任何单位和个人，不得在该交易平台进行的招标项目中投标和代理投标。”招标项目使用的电子招标投标交易平台的运营机构往往掌握招标项目的关键信息，为他人代理投标可能影响招标公正性，故电子招标投标交易平台的运营机构不仅自己本企业不能在该交易平台进行的招标项目中投标，也不能为其他单位代理投标。本案例中，投标人××网络有限公司由本项目的电子招标投标交易平台的运营机

构 ×× 科技有限公司代理其投标，该投标行为违反了上述法律规定，因此其投标行为无效，评标委员会应当否决其投标。

【提示】

电子招标投标交易平台的运营机构不能代理投标人参加其运营平台上招标项目的投标，但是可以依法代理其他平台承接的招标项目的投标。

20. 与本招标项目使用的电子招标投标交易平台的运营机构有控股或者管理关系的单位为他人代理投标

【案例】

某国有企业招标采购一批工程建设项目所需要的设备，招标形式为电子招标。评审时发现，投标人A公司通过 ×× 物资有限公司（×× 招标服务有限公司的全资子公司）代理其参加该项目投标，而 ×× 招标服务有限公司是本项目的电子招标投标交易平台的运营机构。

【分析】

电子招标投标交易平台的运营机构能够获悉其他投标人的投标文件、投标人数量、名称以及可能影响公平竞争的其他信息，与其有控股或者管理关系的单位也可能通过此渠道获取相关信息，两者之间容易发生事先沟通、私下串通等现象，影响竞争的公平性，因此有必要禁止招标项目使用的电子招标投标交易平台的运营机构及与其有控股关系（即其母公司或者子公司）或管理关系的单位为该平台承接招标项目的投标人代理投标。对此，《电子招标投标办法》第二十三条明确规定："电子招标投标交易平台的运营机构，以及与该机构有控股或者管理关系可能影响招标公正性的任何单位和个人，不得在该交易平台进行的招标项目中投标和代理投标。”本案例中，××招标服务有限公司是本项目的电子招标投标交易平台的运营机构，××物资有限公司是××招标服务有限公司的全资子公司，为了避免A公司利用××物资有限公司与××招标服务有限公司的利害关系而不当获取投标优势信息，确保招标的公正性，根据上述法律规定，其投标资格不合格，评标委员会应当否决其投标。

【提示】

（1）在电子招标投标活动中，不仅招标项目使用的电子招标投标交易平台的运营机构不能投标，与该运营机构有控股、管理关系的单位也不得为他人代理投标。

（2）评审时，投标人与电子招标投标交易平台的运营机构是否存在控股、管理关系，需要评标委员会根据具体情形作出判断。根据《公司法》《关于统计上对公有和非公有控股经济的分类办法》的规定，如果一方为另一方的控股股东，凭借其控股地位，通过行使《公司法》赋予的参与经营决策权，足以直接决定、支配其所控股的公司的经营管理事项，即可判断为存在控股关系。

第三节　代理商投标资格不合格

1. 招标文件限制代理商投标时代理商投标

【案例】

某大型设备采购招标中，招标文件要求“投标人应当具备制造投标产品的能力，本次招标活动不接受代理商投标”。评标委员会在评审时发现，投标人甲公司为某品牌设备的代理商，以该品牌设备投标。

【分析】

《评标委员会和评标方法暂行规定》第二十二条规定：“投标人资格条件不符合国家有关规定和招标文件要求的，或者拒不按照要求对投标文件进行澄清、说明或者补正的，评标委员会可以否决其投标。”投标人的资格条件，除《招标投标法》或相关法律（如《建筑法》规定的建筑业企业资质）有相关规定外，招标文件也可根据招标项目实际情况，在不违反法律强制性规定的前提下作出有针对性的规定，比如只允许制造商投标而限制代理商投标。“代理商”是指接受被代理人委托，固定地为被代理人促成交易，并以自己的名义缔结合同并据此收取佣金的商事中间人。被代理人对代理商的合同价格、服务标准等进行一定程度的控制并提供技术、履约支持。在货物招标中，可能既有制造商投标，也有代理商、经销商投标。如果招标文件明确规定不接受代理商投标，代理商投标的，因不符合投标人资格条件，评标委员会可以否决其投标。本案例中，甲公司作为代理商而非制造商投标，根据招标文件的规定，甲公司不满足投标人资格条件，评标委员会应当依据《招标投标法实施条例》第五十一条第三项规定，否决其投标。

【提示】

招标文件中应当明确说明是否接受代理商或经销商投标。是否接受代理商投标，招标人可以考虑以下几个因素：一是对供货质量、期限的影响、代理商售后服务的保证、履约能力等；二是市场供应状况、市场行情；三是代理厂家的供货渠道安排、配送方式等。如果属于市场供应充足的通用类货物，就没必要限制代理商投标。如果根据项目实际需要采购定制设计、制造的设备，为控制质量、保障供货期限和售后技术服务，则可考虑只允许制造商投标。

2. 制造商及其授权的代理商同时投标

【案例】

某国有企业对劳保物资采购项目进行公开招标，招标文件规定：“本项目接受代理商投标，但制造商和其代理商不得同时投标。”评标委员会在评审中发现，某货物制造商甲制造有限公司和销售代理商乙贸易有限公司都参加了这个项目的投标，乙贸易有限公司在其投标文件中载明：“本单位为甲制造有限公司的销售代理商，具有甲制造有限公司销售代理授权书。”

【分析】

对于“制造商与代理商能否同时投标”，虽然法律法规没有明确规定，但因制造商对其代理商具有较强的投标价格控制力，两者同时投标可能采取一致行动串通投标，故对该类投标宜予以限制。此外，《工程建设项目货物招标投标办法》第三十二条规定："……一个制造商对同一品牌同一型号的货物，仅能委托一个代理商参加投标。违反前两款规定的，相关投标均无效。"上述法条虽然禁止的是制造商同时委托多家代理商投标，但其立法目的也是为了防止多个投标人就同一品牌同一型号的货物同时投标，以免对其他投标人造成不公平竞争。如果制造商授权代理商前来投标，则认为制造商放弃投标；如果制造商自行投标，同时又授权其代理商投标，类似一个投标人提交两个投标方案，对其他投标人难言公平。本案例中，招标文件明确规定"制造商和其代理商不得同时投标"，甲制造有限公司在已经授权乙贸易有限公司作为销售代理来投标的情况下，自己又参加投标，违背了招标文件规定，故评标委员会依据《招标投标法实施条例》第五十一条第三项规定，应对这两家投标人的投标均作否决处理。

【提示】

（1）招标人在编制招标公告、招标文件时，应当明确是否接受代理商投标，并通过资质、业绩等具体条件来设计投标人的资格条件。

（2）如果招标文件允许代理商投标，则建议在招标文件中明确规定："制造商和代理商不得在同一标包或未划分标包的同一招标项目中同时投标"。

（3）制造商如果自己参加投标，就不应再授权其代理商参加同一招标项目的投标，以免投标被否决。

3. 两个以上投标人代理同一个制造商同一品牌同一型号的货物投标

【案例】

某办公大楼消防设备公开招标，招标文件规定：“本招标项目接受代理商投标”。评标委员会在评审中发现，投标人甲消防设备有限公司的投标文件中提供了A厂商就某品牌某型号产品的代理授权证书，投标人乙消防器械有限公司也提供了A厂商为其出具的内容相同的代理授权证书，两家投标人的代理授权证书均在有效期内。

【分析】

为了防止同一货物多次投标形成“围标”，破坏招标投标活动的公平竞争性，对于同一招标项目，法律禁止不同投标人以同一品牌相同型号的货物投标。《工程建设项目货物招标投标办法》第三十二条规定：“……一个制造商对同一品牌同一型号的货物，仅能委托一个代理商参加投标。违反前两款规定的，相关投标均无效。”这里所说的“相关投标无效”应理解为投标有效期内的自始无效，若其中一家代理商在投标截止时间前撤回投标文件，另一家的投标文件应当认定为有效。本案例中，虽然甲消防设备有限公司和乙消防器械有限公司均提供了有效的授权代理证书，但由于两家代理商以同一品牌同一型号产品投标，违反了上述法律规定，因此甲消防设备有限公司和乙消防器械有限公司的投标均应当被否决。

【提示】

（1）如果在资格预审时发现有制造商授权多个代理商参加投标，则招标人应告知各投标人以同一品牌同一型号的货物投标，仅能由一个代理商参加投标。招标人也可以在招标文件中事前约定："若为代理商投标，该代理商必须持有投标产品制造商针对本招标项目出具的唯一授权代理证书。"

（2）对于政府采购货物招标项目，不同投标人以同一品牌同一型号的货物投标的行为是否有效，应根据《政府采购货物和服务招标投标管理办法》第三十一条规定处理，即"采用最低评标价法的采购项目，提供相同品牌产品的不同投标人参加同一合同项下投标的，以其中通过资格审查、符合性审查且报价最低的参加评标；报价相同的，由采购人或者采购人委托评标委员会按照招标文件规定的方式确定一个参加评标的投标人，招标文件未规定的采取随机抽取方式确定，其他投标无效。使用综合评分法的采购项目，提供相同品牌产品且通过资格审查、符合性审查的不同投标人参加同一合同项下投标的，按一家投标人计算，评审后得分最高的同品牌投标人获得中标人推荐资格；评审得分相同的，由采购人或者采购人委托评标委员会按照招标文件规定的方式确定一个投标人获得中标人推荐资格，招标文件未规定的采取随机抽取方式确定，其他同品牌投标人不作为中标候选人。非单一产品采购项目，采购人应当根据采购项目技术构成、产品价格比重等合理确定核心产品，并在招标文件中载明。多家投标人提供的核心产品品牌相同的，按前两款规定处理。"

（3）在非政府采购项目中，也可参照《政府采购货物和服务招标投标管理办法》第三十一条规定在招标文件中对两个以上投标人代理同一个制造商同一品牌同一型号的货物投标的情形作出相关规定，而不否决投标。

4. 代理商未按照招标文件要求提供制造商出具的代理证书

【案例】

某机电产品国际招标项目招标文件规定“本项目接受代理商投标”，同时招标文件还要求“投标人的资格证明文件应当包括经审计的近三年财务报告和原厂制造商的授权书（如果是代理商投标）”。评审中发现，A公司代理B制造企业产品参加投标，但其提供的投标文件中只有近三年财务报表，未包含B制造企业的授权书。

【分析】

根据《机电产品国际招标投标实施办法（试行）》第五十七条规定：“在商务评议过程中，有下列情形之一者，应予否决投标：……（六）投标人的投标书、资格证明材料未提供，或不符合国家规定或招标文件要求的……”《招标投标法实施条例》第五十一条规定：“有下列情形之一的，评标委员会应当否决其投标：……（六）投标文件没有对招标文件的实质性要求和条件作出响应……”上述法条中的“实质性要求和条件”，一般是指根据招标项目的具体特点和需要，对合同履行有重大影响的内容或因素，如投标人资格条件、招标项目的标的、工期（交货期）、技术标准和要求、合同主要条款等，招标文件可以明确规定哪些属于实质性要求和条件，投标文件应当对招标文件提出的实质性要求和条件作出响应。招标人接受代理商投标的，代理商参与投标人应当提供招标文件要求的代理证书，这是证明其具有合格的投标人资格的证明文件之一；未提供的，属于未实质性响应招标文件要求。本案例中，A公司没有按照招标文件要求提供制造商出具的代理证书，不满足招标文件要求，根据上述法律规定和招标文件约定，A公司的投标应当被否决。

【提示】

（1）对于货物采购招标项目，招标人如允许代理商投标，可要求代理商提交制造商授权代理证书。招标文件中还可以对授权代理证书的格式提出相关要求，投标人的投标文件中应当按照招标文件要求提供该授权代理证书，且不得随意更改授权代理证书的格式和内容。

（2）对于政府采购货物招标项目，根据《政府采购货物和服务招标投标管理办法》第十七条规定，招标人不得在招标文件中将除进口货物以外的生产厂家授权作为投标人资格要求，否则构成对投标人实行差别待遇或者歧视待遇。

5. 代理证书载明的代理商与投标人不一致

【案例】

某工程在线监测设备采购项目招标，招标文件规定："本项目接受代理商投标，代理商应当提供有效的代理证书。"评标委员会在评审中发现，投标人甲公司是某监测设备的代理商，但是其投标文件中的代理证书载明的被授权的代理商却是乙公司。

【分析】

在接受代理商投标的招标项目中，为证明代理商已取得代理资格，参与投标的代理商应提交有效的制造商授权代理证书，证书中载明的代理人应当为该投标人；如果其提供的代理证书中被授权主体不是该投标人，则说明投标人未能提供有效的代理证书，没有得到制造商的代理授权，实质上就是不具备代理资格，不满足招标文件中规定的投标人资格条件。本案例中，甲公司未能提供自己为代理人的投标授权代理证书，不能证明其具有代理人资格，不满足招标文件的实质性要求，根据《招标投标法实施条例》第五十一条“有下列情形之一的，评标委员会应当否决其投标：……（三）投标人不符合国家或者招标文件规定的资格条件……（六）投标文件没有对招标文件的实质性要求和条件作出响应……”的规定，其投标应当被否决。

【提示】

（1）评标委员会在评审时应注意审查代理证书上载明的代理人是否与投标人一致，两者一致才能证明投标人已取得有效的代理授权，确定投标人的代理权限、代理范围及代理期限。

（2）若投标人在取得代理证书后发生企业名称变更，应当及时向制造商申请变更代理证书上代理人名称等信息。

（3）投标人在编制投标文件时一定要认真仔细，封装前严格按照招标文件要求检查投标文件是否齐全，有无错装、漏装的情况。

6. 代理证书过期

【案例】

某国有企业通过公开招标方式采购大型工程机械设备，招标文件规定："本项目接受代理商投标，代理商需提供有效的代理证书，代理证书有效期不短于投标截止时间。"该项目的投标截止日期为 2021 年 5 月 31 日。评标委员会在评审中发现，某品牌设备的代理商甲公司提交的代理证书载明的有效期至 2021 年 4 月 30 日，该代理证书已经过期。

【分析】

代理证书是证明代理人具有代理权的书面凭证，代理证书应载明代理事项、代理权限及有效期限等。在代理证书有效期届满后，投标人就不再具备代理资格，需要重新办理代理授权证书，其代理权需要制造商的再次确认。在投标截止日，代理证书中载明的代理期限已经届满的，该代理证书失效，相当于投标人没有提交有效的代理授权证书，不具备代理资格，其代理人身份不符合招标文件的规定。本案例中，该项目投标截止日为 2021 年 5 月 31 日，而甲公司提交的代理证书载明的有效期至 2021 年 4 月 30 日，已经过期，无法证实甲公司在投标时具有合格的代理权，其不满足招标文件规定的投标人资格条件，根据《招标投标法实施条例》第五十一条规定："有下列情形之一的，评标委员会应当否决其投标：……（三）投标人不符合国家或者招标文件规定的资格条件……"的规定，甲公司的投标应当被否决。

【提示】

对于接受代理商投标的项目，投标人一定要注意授权代理证书载明的代理期限，确保代理权限在有效期内。若代理期限即将届满，应及时续展代理证书的代理期限，或者联系制造商出具相应的延期说明来证明该代理证书的有效性，否则将被视为无效的代理证书。

7. 代理项目或代理范围不涵盖本次招标项目

【案例】

某医院新建科研楼项目公开招标采购消防设备，招标文件规定：“本项目接受代理商投标。代理商投标的，必须提供针对本项目有效的制造商授权书。”××科技发展有限公司是一家专注于网络产品的公司，同时代理经营了众多著名厂商的网络产品、光纤网络产品及数码产品。该公司参加了该采购项目的投标，但其提供的授权代理证书上载明的代理项目并不包括消防设备。

【分析】

投标人提供的授权代理证书载明的代理范围决定了该代理证书内容是否满足投标资格条件，只有其涵盖招标项目，才能视为投标人针对本项目取得了有效的投标代理资格，否则其不具备本项目招标文件要求的合格的代理商资格，即不满足招标文件实质性要求。本案例中，××科技发展有限公司代理范围不涵盖本次招标项目内容，其既不是生产商，也不具备招标项目的代理资格，故不满足招标文件的要求，根据《招标投标法实施条例》第五十一条规定：“有下列情形之一的，评标委员会应当否决其投标：……（三）投标人不符合国家或者招标文件规定的资格条件……（六）投标文件没有对招标文件的实质性要求和条件作出响应……”的规定，其投标应当被否决。

【提示】

（1）作为代理商参与投标时，投标人应当注意将本次招标项目的招标范围、物资类别，与自己被授权代理的产品种类、项目范围进行比对，后者是否涵盖前者，避免“所代非所投”而被否决投标的风险。

（2）评标委员会在评标时，应仔细审核投标人代理证书上的代理项目和代理范围，这关系投标人是否具备代理本招标项目的资格，中标后能否按照合同履约交货、能否顺利完成项目，避免因为审核不严给招标人带来风险。

第四节　投标联合体资格不合格

1. 招标文件明确规定不接受联合体投标时有联合体投标

【案例】

某国有企业小型基建项目施工招标，招标文件规定：“本项目不接受联合体投标”。但评标委员会在评审中发现，A建设公司提交的投标文件中提供了一份联合体协议书，载明A建设公司与B工程公司组成联合体进行投标，共同承揽本招标项目。

【分析】

根据《招标投标法》第三十一条规定，允许“两个以上法人或者其他组织可以组成一个联合体，以一个投标人的身份共同投标。”联合体是一个临时性组织，不具有法人资格。适合联合体投标的项目一般是投资规模大、技术复杂、管理难度大的招标项目。组成联合体的目的是增强投标竞争能力，弥补技术、管理、资金等方面短板，分散投标风险。《招标公告和公示信息发布管理办法》第五条规定：“依法必须招标项目的资格预审公告和招标公告，应当载明以下内容：……（二）投标资格能力要求，以及是否接受联合体投标。”也就是说，是否接受联合体投标，由招标人自主决定，并在资格预审公告和招标公告中作出明确规定，一般应根据招标项目特点、进度要求、标段划分、潜在投标人参与程度等因素综合考虑是否接受联合体投标。本案例中，招标文件已经明确规定“不接受联合体投标”，但A建设公司与B工程公司仍然组成联合体投标，根据《招标投标法实施条例》第五十一条“有下列情形之一的，评标委员会应当否决其投标：……（三）投标人不符合国家或者招标文件规定的资格条件……”的规定，A建设公司与B工程公司组成的联合体不符合招标文件规定的投标人资格条件，其投标应当被否决。

【提示】

《政府采购货物和服务招标投标管理办法》第十九条规定：“采购人或者采购代理机构应当根据采购项目的实施要求，在招标公告、资格预审公告或者投标邀请书中载明是否接受联合体投标。如未载明，不得拒绝联合体投标。”一般情况下，招标人在招标文件中应当明确规定是否接受联合体投标。如果招标文件中未明确是否接受联合体投标，投标人组成联合体参与投标的，评标委员会不应当否决其投标。

2. 未提交联合体共同投标协议

【案例】

某企业大型游乐设施建设项目跨两个行业，根据市场调研结果，能够独自承担本项目的潜在投标人数量过少，因此该项目招标文件规定“本项目接受联合体投标”。评标委员会评审时发现，A 公司与 B 公司组成联合体投标，但收到的投标文件却未提供共同投标协议。

【分析】

共同投标协议（也称“联合体协议书”）明确约定联合体牵头人及各成员方的权利、义务以及各自拟承担的项目内容，对投标联合体成员各方具有重大意义，也是今后产生纠纷后确定责任承担的重要依据。《招标投标法》第三十一条第三款明确规定：“联合体各方应当签订共同投标协议，明确约定各方拟承担的工作和责任，并将共同投标协议连同投标文件一并提交招标人……”另外，《招标投标法实施条例》第五十一条规定：“有下列情形之一的，评标委员会应当否决其投标：……（二）投标联合体没有提交共同投标协议……”因此，联合体投标必须提交共同投标协议，这是联合体投标必备的文件，不可缺失。本案例中，A 公司与 B 公司组成共同投标协议，但却未提供共同投标协议，依照前述法律规定，其投标应当被否决。

【提示】

（1）一般认为，联合体投标属于合同型合伙就是合伙合同，联合体成员相互之间的权利义务依据共同投标协议确定，运转依靠共同投标协议维系，联合体的投标资格、责任划分均需通过共同投标协议认定。因此，投标人联合体必须提供共同投标协议。

（2）招标人可以在招标文件中提供共同投标协议的格式，由组成投标联合体的各方成员据此签订。

（3）共同投标协议是招标人确认联合体投标资格、联合体成员具体分工的文件依据，评标委员会应当进行严格审核。

3. 联合体各方未按招标文件提供的格式签订联合体共同投标协议

【案例】

某工程建设项目施工招标，招标文件规定“本项目接受联合体投标”，并要求联合体成员应按照招标文件提供的格式签订共同投标协议，其中应明确牵头单位和其他各成员单位的职责分工。评标委员会在评审中发现，A、B、C三家公司组成联合体参与投标，但投标文件中提供的共同投标协议并不是招标文件所要求的格式，三家公司按照自己起草的格式签订了共同投标协议，且未明确三家单位的职责分工。

【分析】

共同投标协议是投标文件的有效组成部分，一是约定各方承担的专业工作和相应责任；二是明确联合体一方为牵头人，接受联合体所有成员的授权，负责投标和合同履行、项目组织和协调等工作；三是约定联合体各方都应当按期完成所承担的项目任务，及时向其他各方通报所承担项目的进展和实施情况；四是约定共同履行投标义务，向招标人承担连带责任等。未按招标文件提供的格式签订共同投标协议或者有限制、免除联合体成员连带责任的内容的，该共同投标协议内容存在瑕疵，属于“重大偏差”。本案例中，招标文件提供了共同投标协议格式，要求联合体成员按照招标文件提供的格式签订共同投标协议，但联合体成员 A、B、C 三家对此要求置若罔闻，按照自己起草的格式签订了共同投标协议，并且缺少了职责分工内容，属于未对招标文件的实质性要求和条件作出响应，根据《招标投标法实施条例》第五十一条规定：“有下列情形之一的，评标委员会应当否决其投标：……（六）投标文件没有对招标文件的实质性要求和条件作出响应……”的规定，该联合体投标应当被否决。

【提示】

（1）招标人可以根据自身要求在招标文件中提供共同投标协议的格式，内容包括牵头人、成员分工、责任承担等内容，参加投标的联合体成员应当按照招标文件要求的格式签订共同投标协议，不得随意修改删减。

（2）对于联合体各方而言，如果联合体中的任何一方成员违反共同投标协议，则应向联合体其他成员承担违约责任。因此，在共同投标协议中，对将来可能出现的问题及处理原则应一并写明，联合体内部事务也均依据共同投标协议解决。

4. 联合体资质等级不合格

【案例】

某管网工程施工招标，招标文件规定：“投标人应当具备市政公用工程施工总承包二级及以上资质和管道工程专业承包二级及以上资质，本项目允许联合体投标。"评标委员会在评审时发现，A公司和B公司组成联合体投标，A公司具有市政公用工程施工总承包二级资质，B公司具有管道工程专业承包三级资质。

【分析】

联合体是以一个投标人的身份参与投标，也应具备招标文件要求的资格条件。其资格条件依据各联合体成员的业绩、资质等级等资格条件综合认定。《招标投标法》第三十一条第二款明确规定："联合体各方均应具备承担招标项目的相应能力；国家有关规定或者招标文件对投标人资格条件有规定的，联合体各方均应当具备规定的相应资格条件。由同一专业的单位组成的联合体，按照资质等级较低的单位确定资质等级。"联合体要具备"相应的资格条件"，对于同一专业的成员而言，各成员均应具备联合体的资格条件；对于承担不同专业工作的成员组成的联合体，则是指联合体分工后各成员应当具备与其分工对应的资格条件，任何一方不具备相应的资格条件均视为联合体的资格条件不合格。上述法律规定的目的是为了防止资质较低的一方借用资质等级较高的一方的名义参加投标，在取得中标后自行实施中标项目。本案例中，招标文件要求"投标人应当具备市政公用工程施工总承包二级及以上资质和管道工程专业承包二级及以上资质"，具有不同资质的A公司和B公司组成联合体投标，但仅有市政公用工程施工总承包资质合格，管道工程专业承包资质等级不合格，则该联合体资质不符合招标文件要求，根据《招标投标法实施条例》第五十一条第三项规定，其投标应当被否决。

【提示】

（1）投标人组建联合体时，应注意选择合适的合作伙伴，实现真正的“强强联合”。可以重点考虑合作伙伴的资质等级、行业属性、行业优势、业务领域、财务状况及已完成的项目业绩、历史投标等情况，在综合考量这些因素后，能够增强投标竞争实力的，可以联合投标，增加中标的可能性。

（2）评标委员会在评审时，应注意根据联合体各方所承担的工作来认定联合体资质。如果是同一专业的单位组成的联合体，则按照资质等级较低的单位确定联合体的资质等级；如果是两个以上专业资质类别不同的单位组成的联合体，应当按照联合体的内部分工，各自按其资质类别及等级的许可范围承担工作、认定资质。例如某工程施工，要求输变电专业二级及以上资质和建筑工程二级及以上资质，甲企业只具有输变电专业二级资质，乙企业只具有建筑工程二级资质。第一，如果甲企业承担送变电工程，乙企业承担房屋建筑工程，两者组成联合体投标资质合格。第二，如果甲企业只承担送变电工程，乙企业承担房屋建筑工程也参与部分送变电工程，则该联合体资质不合格。第三，如果甲企业和乙企业不进行分工，则该联合体资质不合格。

5. 联合体不具备招标文件要求的资格条件

【案例】

某工程勘察设计项目招标，招标文件规定：“投标人须具备该类工程甲级设计资质，近三年内累计承揽的类似设计合同业绩不低于500万元，且需要具备乙级勘察资质”，同时规定“本项目接受联合体投标”。评标委员会在评审中发现，A公司、B公司两家单位组成联合体参加了投标，A公司具有乙级勘察资质，B公司具有甲级设计资质，在共同投标协议中明确由B公司承担设计工作，但B公司近三年内累计承揽的类似设计合同业绩只有380万元。

【分析】

《招标投标法》第三十一条第二款规定：“联合体各方均应具备承担招标项目的相应能力；国家有关规定或者招标文件对投标人资格条件有规定的，联合体各方均应当具备规定的相应资格条件。”需要注意的是，这里的“均应当具备”应与“相应能力（或相应资格条件）”结合起来一并理解，即联合体各方都要满足自己所承担的那部分工作内容所要求的资质或资格条件。具体来讲，共同投标协议约定同一专业分工由两个及以上单位共同承担的，按照“就低不就高”的原则确定联合体的资质，业绩的考核以各自的工作量所占比例加权折算；不同专业分工由不同单位分别承担的，按照各自的专业资质确定联合体的资质，业绩的考核以按照其专业分别计算为宜。本案例中，招标文件对联合体的合同业绩条件具有明确要求，共同投标协议职责分工中明确由B公司承担设计工作，虽然B公司具有甲级设计资质，但是它的合同业绩不能满足招标文件要求，该联合体的投标资格不符合招标文件要求，根据《招标投标法实施条例》第五十一条第三项规定，其投标应当被否决。

【提示】

（1）招标人若对不同分工的联合体各方有不同业绩要求的，应当在招标文件中分别作出规定，如果未作区分，则应当以各自承担任务的权重加权计算认定联合体的业绩。

（2）两个以上的自然人、法人或者其他组织组成一个联合体，以一个投标人的身份参加投标活动的，应当对所有联合体成员进行失信被执行人信息查询。如果联合体有一个或一个以上成员属于失信被执行人的，则该联合体视为失信被执行人，对其投标将予以限制。

6. 联合体成员以自己名义单独在本招标项目中投标

【案例】

某地下商场建设工程项目施工招标，招标文件规定："本项目接受联合体投标。"评标委员会在评审中发现，A建筑有限公司与B设计有限公司组成联合体参加投标，同时A建筑有限公司又在该项目中单独投标。

【分析】

投标人只能"一标一投"，不得提交多份投标文件，在同一招标项目中如可以投多个标，实质形成围标，对其他投标人不公平，此情形下投标无效。联合体成员参加联合体投标后又单独投标或者参加其他联合体投标，实际就是变相以多重身份投多个标，构成不公平竞争。《招标投标法实施条例》第三十七条第三款规定："联合体各方在同一招标项目中以自己名义单独投标或者参加其他联合体投标的，相关投标均无效。"如联合体成员在同一招标项目中自行投标又与他人联合投标，相当于“一标多投”，应予以禁止。这是为了避免投标人滥用联合体，以多重身份参与投标，导致不公平竞争。本案例中，A 公司与他人组成联合体投标时，又单独在该项目中投标，即在同一招标项目中投两次标，依据上述法律规定，A 建筑有限公司与 B 设计有限公司组成的联合体投标以及 A 建筑有限公司的单独投标均无效，应作否决投标处理。

【提示】

《招标投标法实施条例》禁止联合体成员在同一项目中以自己名义单独投标，但并未限制该类项目的联合体成员参加其他标包的投标。如立项时以同一项目名称报批，进入招标采购阶段，将整体项目划分为不同标包进行采购，此时各采购合同包之间是独立的合同单元，联合体成员可以参加其他标包的投标，但不得以多重身份参与同一标包下的投标竞争。

7. 联合体成员同时参加其他联合体在本招标项目中投标

【案例】

某企业软件开发项目工作内容包括某软件开发与实施及后续提供本地化技术支持和服务，该项目招标接受联合体投标。评标委员会在评审中发现，A 公司与 B 公司组成联合体参加投标，同时 B 公司又与 C、D 公司共同组成联合体参与本项目投标。

【分析】

《招标投标法实施条例》第三十七条第三款规定：“联合体各方在同一招标项目中以自己名义单独投标或者参加其他联合体投标的，相关投标均无效。”联合体投标后，禁止联合体成员再参加其他联合体参与同一项目的投标，这是为了防止投标人在同一项目中利用不同组合，变换不同身份，实际上同时提交多份投标文件或者投标报价，实现多次投标、"围标"，这样对其他投标人而言构成不公平竞争。本案例中，B公司在与A公司组成联合体投标的同时，又加入C、D公司组成另一个联合体参与本次投标，相当于"一标多投"，根据上述法律规定，B公司参与的两个联合体的投标均应当被否决。

【提示】

如果同一工程建设项目划分不同标包招标，联合体成员可以独立参加或者组成其他联合体参加其他标包的投标，此时不被认为投标人以多重身份参与同一合同单元下的投标竞争。

8. 在提交资格预审申请文件后组成联合体

【案例】

某工程建设项目施工招标，实行资格预审，资格预审公告规定："本项目接受联合体投标。"A公司提交资格预审申请文件，并且通过了资格审查。当正式投标时，A公司与B公司组成联合体进行投标。

【分析】

对于竞争性强、潜在投标人较多、技术特别复杂或者具有特殊专业技术要求的招标项目，可以采用资格预审的办法，事先了解投标人的情况，吸引确实具有相应财力、技术和经验，信誉良好的投标人参与投标，限制资格条件不符合要求、无竞争力的投标人，降低招标投标风险，提高招标工作效率。只有通过资格预审的潜在投标人（包括联合体），才可以获得招标文件，参加投标。《招标投标法实施条例》第三十七条第二款规定：“招标人接受联合体投标并进行资格预审的，联合体应当在提交资格预审申请文件前组成。资格预审后联合体增减、更换成员的，其投标无效。”也就是说，联合体必须在资格预审前确定，且不得随意更换。联合体成员的更换，有可能影响联合体的资格条件和履约能力，也可能影响招标公正性，其投标无效。究其原因：一是联合体组成成员发生变化后构成新的联合体，不再是提交资格预审申请的联合体，如果允许其投标将会使资格预审失去意义。二是允许联合体更换成员将为不正当竞争行为提供方便，使公平竞争失去保障。本案例中，A公司通过资格审查后与B公司组成联合体，作为一个新的投标人，其投标主体资格与A公司不同，不属于同一人，其未经资格预审合格，故不具有合格的投标人资格。因此，根据上述法律规定，A公司和B公司组成的联合体投标无效，评标委员会应当否决该联合体的投标。

【提示】

（1）资格预审项目的投标人必须经预审合格，联合体投标也必须在资格预审结束前组成，并以联合体名义、以一个投标人的身份参加资格预审，只有经资格预审合格的联合体才可以取得合格的投标人资格，参加投标。

（2）联合体经过资格预审合格，应确保成员的稳定性，不得随意变更。如果其成员确需发生变化，联合体应当按照

《招标投标法实施条例》第三十八条规定，在投标之前及时书面告知招标人。该重大变化是否影响投标资格，由招标人或其组织的资格审查委员会依据资格预审文件规定的审查标准进行复核并作出认定。

9. 联合体通过资格预审后联合体增减、更换成员

【案例】

某工程建设项目采购一批金具设备，采用资格预审方式，招标文件明确规定："本项目接受联合体投标。"在招标过程中，甲公司、乙公司组成联合体进行投标，并通过了资格预审。但在评标过程中，评标委员会发现投标人联合体成员变为甲公司和丙公司。

【分析】

采用资格预审主要目的在于解决投标人过多、招标成本过高、评标时间过长"三过"问题，可使评标委员会集中精力评审和比较投标文件的实质性响应；也在一定程度上减少了实力不足的投标人进行恶意低价夺标的可能性，降低了恶性竞争。《招标投标法实施条例》第三十七条第二款规定："招标人接受联合体投标并进行资格预审的，联合体应当在提交资格预审申请文件前组成。资格预审后联合体增减、更换成员的，其投标无效。"也就是说，若一个招标项目接受联合体且需要资格预审，那么联合体的组成成员应在资格预审前组成，且在通过资格预审后不能再增减或更换成员，否则更换成员后的联合体与此前的联合体已不是同一"投标人"，其没有经过资格预审审查合格，也没有申请招标人重新复核其投

标资格，就不具备合格的投标人资格。本案例中，联合体在通过资格预审后更换了成员，则原联合体不复存在，变更后的联合体未经资格预审，根据上述法律规定，其投标无效，评标委员会应当否决其投标。

【提示】

（1）未通过资格预审的联合体申请人，不具有合格的投标资格。即便该联合体实力更优、更强，也因新组建的联合体未经资格预审而不具有合格的投标主体资格。

（2）联合体通过资格预审后，应保持该联合体的稳定性，不得随意变更、增减成员而变动原联合体的构成，否则将失去合格的投标资格。

（3）若联合体通过了资格预审，但是在招标投标过程中其成员的资格因某种原因不满足法律法规、招标文件要求的，其投标也无效。

第五节　投标人不具备规定的资质、资格证书不合格

1. 投标人未提交法律规定的资质证书

【案例】

某公路隧道工程项目施工招标，招标文件规定：“投标人须具有中华人民共和国住房和城乡建设部门颁发的公路工程施工总承包二级及以上资质。”某建筑施工有限公司参与投标，但未提交公路工程施工总承包资质证书。

【分析】

《招标投标法》第二十六条规定："投标人应当具备承担招标项目的能力；国家有关规定对投标人资格条件或者招标文件对投标人资格条件有规定的，投标人应当具备规定的资格条件。"建筑业企业资质就是国家法律规定的投标人资格条件之一。《建筑法》第十三条规定："从事建筑活动的建筑施工企业、勘察单位、设计单位和工程监理单位，按照其拥有的注册资本、专业技术人员、技术装备和已完成的建筑工程业绩等资质条件，划分为不同的资质等级，经资质审查合格，取得相应等级的资质证书后，方可在其资质等级许可的范围内从事建筑活动。"该规定属于强制性规定，不具备《建筑法》规定的相应资质条件的，不得承担相应的施工、设计或监理工作。建筑业企业资质类别、等级及相应可承揽项目范围按照《建筑业企业资质标准》执行。《建筑法》第二十六条强调"承包建筑工程的单位应当持有依法取得的资质证书，并在其资质等级许可的业务范围内承揽工程"，并明确"禁止建筑施工企业超越本企业资质等级许可的业务范围或者以任何形式用其他建筑施工企业的名义承揽工程"。"承包人未取得建筑施工企业资质或者超越资质等级的"，根据《最高人民法院关于审理建设工程施工合同纠纷案件适用法律问题的解释（一）》第一条规定，建设工程施工合同认定无效。因此，建筑施工企业必须在其资质类别和等级范围内参加投标、承揽工程，超出资质范围或资质等级参加投标、签订合同等法律行为无效。本案例中，某建筑施工有限公司未提交公路工程施工总承包资质证书，根据《招标投标法实施条例》第五十一条第三项规定，应当被否决投标。

【提示】

（1）投标人不符合国家法律规定或招标文件规定的资质要求、在投标文件中未提交相应资质证明证书或者提供的资质证书与招标文件要求不符的，其投标均会被否决。

（2）招标文件规定的资质条件应与招标项目特点和实际需要相适应，不能规定与招标项目内容无关的资质，也不能设置已经被取消的资质。

（3）建筑业企业资质属于国家法律规定的投标人资格条件，具有强制性，即使招标文件未作规定，评标委员会发现投标人不具备相应资质证书的，也应当否决其投标。

（4）《住房和城乡建设部印发建设工程企业资质管理制度改革方案的通知》，核心内容是精简资质类别，归并等级设置。改革后，现有的 593 项企业资质类别和等级压减至 245 项，其中工程勘察资质保留综合资质；将 4 类专业资质及劳务资质整合为岩土工程、工程测量、勘探测试 3 类专业资质；综合资质不分等级，专业资质等级压减为甲、乙两级。工程设计资质保留综合资质；将 21 类行业资质整合为 14 类行业资质；将 151 类专业资质、8 类专项资质、3 类事务所资质整合为 70 类专业和事务所资质；综合资质、事务所资质不分等级；行业资质、专业资质等级原则上压减为甲、乙两级（部分资质只设甲级）。施工资质将 10 类施工总承包企业特级资质调整为施工综合资质，可承担各行业、各等级施工总承包业务；保留 12 类施工总承包资质，将民航工程的专业承包资质整合为施工总承包资质；将 36 类专业承包资质整合为

18类；将施工劳务企业资质改为专业作业资质，由审批制改为备案制。综合资质和专业作业资质不分等级；施工总承包资质、专业承包资质等级原则上压减为甲、乙两级（部分专业承包资质不分等级），其中施工总承包甲级资质在本行业内承揽业务规模不受限制。工程监理资质保留综合资质；取消专业资质中的水利水电工程、公路工程、港口与航道工程、农林工程资质，保留其余10类专业资质；取消事务所资质；综合资质不分等级，专业资质等级压减为甲、乙两级。设置1年过渡期，到期后实行简单换证。招标人应注意政策变化，在招标文件中合理设置资质类别和等级条件。

2. 投标人提交的资质证书载明的资质等级与本招标项目要求不符

【案例】

某医院综合楼（20层）建设工程施工招标，招标文件规定："投标人须具备建筑施工安全生产许可证并具有房屋建筑工程施工总承包二级及以上资质。"评审中发现，投标人A公司提交了房屋建筑工程施工总承包资质证书，但证书上记载其资质等级为三级。

【分析】

《建筑法》第二十六条规定："承包建筑工程的单位应当持有依法取得的资质证书，并在其资质等级许可的业务范围内承揽工程。禁止建筑施工企业超越本企业资质等级许可的业务范围或者以任何形式用其他建筑施工企业的名义承揽工程。禁止建筑施工企业以任何形式允许其他单位或者个人使用本企业的资质证书、营业执照，以本企业的名义承揽工程。”本条强调从事建筑活动的单位必须具备相应的资质条件，并在其资质等级范围内承揽工程、参与投标。《建设工程质量管理条例》第十八条规定：“从事建设工程勘察、设计的单位应当依法取得相应等级的资质证书，并在其资质等级许可的范围内承揽工程。禁止勘察、设计单位超越其资质等级许可的范围或者以其他勘察、设计单位的名义承揽工程。”第二十五条也规定：“施工单位应当依法取得相应等级的资质证书，并在其资质等级许可的范围内承揽工程。禁止施工单位超越本单位资质等级许可的业务范围承揽工程。”建设工程勘察、设计、施工企业资质属于国家法律强制性要求，无资质或超越资质等级不得承揽工程。这些是投标人必须具备的资格条件。根据《建筑业企业资质标准》，房屋建筑工程施工总承包资质为四个等级，由高到低排列为特级、一级、二级、三级。本案例中，某医院综合楼项目为20层单体建筑，只有具有房屋建筑工程施工总承包二级及以上资质的施工企业方能承建。因此，投标人A公司具有的资质等级低于招标项目所需的资质等级，其资质等级不合格，根据《招标投标法实施条例》第五十一条第三项规定，评标委员会应当否决其投标。

【提示】

（1）建设工程勘察、设计、施工、监理企业不仅要取得相应建筑业企业资质，而且只能在相应等级允许的范围内承揽工程、参与投标；超越资质等级投标的，其投标应被否决；即使中标并签订合同的，该合同无效。

（2）招标人应按照招标项目的性质、规模等条件合理设定投标人的资质要求、条件，资质等级应与招标项目实际特点和需要相适应，不得过高于招标项目实际，否则将被认定为以不合理条件限制、排斥潜在投标人或者投标人；不得设置低于项目实际需要的资质等级，否则违反法律强制性规定。招标文件中应明确资质等级范围，如规定“建筑工程施工总承包三级及以上资质”，避免出现模糊的描述，误导投标人。

（3）招标文件没有明确写明资质类别或资质等级要求的，评标委员会也应直接依据法律规定，对不符合资质条件的投标人作出否决投标决定。

3. 矿山企业、建筑施工企业和危险化学品、烟花爆竹、民用爆炸物品生产企业不具备安全生产许可证

【案例】

某房屋建筑工程项目施工招标，招标文件规定：“投标人须具有中华人民共和国住房和城乡建设部门颁发的安全生产许可证。”A建筑工程有限公司参与投标，评标过程中，评标委员会经审查发现其投标文件中未提供安全生产许可证。

【分析】

根据《安全生产许可证条例》规定，为了严格规范安全生产条件，进一步加强安全生产监督管理，防止和减少生产安全事故，国家对矿山企业、建筑施工企业和危险化学品、烟花爆竹、民用爆炸物品生产企业实行安全生产许可制度。由省、自治区、直辖市人民政府住房和城乡建设主管部门负责建筑施工企业安全生产许可证的颁发和管理；民用爆炸物品行业主管部门负责民用爆炸物品生产企业安全生产许可证

的颁发和管理。上述企业未取得安全生产许可证的，不得从事相应的生产活动。企业也不得转让、冒用安全生产许可证或者使用伪造的安全生产许可证。因此，安全生产许可证是矿山企业、建筑施工企业和危险化学品、烟花爆竹、民用爆炸物品生产企业必备的资格证件，必须申请安全生产许可证，方可参加招标投标活动承接相应工程、生产相应产品。本案例中，A 建筑工程有限公司不具备安全生产许可证，其投标资格不合格，根据《招标投标法实施条例》第五十一条第三项规定，评标委员会应当否决其投标。

【提示】

（1）安全生产许可证是矿山企业、建筑施工企业和危险化学品、烟花爆竹、民用爆炸物品生产企业从事生产、进入市场的法定必备条件，招标文件应当将此明确为投标人资格条件，招标文件未作规定的，评标委员会发现投标人应当提供但未提供安全生产许可证的，也应当依法否决其投标。

（2）自 2020 年 3 月 1 日起，应急管理部启用了新版安全生产许可证，增加二维码功能，通过扫描，可以实现与各地电子证照系统对接。北京市等地方政府推行建筑施工企业安全生产许可证电子化证书。评标委员会可以直接登录相关政府部门官网或扫描证书上的二维码查询证书真伪。

4. 列入国家统一监督管理产品目录中的重要工业产品不具备工业产品生产许可证

【案例】

某国有大型建筑施工企业建筑用钢筋项目招标，招标文件规定："投标人需提供建筑用钢筋产品的生产许可证，如未提供将否决投标。"评审中发现，投标人××建筑物资公司参与该项目投标，但在其投标文件中未提供产品生产许可证。

【分析】

工业产品生产许可证是生产许可证制度的一个组成部分，是为保证直接关系公共安全、人体健康、生命财产安全的重要工业产品的质量安全，由国家主管产品生产领域质量监督工作的行政部门制定并实施的一项旨在控制产品生产加工企业生产条件的监控制度。根据《中华人民共和国工业产品生产许可证管理条例》第五条、第十一条规定，企业生产列入目录的产品，应当向企业所在地的省、自治区、直辖市工业产品生产许可证主管部门申请取得生产许可证。任何企业未取得生产许可证不得生产列入目录的产品。任何单位和个人不得销售或者在经营活动中使用未取得生产许可证的列入目录的产品。2019年9月，《国务院关于调整工业产品生产许可证管理目录加强事中事后监管的决定》（国发〔2019〕19号）进一步明确，在近年来大幅压减工业产品生产许可证基础上，2019年再取消内燃机、汽车制动液等13类工业产品生产许可证管理，将卫星电视广播地面接收设备与无线广播电视发射设备2类产品压减合并为1类，对涉及安全、健康、环保的产品，推动转为强制性产品认证管理。经调整，继续实施许可证管理的产品由24类减少至10类。采购列入生产许可证管理目录的产品，生产许可证是法律规定的投标人资格条件。本案例中，"建筑用钢筋"产品仍在生产许可目录之内，但××建筑物资公司没有提供该生产许可证，不符合法律强制性规定，因此，根据《招标投标法实施条例》第五十一条第三项规定，应当否决其投标。

【提示】

（1）目前实施许可证管理的产品有 10 类，分别是建筑用钢筋、水泥、广播电视传输设备、人民币鉴别仪、预应力混凝土铁路桥简支梁、电线电缆、危险化学品、危险化学品包装物及容器、化肥及直接接触食品的材料等相关产品等。招标人在制作招标文件时对必须具备生产许可证的采购项目，应当将此设定为投标人资格条件；对于其他产品，不得要求投标人提供生产许可证。

（2）生产许可证属于国家强制性规定，招标文件应当将此规定为投标人资格条件，招标文件未作规定的，评标委员会发现投标人应当提供但未提供生产许可证的，也应当依法否决其投标。

5. 列入国家强制性产品认证（CCC）目录内的产品不具备强制性产品认证（CCC）认证证书

【案例】

某国有企业因改造视频会议室，需购买一批电子大屏幕、图像处理器、高清摄像机、主机设备及通信设备配件等产品，招标文件规定：“属于国家 3C 认证目录范围的产品，必须提供 CCC 认证证书。”A 公司投标文件中未提供电子大屏幕、图像处理器的强制性认证（CCC）认证证书。

【分析】

强制性产品认证，又称 CCC 认证，是国家为保护广大消费者的人身健康和安全，保护环境、保护国家安全，依照法律法规实施的一种产品评价制度。它要求产品必须符合国家标准和相关技术规范。根据《强制性产品认证管理规定》《强制性产品认证标志管理办法》等规定，通过制定强制性产品认证的产品目录和强制性产品认证实施规则，对列入目录中的产品实施强制性的检测和工厂检查。凡是列入强制性产品认证的产品目录的产品，必须经过国家指定的认证机构认证合格、取得指定机构颁发的认证证书，并标注认证标志后，方可出厂、销售、进口或者在其他经营活动中使用。这些要求是强制性认证产品目录内的产品准予生产、进入市场的必备条件。如果没有获得指定认证机构颁发的认证证书，没有按规定加施认证标志，即不得出厂销售，也不得参与投标。本案例中，大屏幕、图像处理器属于国家3C强制认证产品，但该投标人的投标文件中未提供电子大屏幕、图像处理器的强制性认证证书（CCC认证），无法证明其产品经过强制性认证，根据《招标投标法实施条例》第五十一条第三项规定，其投标应当被否决。

【提示】

（1）凡属3C强制认证产品，招标文件应明确规定该产品“需通过国家强制性产品认证（CCC）”。招标人无法确定该产品是否属于CCC强制认证产品的，可在招标文件中规定“属于国家CCC认证目录范围的产品，必须提供CCC认证证书”。

（2）投标人应当依法提供而未提供CCC认证证书的，即使招标文件未提出相应要求，评标委员会也应当否决其投标。

6. 列入《特种设备目录》的产品不具备特种设备生产单位许可

【案例】

某国有企业承压蒸汽锅炉采购项目招标，招标文件规定：“投标人需提供中华人民共和国国家质量监督检验检疫总局颁发给产品制造商的特种设备制造许可证（锅炉）B级及以上证书。”评审中发现，A投标人为制造商，但其提交的投标文件中未提供特种设备制造许可证（锅炉）B级及以上证书。

【分析】

“特种设备”是指涉及生命安全、危险性较大的锅炉、压力容器（含气瓶）、压力管道、电梯、起重机械、客运索道、大型游乐设施和场（厂）内专用机动车辆。为了防止和减少事故，保障人民群众生命和财产安全，促进经济发展，国家建立特种设备安全监察制度。《特种设备安全监察条例》第十四条第一款规定：“锅炉、压力容器、电梯、起重机械、客运索道、大型游乐设施及其安全附件、安全保护装置的制造、安装、改造单位，以及压力管道用管子、管件、阀门、法兰、补偿器、安全保护装置等（以下简称压力管道元件）的制造单位和场（厂）内专用机动车辆的制造、改造单位，应当经国务院特种设备安全监督管理部门许可，方可从事相应的活动。”第十七条第一款规定：“锅炉、压力容器、起重机械、客运索道、大型游乐设施的安装、改造、维修以及场（厂）内专用机动车辆的改造、维修，必须由依照本条例取得许可的单位进行。”根据上述规定，列入《特种设备目录》

的特种设备的设计、制造、安装、改造、维修企业，均需经过行政许可，取得相应的许可证，方能进入市场从事相应工作。本案例中，承压蒸汽锅炉的制造企业必须具有特种设备制造许可证（锅炉）B级及以上证书，但A投标人的投标文件中未提供该许可证书，违反法律强制性规定，不满足招标文件要求，根据《招标投标法实施条例》第五十一条第三项规定，评标委员会应当否决其投标。

【提示】

（1）在不明确采购产品是否属于特种设备的情况下，招标人可通过查询国家市场监督管理总局网站公布的《特种设备目录》确定采购项目是否属于特种设备，如是，应在招标文件中提出明确要求。

（2）招标文件中未要求提供特种设备相应资格证书的，评标委员会发现该产品属于特种设备，也应按照法律规定，否决不具备该资格条件的投标。

7. 投标人提交的生产许可证、认证证书有效期届满

【案例】

某建筑工程施工项目公开招标，招标文件规定："以投标截止日为准，投标人应提供有效的建筑施工企业安全生产许可证。"2021年5月10日为本项目投标截止日，A公司递交的投标文件中安全生产许可证已于2021年4月3日到期。

【分析】

根据《招标投标法实施条例》第五十一条规定，"投标人不符合国家或者招标文件规定的资格条件的"，评标委员会应

当否决其投标。依据相关法律规定，投标人应提供合格的生产许可证、认证证书等资格证明文件的，且这些资格证书应当在有效期内，如果证书有效期已届满，那么该证书已无法律效力，该投标人也就不具有合格的投标资格。本案例中，A公司的安全生产许可证在投标截止时已经过期，应认定该证书无效，因此A公司不具有招标文件规定的资格条件，根据《招标投标法实施条例》第五十一条第三项规定，评标委员会应当否决该投标。

【提示】

（1）投标人应及时更新资格证书版本，避免因未附有效资格证书被否决投标。在实践中资格证书在投标截止日之前过期，有合理理由无法办理延期或换证的，可以提供颁发证件机构的网站公告或出具的有效证明等材料，在评审过程中由评标委员会核实，符合法律规定的，可以认可该证书继续有效。

（2）对于能够通过网络查询的证书，也可以不要求投标人提供，由评标委员会或者招标代理机构自行通过网络查询并据此评审。

8. 投标人提交的生产许可证、认证证书与本招标项目的产品型号规格不对应，不涵盖本招标项目

【案例】

某国有企业信息系统安全防护软件开发项目公开招标，招标文件规定："投标人所投产品需通过ISO27001信息安全管理体系认证，认证范围包含所投产品。"投标人A公司提

供的ISO27001体系认证证书载明的认证范围为“基于互联网大数据的风控数据服务”，未涵盖其投标产品。

【分析】

招标人可在招标文件中规定与招标项目相关的资格条件，比如ISO9000系列、ISO14000系列等行业公认的管理体系认证证书，作为投标人的资格条件，以便更全面地评价投标人的履约能力。投标人提供的生产许可证或认证证书应和招标项目、产品、型号规格相对应，未提供相对应项目以及相同型号规格产品的认证证书，说明所投产品不满足招标文件规定的投标人资格条件。本案例中，投标人A公司提供的ISO27001体系认证证书，认证范围为“基于互联网大数据的风控数据服务”，不包含投标项目所需的安全防护软件开发内容，其投标资格不满足招标文件要求，根据《招标投标法实施条例》第五十一条的规定，评标委员会应当否决其投标。

【提示】

（1）对于物资采购项目，招标人应明确所需产品的具体规格型号或技术参数，明确所需的生产许可证和认证证书及涵盖许可、认证项目范围，如规定“需提供涵盖本招标产品的ISO9000质量体系认证证书”，避免出现模糊的描述，误导投标人。

（2）对于施工、服务采购项目，招标人应对施工、服务项目的性质、规模等进行详细描述，以便投标人清楚了解需提供的认证证书的类型和范围。

9. 拟委任的关键技术人员专业技术资格不合格

【案例】

某大型国有企业技术研发咨询服务项目招标，招标文件规定：“投标人需提供一支不少于6人的团队并提供相关社保证明，其中项目负责人需具有高级工程师（或副教授）及以上职称。”评审中发现，A投标人在投标文件中仅提供了项目负责人的博士学位证书，未提供相应职称证明文件。

【分析】

专业技术资格也称为职称，是指专业技术人员的专业技术水平、能力以及成就的等级称号，是反映专业技术人员的技术水平、工作能力的标志。职称按不同的系列划分种类，如经济专业人员、会计专业人员、审计专业人员、高等学校教师、中小学教师等系列，职称的级别一般分为正高级、副高级、中级、初级四个级别。研发、培训、咨询、技术服务类招标项目的关键技术人员、项目负责人决定项目成败，必须具备专业知识、专业技能和管理能力，这是圆满完成招标项目的基本保障。因此，招标人可以在招标文件中要求投标人具备一定的专业技术资格。本案例中，招标文件要求项目负责人具有高级工程师（或副教授）及以上专业技术资格，A投标人提供的项目负责人博士学位只表明该负责人的受教育程度和学历水平，不属于专业技术资格，投标人未实质性响应招标文件要求，根据《招标投标法实施条例》第五十一条“有下列情形之一的，评标委员会应当否决其投标：……（三）投标人不符合国家或者招标文件规定的资格条件”的规定，评标委员会应当否决其投标。

【提示】

对于技术研发、管理咨询等人员专业能力需求高的项目，招标人可以对项目团队成员的资格条件（如专业技术资格及等级、业绩）提出具体要求，设置为投标人的资格条件，以确保团队的技术实力及履约能力。

10. 拟委任的关键技术人员职业资格不合格

【案例】

某大型国有企业综合办公楼工程设计招标，招标文件规定："总设计师需取得贰级及以上注册建筑师资格。"A投标人提供了总设计师过往承接的项目业绩，未提供注册建筑师职业技术资格证书。

【分析】

职业技术资格是指劳动者具有从事某种职业必备的学识与技能证明，是劳动者从事相应工种的资格证明，常见的职业技术资格有注册会计师、律师、公证人、注册建筑师、注册建造师、注册安全工程师等。这些职业技术资格，是专业技术人员从事相应专业工作岗位职业必备的资格，否则其不具备从事该专业工作的资格条件。如《建筑法》第十四条规定："从事建筑活动的专业技术人员，应当依法取得相应的执业资格证书，并在执业资格证书许可的范围内从事建筑活动。"其中，从事房屋建筑设计的人员必须依据《中华人民共和国注册建筑师条例》（以下简称《注册建筑师条例》）规定取得注册建筑师资格证书，方可以从事设计工作。《注册建筑师条例》第二十六条明确规定：“国家规定的一定跨度、跨径和高度以上的房屋建筑，应当由注册建筑师设计。”因此，对于房屋建筑工程设计项目而言，设计师应取得注册建筑师的职业资格属于法律强制性规定，不满足要求执业的，其执业行为违法。本案例中，招标文件要求总设计师具有贰级及以上注册建筑师资格，投标人未提供相应资格证明，视为不具有承接该项目的资格，根据《招标投标法实施条例》第五十一条“有下列情形之一的，评标委员会应当否决其投标：……（三）投标人不符合国家或者招标文件规定的资格条件”的规定，评标委员会应当否决该投标。

【提示】

（1）近几年，国家推行简政放权，取消了一批资质许可和职业技术资格，例如：《国务院关于取消和下放一批行政审批项目的决定》（国发〔2014〕5号）取消了建筑业项目经理资格；《国务院关于取消一批职业资格许可和认定事项的决定》（国发〔2016〕5号）取消了电力行业监理工程师、总监理工程师资格；《国务院关于取消一批行政许可事项的决定》（国发〔2017〕46号）取消了电工进网作业许可证等。因此，招标人在制作招标文件时应实时查询检索该职业技术资格是否存续，避免将已取消的资质资格列入招标文件中。

（2）投标人的投标文件中专业技术人员职业资格证书不在有效期内或资格证书被吊销，也视为未提供有效的资格证书，同样会被否决投标。

11. 拟委任的项目负责人的资格条件不合格

【案例】

某110kV电网建设监理工程项目招标，招标文件规定“开标日前三年内（以投标截止日计算），拟派项目总监（含A、B角）具有与招标项目相同及以上电压等级类似工程总监或总监代表业绩，或具有比招标项目低一级电压等级2项及以上工程业绩。需提供有效的项目总监业绩证明，如合同影印件。若提交的证明文件无法证明监理业绩，投标人可提交项目建设管理单位证明材料。”评审中发现，A投标人的项目负责人具有1项35kV电网建设监理项目业绩，B投标人的项目负责人具有3项10kV电网建设监理项目业绩。

【分析】

对于施工以及勘察设计、监理等服务类招标项目，项目负责人、主要技术人员的个人能力对于完成项目至关重要，一般建设工程中的项目负责人是指施工单位的项目经理、监理公司的项目总监及设计公司的设计总监或主要设计人。项目负责人是项目建设的管理者，应具备与招标项目相对应的资格条件及业绩要求。招标人可在招标文件中对其资格、能力提出具体要求，如要求必须在一定年限内具备与本次招标项目类别、规模相当的类似业绩××项且需提供相应证明材料，以确保其具有合格的履约能力和丰富的履约经验。本案例中，招标文件要求监理项目总监“须具备同等电压等级项目业绩或者低一电压等级2项以上业绩”，A投标人有35kV电压等级1项业绩，B投标人有10kV电压等级业绩，均不满足招标文件要求，根据《招标投标法实施条例》第五十一条“有下列情形之一的，评标委员会应当否决其投标：……（三）投标人不符合国家或者招标文件规定的资格条件”的规定，应当否决其投标。

【提示】

招标人为考量建设工程项目负责人的履约能力，可在招标文件中对其业绩提出相应要求，同时明确以下三点：一是不得伪造、虚报业绩，业绩证明材料应符合招标文件要求的格式、数量与内容；二是提供的项目业绩应与招标项目保持一致或者符合招标文件规定的范围；三是招标文件对于业绩取得时间有要求的，业绩证明材料应载明时间并符合招标文件要求的年限。

12. 拟委任的项目其他主要人员资格条件不合格

【案例】

某国有企业信息系统开发项目招标，招标文件规定：“投标人需组建一支8人及以上团队，团队中需具备信息工程专业、计算机类专业与财务管理专业人员。不满足该条件的，将否决其投标。”评审中发现，A投标人组建团队为6人；B投标人组建团队中提供的是电气工程及自动化专业人员，缺少信息工程专业；C投标人投标文件中未附团队人员学历证明材料。

【分析】

一般研发类、咨询类、技术服务类项目，招标人可视招标项目的特点和实际需求，对项目团队组成人员的数量、专业、职业技术资格及业绩等提出具体要求，以便评价项目团队的履约能力和经验，确保该团队有足够实力顺利完成项目。这些要求作为投标人资格条件，如有一项不满足，则视为投标人资格不合格，可以否决该投标。本案例中，招标文件对项目团队人数、成员专业资格作出明确要求，A投标人团队人数不满足招标文件要求，B投标人专业资格不响应招标文件要求，C投标人无法证明其成员的专业资格能力，这三类情形均不符合招标文件规定的投标人资格条件，根据《招标投标法实施条例》第五十一条“有下列情形之一的，评标委员会应当否决其投标：……（三）投标人不符合国家或者招标文件规定的资格条件”的规定，评标委员会应当否决A、B、C三家投标人的投标。

【提示】

根据《招标投标法实施条例》第三十二条规定“设定的资格、技术、商务条件与招标项目的具体特点和实际需要不相适应或者与合同履行无关”的，属于以不合理的条件限制、排斥潜在投标人或者投标人。因此，招标人在设置项目主要人员资格、业绩要求时，应符合项目实际需求，避免“量体裁衣”，不得针对个别投标人设置专属的资格、业绩要求，限制、排斥其他潜在投标人或者投标人。

13. 服务类行业不具备国家规定的相应资格证书

【案例】

某省人民出版社通过公开招标方式采购图书印刷服务供应商，招标文件规定：“投标人须是中华人民共和国境内依法注册的法人、非法人组织，必须持有新闻出版行政主管部门颁发的《印刷经营许可证》。”评审中发现，A 广告公司参与投标，但是在其投标文件中未提供《印刷经营许可证》。

【分析】

企业资质是企业在从事某种行业特定行为时应该具备的资格以及满足与该资格相适应的质量等级标准要求。除了建筑业企业资质是比较常见的资质外，一些特种行业、服务类行业也需要国家行政主管部门颁发相应的资格证书方可从事相应经营活动。比如，根据《印刷业管理条例》规定，国家实行印刷经营许可制度，从事出版物印刷经营活动的企业，必须取得印刷经营许可证；根据《中华人民共和国律师法》（以下简称《律师法》）规定，律师事务所应当取得律师事务所执业证书，律师也需要取得律师执业许可证；根据《中华人民共和国注册会计师法》（以下简称《会计师法》）规定，注册会计师依法取得注册会计师证书方可接受委托从事审计和会计咨询、会计服务业务；根据《中华人民共和国认证认可条例》（以下简称《认证认可条例》）规定，认证机构、检查机构、实验室必须经过国家认证认可监督管理委员会（CNCA）、中国合格评定国家认可委员会（CNAS）等主管部门授予其认证机构、认可机构资格证书，方可以从事相关认证认可业务，如只有通过 CNAS 认可的实验室才可以得到国家法规的认可及各国实验室互认。从事这些须经国家行政许可的服务行业，必须取得相应资格证书，这也是参加此类招标项目的投标人应具备的基本资格条件。本案例中，招标项目为出版物印刷业务，投标人必须具有印刷经营许可证，但是A广告公司并未提交该证书，根据《政府采购货物和服务招标投标管理办法》第六十三条“投标人存在下列情况之一的，投标无效：……（三）不具备招标文件中规定的资格要求”的规定，评审委员会应当判定其投标无效。

【提示】

（1）国家关于服务行业行政许可证书的规定散见于不同法律、行政法规之中，招标人应根据不同的服务采购项目类别，查阅相关规定，确定本招标项目是否需要相关行政许可、资格证书。

（2）国家关于行政许可证书的规定均为强制性法律规定，不论供应商是否明知，其参加投标均须具备该资格条件。不论招标文件是否提出要求，评标委员会在评审时均应当将该条件作为投标人资格评审因素。

14. 投标人未按照招标文件要求提交相关资格证明文件

【案例】

某水利工程建设项目施工招标，招标文件规定：“业绩信息应提供近三年合同情况：包含投标人合同业绩数量、业主单位名称、工程名称等信息，且须同时附有中标通知书、发票和合同协议书的复印件。”评审中发现，A投标人投标文件仅提供自行制作的合同业绩表格一份，未附中标通知书、发票和合同协议书的复印件等佐证材料。

【分析】

一般招标文件对于投标人资格、业绩证明材料均有明确要求，如要求“提供投标人有效的营业执照（或事业单位法人证书）副本、质量保证体系、股权结构说明、股权变更证明、企业性质变更证明（税率变化等）”或者“证明业绩需提供中标通知书、发票和合同协议书的复印件，合同中要体现投标人合同业绩数量、业主单位名称、工程名称等信息”，其目的在于通过较详细的资格证明文件、交易合同资料，验证投标人资格条件、履约能力的真实性。投标文件提供的证明材料内容不全将导致评标委员会无以判断投标人的资格条件、履约能力等，因此，提供资格证明文件属于招标文件的实质性要求，如未提供，评标委员会将认为投标人不具备相应的资格、业绩条件，并否决其投标。本案例中，A投标人提供的业绩证明是其自行制作的表格，未提供佐证材料证明其业绩的真实性，视同投标人未提供业绩证明，其资格条件不合格，根据《招标投标法实施条例》第五十一条“有下列情形之一的，评标委员会应当否决其投标：……（三）投标人不符合国家或者招标文件规定的资格条件”的规定，应当否决其投标。

【提示】

（1）招标人在制作招标文件时，应对投标人提供的资质证书、业绩证明、检测报告等的证明材料的格式及来源作出明确具体的要求，如“业绩信息应提供近三年合同情况：包含合同业绩数量、合同金额、建筑面积等信息，同时附有中标通知书、发票和合同协议书的复印件”“应出具经CANS认可的检测机构出具的针对所投产品的检测报告”等，避免描述不清，误导投标人。

（2）投标人为了证明其履约资格、经验和能力，应如实、充分提供相关资格证明文件。对于业绩证明材料，如果不方便提供合同的，也可以工程竣工验收证书、项目验收证明等材料替代，只要能充分证明其有合格的业绩即可。

15. 提供他人资格证明文件投标

【案例】

某国有企业通过招标方式采购履带式钻机，招标文件要求“投标人的投标货物须具备相应的资格证书（包括但不限于：产品出厂检验合格证、产品计量合格证、煤矿矿业产品安全标准和防爆合格证）”，且“本项目不接受联合体投标，不接受代理商投标”。评审中发现，A 商贸公司投标文件中提供的产品检验合格证所载生产厂家为 B 设备制造公司。

【分析】

《招标投标法》第二十六条规定：“投标人应当具备承担招标项目的能力；国家有关规定对投标人资格条件或者招标文件对投标人资格条件有规定的，投标人应当具备规定的资格条件。”招标人要求各种资格证明文件是对投标人的运营状况、实际的生产或施工能力的考量。若投标人提供他人资格证明，说明自身并不具备招标项目要求的生产、施工、服务能力，同时也涉嫌弄虚作假，该投标人一旦中标，无法完成招标项目，将损害招标人利益，同时对其他投标人不公平，影响整个招标投标活动的公正性。对货物招标项目而言，要求投标人具备生产能力的，招标文件会着重审查制造技术、产品质量、售后服务、社会信誉等因素。代理商一般自身不具备生产能力，所以有的招标项目限制代理商投标。本案例中，A商贸公司不能提供其自有的投标产品检验合格证，且是作为代理商参加本项目投标，根据招标文件规定，其投标资格不合格，依据《招标投标法实施条例》第五十一条第三项规定，评标委员会应当否决其投标。

【提示】

招标人根据招标项目实际需要确定投标人资格条件，投标人应按要求提供本公司的资格证明文件。但在某些货物招标项目中，招标人目的是采购符合条件的产品，只需要求投标人按时供货而无须限定由其生产制造。此时，投标人可以是代理商，经制造商合法授权后参与货物招标，其提供的产品相关资格证明也可以由制造商出具，评标委员会不得因投标人提供的是他人的资格证明文件而否决其投标。

16. 投标人提供的资格证明文件超过有效期

【案例】

2021年5月8日，某国有企业通过招标方式采购漏油装置，招标文件规定：“若设备安装工作分包，设备安装工作分包人应同时满足以下条件：1）具有住房城乡建设主管部门颁发的水利水电工程施工总承包三级及以上资质；2）具有住房城乡建设主管部门颁发的安全生产许可证。”评审中发现，投标人A公司在投标文件中提供了分包人B公司的安全生产许可证，有效期为2017年4月13日至2021年4月13日，经核实，该安全生产许可证无延期记录。

【分析】

招标文件要求的各项资格证明，如营业执照、安全生产许可证、施工企业资质证书等，均属《中华人民共和国行政许可法》（以下简称《行政许可法》）设定的，经投标人申请，行政机关审查后准予其从事特定活动的行政许可证件。行政许可可依法变更、延续。《行政许可法》第五十条规定："被许可人需要延续依法取得的行政许可的有效期的，应当在该行政许可有效期届满三十日前向作出行政许可决定的行政机关提出申请。但是，法律、法规、规章另有规定的，依照其规定。行政机关应当根据被许可人的申请，在该行政许可有效期届满前作出是否准予延续的决定；逾期未作决定的，视为准予延续。"可见，行政机关出具的资格证明的法律效力是有一定期限的，被许可人只能在行政许可的有效期内从事许可活动，行政许可超过有效期的，从事行政许可的有关活动便没有法律依据。因此，投标人应当按照规定，在行政许可有效期届满前申请延期，否则该资格过期，视为不具备合格的投标人资格。《安全生产许可证条例》第九条规定："安全生产许可证的有效期为3年。安全生产许可证有效期满需要延期的，企业应当于期满前3个月向原安全生产许可证颁发管理机关办理延期手续。企业在安全生产许可证有效期内，严格遵守有关安全生产的法律法规，未发生死亡事故的，安全生产许可证有效期届满时，经原安全生产许可证颁发管理机关同意，不再审查，安全生产许可证有效期延期3年。"本案例中，招标文件要求投标人应有安全生产许可证，该项目投标人A公司在投标文件中明确将设备安装工作分包给B公司，但提供的B公司的安全生产许可证已过期，且无延期记录，故其不满足招标文件规定的对分包人的资格要求，按照

《招标投标法实施条例》第五十一条第三项规定，评标委员会应当否决该投标。

【提示】

（1）招标人可在招标文件中明确规定投标人应提供的资格证明文件，且可要求投标人提供资格证明文件全部信息页的扫描件，包含但不限于主页、附页、有效期等能证明其有效性的证书扫描件。

（2）投标人应规范资格证明文件的日常管理，行政许可证件到期前应申请及时办理续期手续。

17. 投标人提供的资格证明文件涵盖范围不包含本招标项目

【案例】

某国有企业通过招标方式采购电厂试验检测技术服务，招标文件要求“投标人具有独立法人资格，持有《营业执照》，并具有电力监管部门颁发的承装（修、试）电力设施许可证，其许可类别包括承试四级及以上等级（开标前投标人需提供营业执照和资质证书原件或加盖公章的复印件，否则其投标将不被接受）”。评审中发现，投标人甲服务有限公司提供了承装（修、试）电力设施许可证，但其许可类别为承修二级等级。

【分析】

《招标投标法》第二十六条规定：“投标人应当具备承担招标项目的能力；国家有关规定对投标人资格条件或者招标文件对投标人资格条件有规定的，投标人应当具备规定的资格条件。”也就是说，投标人应当按招标文件规定的资格条件提供资格证明材料。某些资格证明文件如建筑工程施工总承包资质、承装（修、试）电力设施许可证等，法律法规及规章均明文规定了其分类分级条件，不同类别、等级允许的生产经营范围不同，被许可人必须在许可范围内进行生产经营活动，否则属于超越行政许可范围的违法行为。实务中，招标人应当按照项目实际需求，设置合适的资格条件。投标人不能满足招标文件要求的，不具备承担项目的能力。结合本案例来看，《承装（修、试）电力设施许可证管理办法》第六条规定：“许可证分为承装、承修、承试三个类别。取得承装类许可证的，可以从事电力设施的安装活动。取得承修类许可证的，可以从事电力设施的维修活动。取得承试类许可证的，可以从事电力设施的试验活动。”第七条规定：“许可证分为一级、二级、三级、四级和五级。取得一级许可证的，可以从事所有电压等级电力设施的安装、维修或者试验活动。取得二级许可证的，可以从事 330kV 以下电压等级电力设施的安装、维修或者试验活动。取得三级许可证的，可以从事 110kV 以下电压等级电力设施的安装、维修或者试验活动。取得四级许可证的，可以从事 35kV 以下电压等级电力设施的安装、维修或者试验活动。取得五级许可证的，可以从事 10kV 以下电压等级电力设施的安装、维修或者试验活动。”本案例中，招标人需要采购试验检测技术服务，故招标文件明确要求投标人提供四级及以上承试电力设施许可证，但投标人提供的是承修类许可证，与本招标项目缺乏关联性，不符合招标文件要求，其投标资格不合格，按照《招标投标法实施条例》第五十一条第三项规定，评标委员会应当否决该投标。

【提示】

招标人编制招标文件时，应当按项目规模、人员、设备需求等情况，依法设置投标人资格条件。资格条件不宜过高或过低，不能有歧视性、倾向性，以确保招标活动的公平公正。同时，还应注意设置的资格条件与招标项目类别、内容相对应。

第六节　投标人信用条件不合格

1. 投标人被列入建筑市场主体“黑名单”

【案例】

某国有企业建设工程项目施工招标，招标文件规定：“被政府主管部门认定存在严重违法失信行为并纳入建筑市场主体严重失信‘黑名单’的，否决该投标人的投标。”在评标过程中，评标委员会查询“信用中国”网站，发现投标人A公司此前因工程质量安全事故被列入建筑市场主体严重失信“黑名单”。

【分析】

近几年，为了落实《国务院关于建立完善守信联合激励和失信联合惩戒制度加快推进社会诚信体系建设的指导意见》（国发〔2016〕33号）及《国务院办公厅关于运用大数据加强对市场主体服务和监管的若干意见》（国办发〔2015〕51号）

等文件精神，推进社会信用体系建设、健全守信激励失信约束机制，国家出台了对违法、失信企业实行联合惩戒、限制投标的一系列政策，营造诚实守信的市场环境，有效遏制违法失信行为，促进招标投标公平竞争。如根据《建筑市场信用管理暂行办法》第十四条规定，下列情形的建筑市场各方主体，列入建筑市场主体“黑名单”：（一）利用虚假材料、以欺骗手段取得企业资质；（二）发生转包、出借资质，受到行政处罚；（三）发生重大及以上工程质量安全事故，或1年内累计发生2次及以上较大工程质量安全事故，或发生性质恶劣、危害性严重、社会影响大的较大工程质量安全事故，受到行政处罚；（四）经法院判决或仲裁机构裁决，认定为拖欠工程款，且拒不履行生效法律文书确定的义务。该办法规定列入建筑市场主体“黑名单”和拖欠农民工工资“黑名单”的建筑市场各方主体，在市场准入、资质资格管理、招标投标等方面依法给予限制。据此，招标文件可将投标人被纳入失信黑名单确定为否决投标事项。本案例中，投标人A公司已被列入建筑市场主体严重失信“黑名单”，依据招标文件的规定，评标委员会应当否决其投标。

【提示】

（1）招标文件可以规定投标人被列入“严重违法失信企业”“拖欠农民工工资”等黑名单的，其投标将被否决。

（2）招标人或评标委员会查询黑名单的途径如下：一是通过“国家企业信用信息公示系统”查询投标人是否被列入“严重违法失信企业名单（黑名单）”；二是通过“信用中国”网站（www.creditchina.gov.cn）查询投标人是否被列入“黑名

单"。评审过程中，可以对投标人进行检索，也可以要求招标代理机构提供查询结果。

2. 投标人被列入拖欠农民工工资"黑名单"

【案例】

某国有企业建设工程项目施工招标，招标文件规定："投标人存在违法失信行为，被'信用中国'网站（www.creditchina.gov.cn）列入'黑名单'或被"国家企业信用信息公示系统"列入'严重违法失信企业名单（黑名单）'的，该投标人参与本项目的投标将被否决。"在评标过程中，评标委员会查询"信用中国"网站，发现A投标人因拒不支付农民工劳动报酬被列入拖欠农民工工资"黑名单"。

【分析】

为了规范农民工工资支付行为，保障农民工按时足额获得工资，国务院颁布《保障农民工工资支付条例》。该条例第四十八条规定："用人单位拖欠农民工工资，情节严重或者造成严重不良社会影响的，有关部门应当将该用人单位及其法定代表人或者主要负责人、直接负责的主管人员和其他直接责任人员列入拖欠农民工工资失信联合惩戒对象名单，在政府资金支持、政府采购、招标投标、融资贷款、市场准入、税收优惠、评优评先、交通出行等方面依法依规予以限制。"根据《拖欠农民工工资"黑名单"管理暂行办法》规定，两种情形将被纳入"黑名单"：一是克扣、无故拖欠农民工工资，数额达到认定拒不支付劳动报酬罪数额标准；二是因为拖欠农民工工资违法行为引起群体性事件、极端事件造成严重不良社会影响。《建筑市场信用管理暂行办法》第十七条规定，各级住房城乡建设主管部门应当将列入建筑市场主体“黑名单”和拖欠农民工工资“黑名单”的建筑市场各方主体作为重点监管对象，在市场准入、资质资格管理、招标投标等方面依法给予限制。招标文件可以根据招标项目实际对上述情形作出投标限制，如“投标人不得存在违法失信行为，不得被‘信用中国’网站（www.creditchina.gov.cn）列入‘黑名单’”。本案例中，A 投标人因拒不支付农民工劳动报酬被列入黑名单，依据招标文件和上述法律规定，应当被否决投标。

【提示】

招标人编制招标文件时，可以对列入建筑市场主体“黑名单”或拖欠农民工工资“黑名单”的供应商的投标资格进行限制，将该类情形列为投标人资格条件的负面清单。

3. 政府采购项目投标人未依法缴纳税收

【案例】

某政府部门的道路环境品质提升改造工程全过程造价咨询服务项目招标，招标文件要求“投标人须提供近六个月中任意一个月份依法缴纳税收和社会保障资金的证明资料复印件加盖公章：主要是指投标人有效期内的税务登记证（投标人提供加载有统一社会信用代码“多证合一”营业执照的，视为已提供税务登记证）以及缴纳增值税的凭据（税务局出具的完税证明），缴纳社会保险的凭据（税务局出具的完税证明）。依法免税或不需要缴纳社会保障资金的投标人，应提供相应文件证明其依法免税或不需要缴纳社会保障资金。投标人成立不满一个月的，则提供自成立日以来的纳税和社保证明资料。"在评标过程中发现，投标人甲咨询公司以书面形式承诺自身拥有良好的税收缴纳情况，但并未提供任何税收缴纳凭证。

【分析】

《政府采购法》第二十二条规定："供应商参加政府采购活动应当具备下列条件：……（四）有依法缴纳税收和社会保障资金的良好记录……"供应商作为向招标人提供商品或服务的市场主体，依法成立并负有缴纳税款的义务，应当按招标文件规定提供缴纳增值税、营业税和企业所得税的凭证。未依法纳税的供应商，《政府采购法》禁止其进入政府采购市场。《财政部关于在政府采购活动中查询及使用信用记录有关问题的通知》（财库〔2016〕125号）规定："采购人或者采购代理机构应当对供应商信用记录进行甄别，对列入失信被执行人、重大税收违法案件当事人名单、政府采购严重违法失信行为记录名单及其他不符合《中华人民共和国政府采购法》第二十二条规定条件的供应商，应当拒绝其参与政府采购活动。"本案例中，投标人甲咨询公司仅提供承诺纳税的承诺函，未提供纳税凭证佐证材料，不符合招标文件规定，评标委员会应当依据《政府采购货物和服务招标投标管理办法》第六十三条"投标人存在下列情况之一的，投标无效：……（三）不具备招标文件中规定的资格要求"的规定，判定其投标无效。

【提示】

招标人可根据《纳税信用管理办法（试行）》第十八条、

第三十二条关于纳税信用级别的规定，在招标文件中设置不同评分标准，纳税信用为A级的可予以加分，为D级的可减分或直接禁止其投标。另外，招标人还可在招标文件中要求投标人提供承诺纳税的声明，同时明确规定若招标人发现投标人税款缴纳情况不良，则投标人的投标无效。

4. 政府采购项目投标人未依法缴纳社会保障资金

【案例】

某市立交桥加固工程设计项目招标，招标文件规定："供应商应具备以下资格：……（3）有依法缴纳税收和社会保障资金的良好记录（提供投标截止日前3个月内任意1个月依法缴纳税收和社会保障资金的相关材料。如依法免税或不需要缴纳社会保障资金的，提供相应证明材料）。"某投标人未提供任何社会保障资金缴纳凭证。

【分析】

社会保障资金是指按照国家法律、法规及政策的规定，为满足社会保障的需要，通过各种途径筹集到的具有社会保障用途的资金。社会保障资金的组成主要有三大部分：社会保险基金、全国社会保障基金、补充保障基金。由企业和个人缴费形成的社会保险基金是社保基金中最重要的一部分，包括职工基本养老保险费、职工基本医疗保险费、工伤保险费、失业保险费和生育保险费。《中华人民共和国社会保险法》（以下简称《社会保险法》）第四条规定："中华人民共和国境内的用人单位和个人依法缴纳社会保险费……"《社会保险费申报缴纳管理规定》第八条规定："用人单位应当自用工之日起30日内为其职工申请办理社会保险登记并申报缴纳社会保险费。未办理社会保险登记的，由社会保险经办机构核定其应当缴纳的社会保险费。”缴纳社会保险费是用人单位的义务，《政府采购法》第二十二条也规定政府采购项目投标人应有依法缴纳社会保障资金的良好记录。招标人通常会在招标文件中要求投标人提供相关证明材料，供应商不能提供在社保局缴纳社保费的收据或税务局代收社保费的税票的，不但违反国家法律规定，且可能不具备招标项目规定的资格条件。本案例中，某投标人未提供任何社会保障资金缴纳凭证，违反法律强制性规定，也不符合招标文件要求，评标委员会应当依据《政府采购货物和服务招标投标管理办法》第六十三条“投标人存在下列情况之一的，投标无效：……（三）不具备招标文件中规定的资格要求”的规定，判定其投标无效。

【提示】

（1）招标人无法通过公开途径查询企业社会保障资金缴纳情况，可在招标文件中规定由投标人承担“良好的社会保障资金缴纳”证明责任，要求投标人提供承诺纳税的声明，并明确规定若被招标人发现其社会保障资金缴纳情况不良，则投标人作出的投标无效，即使双方签订合同，招标人也可单方解除合同，并追究投标人的违约责任。

（2）投标人应当提供真实有效的社会保障资金缴费证明，不得以虚假材料骗取投标资格。

5. 投标人参加政府采购活动前三年内在经营活动中有重大违法记录

【案例】

某政府部门2021年公共安全视频监控平台建设项目招标，采购文件规定："供应商应具备《政府采购法》第二十二条规定的条件：……参加政府采购活动前三年内，在经营活动中没有重大违法记录。"评审委员会在评标过程中发现，2020年10月，投标人甲公司在"信用中国"中有被××省市场监督管理局罚款3万元的行政处罚记录。

【分析】

《政府采购法》第二十二条规定："供应商参加政府采购活动应当具备下列条件：……（五）参加政府采购活动前三年内，在经营活动中没有重大违法记录……"《政府采购法实施条例》第十九条第一款规定："政府采购法第二十二条第一款第五项所称重大违法记录，是指供应商因违法经营受到刑事处罚或者责令停产停业、吊销许可证或者执照、较大数额罚款等行政处罚。"该条款中刑事处罚或者责令停产停业、吊销许可证或者执照可参照相关法律法规执行，但对"较大数额罚款"未作明确规定。《中华人民共和国行政处罚法》（以下简称《行政处罚法》）第四十二条第一款中规定："行政机关作出责令停产停业、吊销许可证或者执照、较大数额罚款等行政处罚决定之前，应当告知当事人有要求举行听证的权利。"因此，政府采购活动中较大数额罚款的衡量标准通常参照各地的行政处罚听证标准认定。需要说明的是，2022年1

月 5 日，《财政部关于〈中华人民共和国政府采购法实施条例〉第十九条第一款“较大数额罚款”具体使用问题的意见》规定：“《中华人民共和国政府采购法实施条例》第十九条第一款规定的‘较大数额罚款’认定为 200 万元以上的罚款，法律、行政法规以及国务院有关部门明确规定相关领域‘较大数额罚款’标准高于 200 万元的，从其规定。”自 2022 年 2 月 8 日起，对“较大数额罚款”的认定标准执行该规定。本案例中，投标人甲公司在 2020 年 10 月被某省市场监督管理局处以行政罚款，金额为 3 万元，而现行的《××省行政处罚听证程序规则》规定的行政处罚听证标准为 2 万元，显然其罚款数额达到了“较大数额”标准，构成“重大违法记录”，评标委员会应当依据招标文件和《政府采购货物和服务招标投标管理办法》第六十三条“投标人存在下列情况之一的，投标无效：……（三）不具备招标文件中规定的资格要求”的规定，判定其投标无效。

【提示】

（1）评标委员会应注意重大违法记录的期限，投标人参加政府采购活动三年前的重大违法记录，不作为判定投标人资格的依据。

（2）重大违法记录可能出现在采购活动全过程，如采购预算、招标、投标、评标、定标、签订合同、投诉处理等环节。定标之前发现此情形的应否决投标，定标后发现的应当取消其中标资格，并依法重新确定中标候选人或重新招标。

6. 投标人在最近三年内有骗取中标或严重违约或重大工程质量问题

【案例】

某国有企业中央空调采购项目，招标文件规定“投标人在最近三年内（以投标截止日起计算），有骗取中标或严重违约或重大产品质量问题责任追溯措施未全面落实的，否决其投标”。评标委员会在评审中发现，投标人××电器有限公司因严重工程质量问题，被行政主管部门作出限制投标6个月的行政处罚，截至评审时处罚期仍未届满。

【分析】

《工程建设项目施工招标投标办法》第二十条第一款规定：“资格审查应主要审查潜在投标人或者投标人是否符合下列条件：（一）具有独立订立合同的权利；（二）具有履行合同的能力，包括专业、技术资格和能力，资金、设备和其他物质设施状况，管理能力，经验、信誉和相应的从业人员；（三）没有处于被责令停业，投标资格被取消，财产被接管、冻结，破产状态；（四）在最近三年内没有骗取中标和严重违约及重大工程质量问题；（五）国家规定的其他资格条件。”其中，根据第四项要求，投标人最近三年内有骗取中标和严重违约及重大工程质量问题的，不得参加工程建设项目施工招标活动。同样《政府采购法》第二十二条也规定：“供应商参加政府采购活动前三年内，在经营活动中有重大违法记录的，不得参加政府采购活动。”根据上述规定，最近三年内存在严重工程质量问题被行政处罚的供应商，不具有合格的投标人资格。本案例中，投标人 ×× 电器有限公司因严重工程质量问题被限制投标且仍在处罚期内，故依据招标文件和《招标投标法实施条例》第五十一条第三项规定，其不具有投标资格，评标委员会应当否决其投标。

【提示】

（1）招标人编制招标文件时可以规定：“投标人在最近三年内有骗取中标或严重违约或重大工程质量问题的，将否决投标。”招标文件未作明确规定，评标委员会在评审时发现投标人被限制投标的，也可依法否决其投标。

（2）目前，企业因骗取中标或严重违约或重大工程质量问题而被行政处罚、行业处分、客户投诉、诉讼案件的信息，尚未有一个类似“信用中国”网站这种全面、权威的查询渠道，只能通过“国家企业信用信息公示系统”、行政机关官网、中国裁判文书网等渠道获取。招标人若想获知投标人是否存在上述不良记录，可在招标文件中明确要求投标人提供其未受行政处罚、不存在违法行为的书面承诺，并通过向行政机关或通过其官网查询核实，也可通过投诉等渠道来获知。

7. 投标人在最近三年内发生重大监理、勘察设计、产品质量问题

【案例】

某国有企业 2020 年年度零星物资招标，招标文件规定：“投标人在以往履行供货合同时存在擅自采用劣质原材料或组部件、主要设备性能指标无法满足等严重质量问题或其他严

重不良履约行为的，应作否决处理。情形特别严重的，该投标人参与本次同类产品投标的所有标包将均被否决，且该投标人的投标产品在今后一段时间内参与我公司采购活动的投标也将被否决。”评审中发现，投标人A供应商在2019年与某国有企业履约过程中，因拒不回应项目单位提出的产品质量问题的质询与投诉，被某行政监督部门作出限制其一年期投标的处罚。

【分析】

供应商出现重大监理、勘察设计、产品质量问题（以相关行业主管部门的行政处罚决定或司法机关出具的有关法律文书为准），说明其履约能力受到质疑，如再拒不理会或无法妥善解决，更能说明该供应商承接监理、勘察设计工作的能力或者提供合格产品的能力不足，违约行为未有效解决，其诚信也受到质疑，能否有足够的能力继续履约，继续参与投标或承揽新的项目都存在一定问题，招标人会面临不能履约的风险。因此，为了避免交易风险，对于有严重质量问题、违约事件的供应商，招标人在编制招标文件时可将“三年内发生重大监理、勘察设计、产品质量问题”作为否决投标的条件。本案例中，A供应商提供瑕疵产品，并拒不回应解决方案，最终被处以限制投标的行政处罚，且处罚期在近三年内，依据招标文件规定，其不具有投标资格，评标委员会应当依据《招标投标法实施条例》第五十一条第三项规定，否决该投标。

【提示】

（1）招标人可依托“天眼查”“企查查”等社会公共平台、

"信用中国"网站、"国家企业信用信息公示系统"及行政监督部门、行业协会网站公示的"黑名单""重点关注名单"等途径，查询投标人是否存在严重违法违约的失信行为。

（2）招标人可以建立合同违约处罚、供应商不良行为处理和履约评价等制度，加强招标环节管控，严格审查投标人信用状况，对存在严重质量问题、虚假经营等行为的不良供应商，根据情节严重程度限制其在本单位 1~3 年的中标资格。

8. 投标人被市场监督管理部门列入严重违法失信企业名单

【案例】

某国有企业办公楼物业服务项目招标，招标文件规定："被'信用中国'网站（www.creditchina.gov.cn）列入'黑名单'或被"国家企业信用信息公示系统"列入'严重违法失信企业名单（黑名单）''经营异常名录'的投标人，其投标作否决处理。"评审过程中，评标委员会发现投标人 A 公司在"国家企业信用信息公示系统"中被列入"严重违法失信企业名单（黑名单）"。

【分析】

为加强对严重违法失信企业的管理，促进企业守法经营和诚信自律，扩大社会监督，依据《企业信息公示暂行条例》，原国家工商行政管理总局颁布的《严重违法失信企业名单管理暂行办法》规定："企业有下列情形之一的，列入严重违法失信企业名单管理：（一）被列入经营异常名录届满 3 年仍未履行相关义务的；（二）提交虚假材料或者采取其他欺诈手段隐瞒重要事实，取得公司变更或者注销登记，被撤销登记的；（三）组织策划传销的，或者因为传销行为提供便利条件两年内受到三次以上行政处罚的；（四）因直销违法行为两年内受到三次以上行政处罚的；（五）因不正当竞争行为两年内受到三次以上行政处罚的；（六）因提供的商品或者服务不符合保障人身、财产安全要求，造成人身伤害等严重侵害消费者权益的违法行为，两年内受到三次以上行政处罚的；（七）因发布虚假广告两年内受到三次以上行政处罚的，或者发布关系消费者生命健康的商品或者服务的虚假广告，造成人身伤害的或者其他严重社会不良影响的；（八）因商标侵权行为五年内受到两次以上行政处罚的；（九）被决定停止受理商标代理业务的；（十）国家工商行政管理总局规定的其他违反工商行政管理法律、行政法规且情节严重的。”对于失信企业，可以限制其投标或中标资格，招标文件可以将列入“严重违法失信企业名单（黑名单）”作为限制投标条件。本案例中，投标人A公司已被列入“严重违法失信企业名单（黑名单）”，不符合招标文件规定的投标人资格条件，依据《招标投标法实施条例》第五十一条第三项规定，其投标应当被否决。

【提示】

列入“严重违法失信企业名单（黑名单）”的记录，应以“信用中国”“国家企业信用信息公示系统”等网站公示的权威信息为准。投标截止日前已移出该名单的投标人，具有合格的投标资格。

9. 投标人被最高人民法院列入失信被执行人名单

【案例】

某国有企业生产用车采购项目招标，招标文件规定：“投标人不得被最高人民法院列入失信被执行人名单。”评审中发现，投标人B有限公司此前因拒不执行法院生效判决，被列入失信被执行人名单。

【分析】

最高人民法院、国家发展和改革委员会、工业和信息化部、住房和城乡建设部、交通运输部、水利部、商务部、国家铁路局、中国民用航空局联合发布《关于在招标投标活动中对失信被执行人实施联合惩戒的通知》（法〔2016〕285号），要求在招标投标活动中对失信被执行人实行联合惩戒制度。依法必须进行招标的工程建设项目，招标人应当在资格预审公告、招标公告、投标邀请书及资格预审文件、招标文件中明确规定对失信被执行人的处理方法和评标标准。在评标阶段，招标人或者招标代理机构、评标委员会应当查询投标人是否为失信被执行人，对属于失信被执行人的投标活动可依法予以限制。两个以上的自然人、法人或者其他组织组成一个联合体，以一个投标人的身份共同参加投标活动的，应当对所有联合体成员进行失信被执行人信息查询。联合体中有一个或一个以上成员属于失信被执行人的，该联合体将被视为失信被执行人。《最高人民法院关于公布失信被执行人名单信息的若干规定》（法释〔2013〕17号，根据2017年1月16日最高人民法院审判委员会第1707次会议通过的《最高人民法院关于修改〈最高人民法院关于公布失信被执行人名单信息的若干规定〉的决定》修正）第八条第一款规定："人民法院应当将失信被执行人名单信息，向政府相关部门、金融监管机构、金融机构、承担行政职能的事业单位及行业协会等通报，供相关单位依照法律、法规和有关规定，在政府采购、招标投标、行政审批、政府扶持、融资信贷、市场准入、资质认定等方面，对失信被执行人予以信用惩戒。"因此，招标人编制招标文件可以将列入"失信被执行人名单"作为限制投标条件。本案例中，投标人B有限公司被列入失信被执行人名单，不符合投标人资格条件，评标委员会应当依据《招标投标法实施条例》第五十一条第三项规定，否决其投标。

【提示】

（1）最高人民法院将失信被执行人信息在"中国执行信息公开网"公开，同时推送到国家企业信用信息公示平台和"信用中国"网站，并负责及时更新。招标人可通过上述网站查询相关主体是否为失信被执行人。

（2）对于依法必须招标项目，招标文件应规定投标人不得被最高人民法院列入失信被执行人名单；对于非依法必须招标的项目，招标文件也可以参照执行，作出类似限制投标的规定。

10. 投标人或其法定代表人、拟委任的总监理工程师、项目负责人在近三年内有行贿犯罪行为

【案例】

某国有企业工程建设项目监理招标，招标文件规定：

“投标人应自行在中国裁判文书网查询确认并书面承诺，本公司、公司法定代表人、拟委任的项目负责人，在本次投标截止日前三年时间内，均未有行贿犯罪行为。”投标人A公司投标文件承诺未有行贿犯罪行为，但投标人B公司在开标后举报A公司的法定代表人在三年内因行贿被追究刑事责任，并提供证据，经评审委员会查证属实。

【分析】

根据最高人民检察院、国家发展改革委发布的《关于在招标投标活动中全面开展行贿犯罪档案查询的通知》（高检会〔2015〕3号）规定，行贿犯罪记录应当作为招标的资质审查、中标人推荐和确定的重要依据。投标人提供无行贿犯罪行为证明，目的在于制约行贿犯罪行为，打击“串通投标”“围标”等破坏市场规则行为，提高招标投标领域透明度。上述文件虽然已被废止，但行贿犯罪记录查询制度在招标投标活动中被保留下来，无行贿犯罪记录被作为供应商应当具备的资格条件。招标人可在招标文件中规定：“投标人应书面承诺投标人、法定代表人和项目负责人在投标截止日前三年无行贿犯罪行为。如投标人成立不足三年，则承诺期限为投标人成立之日起至承诺书出具之日。如果提供的书面承诺有虚假内容，其投标无效。”招标人也可以不再要求投标人自行提供无行贿犯罪行为承诺书，而是由招标人或招标代理机构在开标之后，自行登录中国裁判文书网官网进行查询，查询的记录时间一般是投标截止之日前三年内的信息。该信息提供给评标委员会作为判定是否否决投标的依据；在定标之前还可对中标候选人进行查询，以便定标时确定的中标人不存在行贿犯罪行为记录。本案例中，投标人A公司在评审阶段被发现存在行贿犯罪行为，评标委员会查证属实后，应当依据《招标投标法实施条例》第五十一条第三项规定否决其投标。

【提示】

（1）在招标投标领域，投标人资格条件中的“无行贿犯罪记录”是指该供应商或相关人员未被人民法院生效裁判认定行贿犯罪罪名成立而需承担刑事责任。即便在关于其他主体的受贿犯罪罪名成立的判决中列举有该供应商或相关人员的行贿行为，也不等同于该供应商或相关人员即构成行贿犯罪，更无法据此认定该供应商或相关人员存在行贿犯罪记录。

（2）自2018年8月1日起，各级地方人民检察院停止提供行贿犯罪档案查询服务，不再开具“无行贿犯罪行为证明”。在此情况下，不应再要求投标人向人民检察院查询取得行贿犯罪记录，招标人和招标代理机构也不能自行向人民检察院查询。因此，招标文件应取消“投标人必须提供检察机关出具的投标人及其法定代表人、拟任项目负责人近三年无行贿犯罪行为证明”条款，改为提供“近三年无行贿犯罪行为承诺书”。

11. 投标人被行政机关取消一定期限内的投标资格

【案例】

某国有企业工程建设项目设计招标，招标文件规定：“投标人不得存在下列情形之一：……（六）被暂停或取消投标资格的。”评审中评标委员会发现，投标人××工程公司此前因投标弄虚作假被某市住房和城乡建设局取消为期一年的投标资格，在开标时该行政处罚措施仍未到期。

【分析】

《招标投标法实施条例》第六十八条规定："投标人有下列行为之一的，属于招标投标法第五十四条规定的情节严重行为，由有关行政监督部门取消其1年至3年内参加依法必须进行招标的项目的投标资格：（一）伪造、变造资格、资质证书或者其他许可证件骗取中标；（二）3年内2次以上使用他人名义投标；（三）弄虚作假骗取中标给招标人造成直接经济损失30万元以上；（四）其他弄虚作假骗取中标情节严重的行为。投标人自本条第二款规定的处罚执行期限届满之日起3年内又有该款所列违法行为之一的，或者弄虚作假骗取中标情节特别严重的，由工商行政管理机关吊销营业执照。"被取消投标资格，即意味着投标人在一段时期内不得参加投标活动。招标人可在招标文件中将"未被行政机关暂停或取消一定期限内的投标资格"作为投标人资格条件。本案例中，投标人××工程公司被取消投标资格且该行政处罚未被撤销，不符合本项目投标人资格条件，评标委员会应当依据《招标投标法实施条例》第五十一条第三项规定否决其投标。

【提示】

为防止被取消投标资格的投标人参与投标活动，招标人或招标代理机构在开标之后，可以自行登录"信用中国"网站对投标人有无被取消投标资格的记录进行查询。

12. 投标人因以往不良履约记录被招标人限制中标

【案例】

某国有企业设备大修服务项目招标，招标文件规定："投标人刻意隐瞒招标公告安全质量条件所涉及的安全质量事故(安全质量事件)，以及严重不良履约行为，经查证属实的，该投标人参与本次投标的所有标包将均被否决；情形特别严重的，该投标人在今后一段时间内参与我公司及其所属单位采购活动的投标也均将被否决。”开标现场，招标代理机构收到一封举报信，称投标人A公司近期在另一地发生了一起安全质量事故，不具备投标资格。A公司的投标文件中未记载该起安全质量事故。后经评标委员会查证情况属实。

【分析】

招标人作为民事主体之一，在民事活动中有权设定合理的投标人资格条件和限制中标条件，有权拒绝具有不良履约行为的投标人参与投标。为此，越来越多的招标人出台供应商履约评价制度，对具有严重违约、失信行为记录的供应商采取一定的投标限制措施，如根据情节轻重取消其1~3年时间不等的中标资格。招标人在招标文件中可以规定：“根据《××公司供应商不良行为处理管理细则》的规定，投标人存在导致其被暂停中标资格或取消投标资格的不良行为，且在处理有效期内的，将被否决投标。”其目的在于对供应商起到震慑作用，约束其诚信履约。本案例中，A公司刻意隐瞒自身存在安全质量事故，且仍处于被限制投标期间，不具备合格的投标资格，根据招标文件以及《招标投标法实施条例》第五十一条第三项的规定，评标委员会应当否决其投标。

【提示】

招标人可以建立合同违约处罚、供应商不良行为处理和履约评价制度，加强招标环节管控，严格审查投标人信用情况，对存在质量问题、虚假经营等问题的不良供应商进行通报，并作出如 1~3 年时间不等的行业准入、限制中标的惩戒措施。

13. 投标人因以往在招标人合同项目中存在失信、违约记录被招标人采取否决性惩戒措施

某国有企业一项工程设计施工总承包招标，招标文件规定：“投标人近两年内（从提交投标文件截止之日起倒算）曾在参与招标人组织的招标投标活动中存在无正当理由放弃中标资格、拒不签订合同、拒不提供履约担保、有严重违约行为等情形的，其投标将被拒绝。”投标人 A 公司也参与投标，该公司一年前在招标人的一项工程施工招标项目中中标，但事后因可能亏损而反悔拒不签订中标合同被招标人取消其中标资格并扣留投标保证金。

【分析】

招标投标活动本身是招标人与投标人参与的竞争性缔约行为，也是招标人依法自主选择交易对象的过程，该行为既要符合《民法典》《招标投标法》等法律关于民事法律行为的规范，也要符合招标人的条件，招标人的意思表示在其中起到决定性作用。一般来讲，投标人以往在招标人的合同项目中的履约情况，能够客观反映投标人的履约能力、履约信用。如果投标人曾在参与招标人的招标项目中存在中标后无正当理由放弃中标资格、拒不签订合同、拒不提供履约担保、严重违约等行为，违反了《招标投标法》第四十五条、第四十六条等法律强制性规定，其商业信用受到质疑，招标

人可以在以后的招标项目中对其采取否决性惩戒措施。如《河北雄安新区标准设计施工总承包招标文件（2020年版）》第一章招标公告的“投标人资格要求”中明确规定：“本项目对近两年内（从提交投标文件截止之日起倒算）在本项目招标人实施的项目中存在无正当理由放弃中标资格、拒不签订合同、拒不提供履约担保情形的投标人（采用或不采用）否决性惩戒方式。”本案例中，A公司一年前参与招标人的一项工程施工招标但中标后拒不签订中标合同，存在失信行为，根据招标文件规定，评标委员会应否决其投标。

【提示】

招标人为了防范中标人失信、违约风险，可在招标文件中对曾在招标人的招标活动中有失信、违约行为的投标人采取否决性惩戒措施，如对不诚信投标人建立“黑名单”制度，限制其一定期限内的再次投标资格。

第七节 投标人不具备履约能力

1. 投标人不具备相应的生产制造能力

【案例】

某通信工程铁塔采购项目，招标文件规定：“投标人应具备生产投标产品所需的生产场地、生产设备、产品及元器件检测能力。”经评审，评标委员会认为投标人某通信公司不具备12m长度构件的热镀锌能力，不满足本项目中角钢塔的生产装备要求。

【分析】

《招标投标法》第二十六条规定：“投标人应当具备承担招标项目的能力；国家有关规定对投标人资格条件或者招标文件对投标人资格条件有规定的，投标人应当具备规定的资格条件。”承担招标项目的能力是指投标人在资金、技术、人员、装备等方面，具备与完成招标项目的需求相适应的能力或者条件。在货物采购招标中，若投标人不具有生产投标产品所需的必要生产场地、生产设备、检测能力等，即可认为不具备相应生产能力，若其中标，可能造成后续履约困难，无法按时交货或产品质量无法达到招标文件要求。投标人不具备相应的生产制造能力的，也就不具备履约能力，对这样的投标，招标人应当予以拒绝。本案例中，招标文件已规定投标人应具备生产投标产品所需的生产场地、生产设备、产品及元器件检测能力等要求，因投标人某通信公司不具备生产12m长度构件的热镀锌能力，也就不能保证有效控制角钢塔质量，故其不符合招标文件要求的投标人资格条件，根据《招标投标法实施条例》第五十一条第三项规定，因“投标人不符合国家或者招标文件规定的资格条件”，评标委员会应当否决其投标。

【提示】

（1）对于投标人的生产能力，招标人可以在招标文件中从必要生产场地、生产设备、检测能力等方面作出详细具体的规定，作为投标人的资格条件以及评标委员会评审的依据。需要注意的是，招标人在招标文件中设定的这些资格条件应当与招标项目实际需求相适应，与招标项目相关联，具有合理性，不能变相地对投标人实行差别或歧视性待遇。

（2）评标委员会应当凭借其专业技术能力，从制造投标产品的生产场地、设备配置、人力投入、技术方案等技术要求方面综合判断，认真评审投标人是否具备投标产品的生产制造能力，不具备相应生产制造能力的，应当否决该投标。

2. 投标人的施工能力（服务能力）不满足招标文件要求

【案例】

某公路工程建设项目施工招标，招标文件规定“投标人应当具有承担该项目相应的施工能力”，并明确要求“投标人需投入大型压路机 2 台”。评审过程中，评标委员会发现投标人 S 公司仅能提供 1 台大型压路机，综合判断其施工能力及工期承诺，认为其不能按期完成该工程项目。

【分析】

《招标投标法》第二十六条规定：“投标人应当具备承担招标项目的能力；国家有关规定对投标人资格条件或者招标文件对投标人资格条件有规定的，投标人应当具备规定的资格条件。”施工或服务类项目中，投标人的施工能力或提供服务的能力需要满足招标文件要求，如主要工装条件、施工机具设备、人力投入等未达到招标文件明确提出的要求，或者经评审，评标委员会认为不能证明其具备承担招标项目的能力的，则承担工程项目或提供相关服务的能力不满足招标人要求，应当否决该投标。《建筑法》第十二条规定：“从事建筑活动的建筑施工企业、勘察单位、设计单位和工程监理单位，应当具备下列条件：……（三）有从事相关建筑活动所应有的技术装备。”《工程建设项目施工招标投标办法》第二十条规定：“资格审查应主要审查潜在投标人或者投标人是否符合下列条件：……（二）具有履行合同的能力，包括专业、技术资格和能力，资金、设备和其他物质设施状况，管理能力，经验、信誉和相应的从业人员。”对于施工招标而言，评价其工程承揽能力，主要从人力、财力、物力等生产要素方面评价，主要工装条件、施工机具设备、主要施工技术人员未达到招标文件要求的，视为其不具备相应施工能力。本案例中，经评标委员会认定，投标人 S 公司未能满足所需技术装备要求，即不具备承担招标项目的能力，根据招标文件及《招标投标法实施条例》第五十一条第三项规定，评标委员会应当否决其投标。

【提示】

（1）招标人可以将满足一定的工装、机具设备、技术人员等条件，作为评价投标人是否具备承担招标项目能力的重要指标，列为投标人资格条件。

（2）评标委员会应对投标人提供的机具设备、主要技术人员等投入进行评审，如果认为不具备招标项目所必备的施工能力，则认为其不具备履约能力，应当否决该投标。

（3）在服务类招标项目中，对于投标人的服务能力也主要从其场地（如试验室、维修场地、印刷车间等）、设备（如试验设备、勘察设备、检测设备、维修设备等）、人员（如业绩经验、技术资格、专业分布、数量等）等方面进行考量和评价。

3. 投标人被依法暂停或者取消投标资格

【案例】

某国企生产用房工程项目施工招标，招标文件规定："投标人不得存在下列情形之一：……（八）被暂停或取消投标资格的。"经评标委员会查实，投标人某工程公司被某市住房与城乡建设局通报"因3年内2次以上串通投标，取消其投标资格1年"，且仍处在该取消投标资格的处罚期内。

【分析】

《招标投标法》第五十三条规定："投标人相互串通投标或者与招标人串通投标的，投标人以向招标人或者评标委员会成员行贿的手段谋取中标的，中标无效，处中标项目金额千分之五以上千分之十以下的罚款，对单位直接负责的主管人员和其他直接责任人员处单位罚款数额百分之五以上百分之十以下的罚款；有违法所得的，并处没收违法所得；情节严重的，取消其一年至二年内参加依法必须进行招标的项目的投标资格并予以公告，直至由工商行政管理机关吊销营业执照；构成犯罪的，依法追究刑事责任。给他人造成损失的，依法承担赔偿责任。"第五十四条规定："投标人以他人名义投标或者以其他方式弄虚作假，骗取中标的，中标无效，给招标人造成损失的，依法承担赔偿责任；构成犯罪的，依法追究刑事责任。依法必须进行招标的项目的投标人有前款所列行为尚未构成犯罪的，处中标项目金额千分之五以上千分之十以下的罚款，对单位直接负责的主管人员和其他直接责任人员处单位罚款数额百分之五以上百分之十以下的罚款；有违法所得的，并处没收违法所得；情节严重的，取消其一年至三年内参加依法必须进行招标的项目的投标资格并予以公告，直至由工商行政管理机关吊销营业执照。”《招标投标法实施条例》第六十七条进一步规定：“投标人有下列行为之一的，属于招标投标法第五十三条规定的情节严重行为，由有关行政监督部门取消其1年至2年内参加依法必须进行招标的项目的投标资格：（一）以行贿谋取中标；（二）3年内2次以上串通投标；（三）串通投标行为损害招标人、其他投标人或者国家、集体、公民的合法利益，造成直接经济损失30万元以上；（四）其他串通投标情节严重的行为。”根据上述法律规定，投标人因违反《招标投标法》，在招标投标过程中存在串通投标、弄虚作假等行为，不但会导致当次投标无效、中标无效，还可能被行政监督部门依法给予其一定期限内暂停或取消投标资格的行政处罚。被处罚的投标人在限制期内禁止参与投标活动，即使具备承担招标项目的能力，也无投标资格，若参与投标，应否决其投标。本案例中，招标文件已明确规定投标人不得存在“被暂停或取消投标资格的”情形，而某工程公司已被有关行政监督部门取消其投标资格且在处罚期内，故应当依据《招标投标法实施条例》第五十一条第三项规定，否决其投标。

【提示】

（1）根据《招标投标法》规定，投标人被行政监督部门取消依法必须招标项目的投标资格并公告后，该投标人在限定期限内不得参加依法必须进行招标项目的投标；处罚期届满，投标人即可正常参加招标投标活动。

（2）《招标投标法》并未规定被行政监督部门取消投标资格的投标人不得参加非依法必须招标项目的投标。因此，在非依法必须招标项目中，招标人可在招标文件中规定，被暂停或取消投标资格的投标人不得参加投标。如果未作约定，则不能以行政监督部门取消投标人的投标资格为由否决其投标。

（3）招标人可以事前制定失信供应商制裁方面的规定，如对于参加本企业投标且有串通投标、弄虚作假、严重违约等情形的投标人限制其中标资格，并将该制度在招标文件中进行明示，在此后的招标活动中可以依据该规定限制失信供应商投标。

4. 投标人被责令停产停业，暂扣或者吊销许可证、执照

【案例】

某房屋建筑工程项目施工招标，招标文件中的投标人资格条件之一是“必须有安全生产许可证”。在评审过程中，评标委员会经查询发现，投标人某工程建设公司于3个月前因发生重大人身伤亡事故，受到安全生产许可证被吊销半年、投标资格暂停一年的行政处罚。

【分析】

《行政处罚法》第九条规定的行政处罚的种类包括责令停产停业、暂扣或者吊销许可证、暂扣或者吊销执照等，这是行政主体对违反行政法的相对人给予行政制裁的行政行为，具体表现为在一定期限或永久性终止行政相对人的行政许可。责令停产停业要求行政相对人履行不作为义务，不得

继续从事生产经营活动。暂扣或吊销许可证是行政机关暂时或永久停止行政许可的行为，招标投标领域内常见的有建筑业企业资质、安全许可证、CCC认证、生产许可证等行政许可证。暂扣或者吊销执照是指行政机关取消行政相对人一定期限内或永久的市场主体资格的行政行为。执照包括企业法人的营业执照、服务机构的开业许可证等，这些执照决定投标人是否具备民事主体资格。实践中，招标项目需要投标人提供的各项许可证、营业执照，因违法活动被暂时中止或永久终止，不被许可进行相关生产经营或者不能作为市场主体参与市场活动，即不具备国家规定或招标文件规定的资格条件。本案例中，投标人某工程建设公司安全许可证被吊销，不符合招标文件“必须有安全生产许可证”的要求，不具备合格的投标人资格，评标委员会应当依据《招标投标法实施条例》第五十一条第三项规定否决其投标。

【提示】

（1）投标人应当具备与招标项目相关联、依法所必须具备的许可证、执照，这些属于法定的投标人资格条件，即使在招标文件中未予明确列明，也应当作为认定投标人资格的依据。

（2）责令停产停业、暂扣许可证、暂扣营业执照均有限制期间，行政处罚相对人在一定期限内纠正违法行为，在行政处罚期限届满后，即自动恢复该行政许可资格，无须再重新申请相关行政许可。因此，评标委员会在评审过程中应注意审查处罚期限，不得因曾经受到此类行政处罚就断然否决其投标。

5. 投标人进入清算程序，或被宣告破产、财产被接管或冻结

【案例】

某国有企业设备采购项目招标文件要求："投标人财务状况良好，没有处于被接管、冻结、破产状态。"在评标过程中，评标委员会发现投标人A设备公司（属分公司）的法人集团公司已被人民法院裁定宣告破产，正在清算中。

【分析】

投标人因资不抵债，被人民法院宣告破产，自宣告之日起应停止正常的生产经营活动，丧失对其财产的管理权和处分权，进入清算程序后，由清算组接手财产管理。《民法典》第七十二条规定："清算期间法人存续，但是不得从事与清算无关的活动。"投标人应按照招标人要求提供服务或货物，处于清算程序或宣告破产，不能从事投标这项与清算无关的活动。财产如果被接管、冻结，显然不足以支撑相应生产经营活动，无法正常履行合同，丧失履约能力。《工程建设项目施工招标投标办法》第二十条规定："资格审查应主要审查潜在投标人或者投标人是否符合下列条件：……（三）没有处于被责令停业，投标资格被取消，财产被接管、冻结，破产状态。"投标人处于破产清算、财产被接管或冻结或其他丧失履约能力的情形，属于履约能力受限，资格预审的不应通过资格审查；资格后审的，评标过程中应作出否决投标决定。本案例中，某集团公司已被人民法院裁定宣告破产，其分支机构A设备公司也就不能正常履约，故评标委员会应当依据《招

标投标法实施条例》第五十一条第三项规定否决其投标。

【提示】

（1）投标人在投标之后发生财产被接管或冻结，或被宣告破产等情形时，不论是否丧失履约能力，均应当及时告知招标人。

（2）评标委员会在评标过程中发现投标人财产被接管或冻结，或被宣告破产等情形时，认定其不具备履约能力的，应当否决其投标。评标结束后投标人发生履约不能的状况的，招标人可以根据《招标投标法实施条例》第五十六条规定，在发出中标通知书前组织原评标委员会按照招标文件规定的评标标准和方法，审查确认中标候选人的履约能力，作出维持原评标结果或者重新确定中标候选人的决定。

6. 投标人项目经理等关键人员未提供劳动关系证明材料

【案例】

某政府部门办公楼建设工程项目施工招标，招标文件规定："拟派项目经理必须具有一级注册建造师执业资格和高级工程师职称，须提供资格、职称等证明文件和在投标截止时间前三个月本单位的参保证明。"投标人乙公司仅提供了项目经理的身份证明，未提供其他证明材料。

【分析】

项目经理等关键人员是建设工程施工项目投标人圆满承担招标项目、正常履约的必要条件，其应当具备一定的资格条件。《房屋建筑和市政基础设施工程施工招标投标管理办法》第二十二条规定："投标人应当具备相应的施工企业资质，并在工程业绩、技术能力、项目经理资格条件、财务状况等方面满足招标文件提出的要求。”《房屋建筑和市政基础设施项目工程总承包管理办法》第二十六条规定：“工程总承包单位、工程总承包项目经理依法承担质量终身责任。”由上可知，项目经理等关键技术人员是投标人圆满承担建设工程施工项目、正常履约的必要条件，对施工项目工期、质量控制等有着举足轻重的作用，应当与投标人建立劳动关系。招标人应当在招标文件中明确要求投标人提供相关证明材料，如劳动合同复印件、社保缴费记录等证明文件。《招标投标法实施条例》第四十二条规定：“投标人有下列情形之一的，属于招标投标法第三十三条规定的以其他方式弄虚作假的行为：……（三）提供虚假的项目负责人或者主要技术人员简历、劳动关系证明。”投标人不能提供真实劳动关系证明的，将承担相应法律责任。本案例中，投标人乙公司只提供项目经理的身份证明而无劳动关系证明，不能证实其是否与投标人之间有真实的劳动合同关系，依据《招标投标法实施条例》第五十一条第三项规定，应当否决其投标。

【提示】

（1）招标人在招标文件中可明确要求投标人提供项目经理等主要技术人员的劳动关系证明材料，除劳动合同之外，还可要求其提供劳动工资往来、社保缴费记录等其他劳动关系证明材料，以综合认定劳动关系的真实性。

（2）投标人应按招标文件要求如实提供主要技术人员的劳动关系、专业技术资格等证明材料，以证明其具有承担招标项目的能力。

7. 投标人项目经理等关键人员提供的劳动关系证明材料已过期

【案例】

某市政工程项目施工招标，招标文件规定：“拟派项目经理须具有市政公用工程专业一级注册建造师资格，须提供劳动合同、投标截止时间前三个月本单位的参保证明等证明文件。”评标时，评标委员会发现投标人甲工程公司的项目经理劳动合同已过期半年，社保记录也显示近半年无缴费，且无其他劳动关系的证明材料。

【分析】

《招标投标法》第二十七条规定：“投标人应当按照招标文件的要求编制投标文件。投标文件应当对招标文件提出的实质性要求和条件作出响应。招标项目属于建设施工的，投标文件的内容应当包括拟派出的项目负责人与主要技术人员的简历、业绩和拟用于完成招标项目的机械设备等。”建设工程施工项目的项目负责人、主要技术人员必须是与投标人建立劳动关系的员工，这是承担招标项目的基本条件。劳动关系以劳动合同、社保缴纳记录等作为证明。投标人按招标文件规定提供的劳动关系的证明材料应当是真实有效的，过期的劳动合同表明双方不存在有效的劳动关系。本案例中，因投标人甲工程公司提供的项目经理劳动合同已过期，也无近半年的社保缴纳记录，还无其他证明材料，无法证明其与投标人之间存在真实的劳动合同关系，故不满足招标文件规定的投标人资格条件，根据《招标投标法实施条例》第五十一条第三项规定，应当否决其投标。

【提示】

（1）劳动关系的证明材料主要是劳动合同及缴纳各项社会保险费的记录。如果投标人提供了上述证明材料，评标委员会应认定存在真实、有效的劳动合同关系。

（2）投标人应在劳动合同期限届满前及时续签劳动合同，并注意在投标文件中提供有效的劳动合同。

8. 投标人财务报表不合格

【案例】

某大学实验楼施工建设项目招标，采用资格预审方式，招标文件要求："投标人企业财务状况良好，没有处于被接管、冻结、破产状态，提供最近三年（2018 年、2019 年、2020 年年度）经审计的财务报告或基本户银行出具的资信证明（企业成立不足三年的，以企业注册成立之日起计算提供一年或两年相应证明材料，2021 年以来成立的新公司提供基本户银行出具的资信证明）。"投标人 A 建设有限公司提供的财务报表未经会计师事务所审计盖章。

【分析】

《招标投标法》第十八条规定："招标人可以根据招标项目本身的要求，在招标公告或者投标邀请书中，要求潜在投标人提供有关资质证明文件和业绩情况，并对潜在投标人进行资格审查；国家对投标人的资格条件有规定的，依照其规定。"《房屋建筑和市政基础设施工程施工招标投标管理办法》第十五条规定："资格预审文件一般应当包括资格预审申请书格式、申请人须知，以及需要投标申请人提供的企业资质、业绩、技术装备、财务状况和拟派出的项目经理与主要技术人员的简历、业绩等证明材料。”招标人可要求投标人提供财务报表、相关财务数据等证明材料，以此审查其资产负债、现金流运转情况，判断其是否有相应的履约能力。本案例中，招标文件要求投标人应财务状况良好，并提供最近三年（2018 年、2019 年、2020 年年度）经审计的财务报告，该投标人提供的财务报表未经会计师事务所审计盖章，不能证明其财务状况的真实性，视为未提供有效的证明材料，未实质性响应招标文件要求，根据《招标投标法实施条例》第五十一条第三项规定，应当否决其投标。

【提示】

（1）要求投标人具备一定财务能力的招标项目，一般是履行期较长的工程建设施工招标项目和较为复杂、生产周期较长的货物采购项目。财务状况良好能够确保投标人在较长的履行期内有足够财务支付能力以支撑项目正常开展。对于履行期较短的工程项目、现货供应的货物采购项目以及服务项目，一般不对财务状况进行评价。

（2）招标项目需要考虑投标人的财务状况的，招标人应在资格预审文件或招标文件中明确设置相应的财务状况评审因素和评审标准。

（3）招标人在遴选评标专家时应注意配备熟悉财务的专业人员，对投标人的财务状况进行评审。

第八节　资格预审通过后投标人资格不合格

1. 通过资格预审后的投标人发生合并、分立、破产等重大变化，资格条件不合格

【案例】

某大型设备采购招标项目采用资格预审方式进行招标，资格预审文件要求潜在投标人具有该产品的生产许可证。潜在投标人C设备公司通过资格预审并参与投标，评标委员会在评标过程中发现C设备公司投标产品的生产许可证已因产品质量不合格被发证机关吊销。

【分析】

《招标投标法实施条例》第十五条规定："招标人采用资格预审办法对潜在投标人进行资格审查的，应当发布资格预审公告、编制资格预审文件。"资格预审是指在投标前，按照资格预审文件载明的标准和方法对潜在投标人进行的资格审查，主要适用于大型或技术要求复杂、潜在投标人过多的招标项目。通过资格预审仅表明潜在投标人取得了投标资格。在资格预审后到评标期间，潜在投标人的资格条件、履约能力可能会发生变化，导致其不再具备资格预审文件、招标文件规定的资格条件。《招标投标法实施条例》第三十八条规定："投标人发生合并、分立、破产等重大变化的，应当及时书面告知招标人，投标人不再具备资格预审文件、招标文件规定的资格条件或者其投标影响招标公正性的，其投标无效。"合并，是指两个或两

个以上的法人或者其他组织依法共同组成一个法人或者其他组织。分立是指一个法人或者其他组织依法分成两个以上的法人或者其他组织。破产是指债务人因不能偿债或者资不抵债时，诉请法院宣告破产并依破产程序偿还债务的法律制度。另外，影响资格条件的重大变化还包括取消投标资格、重大财务变化、吊销营业执照等。本案例中，投标人 C 设备公司在通过资格预审后发生投标产品生产许可证被吊销的重大变化，已不符合投标人资格条件，根据《招标投标法实施条例》第三十八条规定属于无效投标，评标委员会应当否决其投标。

【提示】

（1）资格审查贯穿于招标投标全过程，对于资格预审的项目，在评标过程中，评标委员会仍可对投标人的资格条件进行审查，重点是审查投标人的资格条件在通过资格预审后有无变化。尤其投标人发生合并、分立、破产等重大变化的，评标委员会应重点审查该变化是否影响投标人资格。

（2）潜在投标人或投标人出现重大变化时，应当本着诚实信用的原则履行及时告知义务。资格审查委员会或评标委员会对重大事项进行复核，不影响履约能力的，可正常参加后续招标活动；复核不合格或经复核合格但影响招标公正性的，失去投标资格或投标无效。

2.通过资格预审后的投标人发生合并、分立、破产等重大变化，与其他投标人存在控股、管理关系

【案例】

某安防系统设备招标项目采用资格预审方式进行招标，

招标文件规定：“与招标人存在利害关系可能影响招标公正性的法人、其他组织或者个人，不得参加投标。单位负责人为同一人或者存在控股、管理关系的不同单位，不得参加同一标段投标或者未划分标段的同一招标项目投标，违反上述规定的，相关投标均无效。”某潜在投标人B公司通过资格预审并投标，评标过程中发现B公司吸收合并了A公司，而A公司为该标包另一投标人C公司的控股股东。

【分析】

《招标投标法实施条例》第三十四条规定：“与招标人存在利害关系可能影响招标公正性的法人、其他组织或者个人不得参加投标。单位负责人为同一人或者存在控股、管理关系的不同单位，不得参加同一标段投标或者未划分标段的同一招标项目投标。违反前两款规定的，相关投标均无效。”该条文是特殊情形下投标人和招标人、其他投标人有利害关系时禁止投标的规定，意在维护招标活动的公平公正性。对于实行资格预审的项目，已经通过资格预审的潜在投标人如果因为合并、重组后出现《招标投标法实施条例》第三十四条规定的情形，比如合并后企业与其他投标人存在控股、管理关系，虽不影响其履约能力，但也因上述利害关系而失去投标资格。本案例中，投标人B公司吸收合并A公司，属于合并、分立等重大变化的情形，其吸收合并的A公司控股的另一投标人C公司同时投标，也就是B公司实际成为C公司的控股股东，两者存在控股关系且又同时投标，根据前述法律规定，其投标均应当被否决。

【提示】

对于资格预审的招标项目，通过资格审查合格的潜在投标人，后期也会发生变化，导致其不具备相应能力、资格或者出现如《招标投标法实施条例》第三十四条规定与其他投标人存在控股、管理关系等利害关系等可能影响招标公正性的情形，此类情况依据法律规定均将导致投标无效，评标委员会认定存在此类情形的，应当依法否决投标。

第二章　投标文件格式不合格

第一节　投标文件格式不符合招标文件规定

1. 投标人修改投标文件格式，增加或者减少招标文件要求的项目

【案例】

某工业园区安置房二期建设工程项目施工招标，招标文件“招标人须知”中规定：“投标人提交的投标文件必须全部使用招标文件所提供的投标文件格式（表格可以按同样格式扩展），否则按否决投标处理。”评标委员会在评标过程中发现，投标人A建设公司提交的投标文件改变了给定的格式，其商务条款中“项目经理资料情况表”中缺少“认证资质”一栏。

【分析】

《招标投标法》第二十七条第一款规定：“投标人应当按照招标文件的要求编制投标文件。投标文件应当对招标文件提出的实质性要求和条件作出响应。”《工程建设项目施工招标投标办法》第二十四条规定：“招标人根据施工招标项目的特点和需要编制招标文件。招标文件一般包括下列内容：……（四）投标文件格式……”招标文件在法律上属于

招标人发出的希望投标人向自己发出意思表示的要约邀请，反映了招标项目的实际需求，体现了项目要求的商务和技术条件。为了方便投标人编制投标文件，也为了方便评标委员会在统一格式下，对各投标人进行评审打分，招标文件一般附有投标文件格式（如单项报价表、银行保函格式）。投标人应采用这些给定格式编写投标文件，发出符合招标人要求的意思表示，才有可能中标。投标人修改招标文件要求的内容和格式，可能是因自身不满足招标文件实质性要求，妄图投机取巧、蒙混过关，这不仅有违诚信原则，更可能被招标人否决其投标。本案例中，投标人A建设公司未按招标文件要求的格式编写投标文件，自行减少商务条款内容，根据招标文件规定，应当否决其投标。

【提示】

（1）为了规范投标文件内容，确保评标委员会评审效率和质量，招标人可以在招标文件中提供相应投标文件格式，并可在招标文件中将投标人未按规定格式编写投标文件或者自行编制投标文件格式作为否决投标项。有上述规定的，一旦投标人未按格式编写投标文件，不满足招标文件要求，影响评标委员会评标的，即可否决投标。

（2）投标人应当按照招标文件设定的投标文件格式、内容编写投标文件，不得自行修改给定的格式和内容，尤其不能随意增删其实质性内容。

2. 投标人自行制作投标文件格式，与招标文件规定不一致，影响评标判断

【案例】

某公司设备维修项目招标文件规定“投标人应当按照招标文件规定编制投标文件，不得改变投标文件格式，否则按否决投标处理”，且提供了规定格式的分项报价表。评标过程中，评标委员会发现投标人B维修公司投标分项报价表格式为自拟，只有分项价格而未显示总价，且根据该分项报价计算出的实际总价与投标一览表所载明的投标报价不一致，无法判断其准确的投标报价。

【分析】

根据《招标投标法》第二十七条规定，投标人应当按照招标文件的要求编制投标文件，对招标文件提出的实质性要求和条件作出响应，其中也包括按照招标文件中明确设定的投标文件格式编写投标文件。评标委员会评审投标文件，主要针对投标文件内容是否符合招标文件要求，逐一进行审核与评价。投标文件的格式如果与招标文件拟定的投标文件格式、内容不一致，无法从中区分、辨别响应招标文件的实质性条件和要求的内容，也无法提取评审所需必要的信息，将导致评标委员会无法正常判断投标文件是否响应招标文件实质性要求，招标人可能拒绝该投标。本案例中，投标人B维修公司未按照招标文件规定的格式、内容编制投标文件，而是自行编制投标文件格式，导致前后报价不一致，评标委员会无法判断真实的投标报价，根据招标文件的规定，应当否

决其投标。

【提示】

在评标过程中，评标委员会应慎用“格式不符”理由否决投标。如果发现投标人对投标文件格式进行了调整，但涉及评审的关键因素的内容无缺漏，实质性响应招标文件要求，且并不影响评审工作的，可以不否决该投标，宜作评审减分处理。如果投标文件不仅对格式进行调整，且内容也有删减或修改，致使投标文件内容不符合招标文件的实质性要求和条件，或影响评标委员会正常评标的，可以按否决投标处理。

3. 采用暗标评审的项目，投标文件泄露或暗示投标人信息

【案例】

某工程建设项目施工招标，采用暗标评审方式。招标文件规定:“投标文件技术标部分（暗标）单独装订成册实行暗标评审，此部分单独装订成册，正本封面采用‘投标文件格式’中所提供的格式；副本为暗标评审部分，暗标封面采用规定型号的纸张，副本封面为空白纸，不得作副本等任何标注。封底使用A4白色复印纸；正本与副本内容须完全一致。技术标暗标部分，封面、封底、侧封及所有正文中均不得出现可识别投标人身份的任何字符、徽标（包括文字、符号、图案、标识、标志、人员姓名、企业名称、以往工程名称、投标人独有的标准名称或编号等），也不得出现其他具有标识性作用的符号、图案等。如有违反，按无效标处理。”评标过

程中，评标委员会发现投标人 ×× 工程有限公司的投标文件技术标部分出现了该投标人单位名称。

【分析】

暗标评审是指将投标人的投标文件分为明标商务标和暗标技术标两部分分别评审的一种评标方法。采取暗标评审有利于消除明标评标过程中评标委员会成员的打分倾向和某些投标人用不正当手段谋取中标的心理，可有效遏制不公平竞争行为发生，增强技术标评标的保密性，提高竞标质量。在投标文件编制形式上，一般采用统一格式、统一封面、统一排版、统一装订方式；在编制内容上，一般技术文件不得出现单位名称、公章、法定代表人或其授权委托代理人姓名，不得有暗示本单位的说明性文字或标识，不得有所投工程名称以外的其他工程名称等。技术文件随机编号，评标委员会在未知投标人身份信息的情况下，只根据其技术条件进行公正、公平地评审，不受外在因素影响。一旦发现技术文件违背上述形式、内容要求，则可能透露投标人信息，视为未实质性响应招标文件要求，作否决投标处理。本案例中，×× 工程有限公司提交的投标文件技术标部分出现了其单位名称，违背了招标文件要求，按照招标文件规定应当否决该投标。

【提示】

（1）招标文件对技术投标文件设置的暗标规则应当规范、简单、无歧义。除纸张规格、页码、页边距、字体、字号等易于理解的规定外，对格式内容的要求应当把握适度，不宜过于细致复杂，否则可能因此淘汰优秀的投标人，偏离招标活动的本意。

（2）投标人不宜投机取巧，为了让个别评标委员会成员识别出其投标文件而有意采取各种方式留标记，或有意设置独有的格式，载明可以辨别其身份的信息，可能适得其反。

（3）“细节决定成败”，投标人应当反复检查投标文件，严防因出现单位名称等反映自身身份信息的内容或标记而被否决投标。

（4）评标委员会应当严格审核投标文件中是否有特殊格式或内容，如投标人未使用招标人提供的统一封面、未按照招标文件规定格式的封面打印装订、未按照招标文件要求排版、未在投标文件中隐瞒投标人信息、在投标文件中作出特殊记号等可能泄露自身信息的，可以否决其投标。

4. 未按照招标文件要求封装投标文件

【案例】

某公司检测中心用房建设项目监理招标，招标文件规定：“为方便开标唱标，开标一览表正本应单独放在一密封信封中，封口处也应有投标单位法定代表人或授权代表的签字或投标单位公章。封面上标明招标编号、招标项目名称、投标人名称，并注明‘开标一览表’字样，投标时单独递交。投标人未按照招标文件要求封装的否决投标。”开标时，发现投标人Z公司缺失“开标一览表”，故未在唱标环节公开其报价，该投标人称其“开标一览表”与商务投标文件一同封装。经开标人员查证确实如此，并在开标记录中予以记载。

【分析】

为满足招标项目评审要求，招标文件可以对投标文件的封装提出明确要求，如要求投标人提供纸质或是电子版投标文件、需要提供几份、不同部分投标文件如何封装，并可将其作为实质性条件和要求。不满足该条件的投标文件因影响正常评标，视为未对招标文件的实质性要求和条件进行响应，招标文件可以将此列为否决投标条件。比如在一些招标项目中，由于投标人众多，为了节省开标时间、方便主持人唱标，招标人可以要求投标人把开标一览表和投标文件分开密封，并将此作为实质性要求和条件。《招标投标法实施条例》第五十一条规定："有下列情形之一的，评标委员会应当否决其投标：……（六）投标文件没有对招标文件的实质性要求和条件作出响应。"本案例中，投标人Z公司报价文件与商务文件一同封装，属于未响应招标文件实质性要求，依据招标文件规定应当否决该投标。

【提示】

为了方便开标、评标，招标文件可对投标文件封装提出明确要求，如要求"开标一览表"与商务投标文件、技术投标文件分开封装，以隔绝报价与商务文件、技术文件，确保对商务文件、技术文件的评审不受价格因素影响，保证评标的公正性。

5. 投标文件未按照招标文件要求的份数提供

【案例】

某公路建设工程项目施工招标，招标文件要求"投标人提供正本1份，副本5份，Word格式电子文档1份（电子文件要求U盘或刻录光盘，Word格式，不留密码，无病毒，不压缩，与投标文件正本一起密封提交）”，并且规定“未按照招标文件要求的形式和数量提交投标文件的，作否决投标处理”。评标过程中，评标委员会发现投标人某工程公司提交的投标文件包括正本1份、副本2份，光盘形式电子文档1份。

【分析】

《公路工程建设项目招标投标管理办法》第三十二条规定：“投标人应当按照招标文件要求装订、密封投标文件，并按照招标文件规定的时间、地点和方式将投标文件送达招标人。”一般招标文件中会对投标文件的装订要求包括投标文件份数作出明确规定，一是出于评审需要，为评标委员会准备足够投标文件，方便其查阅和评审；二是出于管理需要，根据招标活动资料归档要求为招标代理机构、招标人及招标投标行政监督管理部门提供投标文件。未提供足够量的投标文件，可能影响评审工作，也不利于后期资料归档。招标人应当根据实际情况确定投标文件正、副本份数，可以是一正三副、一正四副或更多副本。《招标投标法实施条例》第五十一条规定：“有下列情形之一的，评标委员会应当否决其投标：……（六）投标文件没有对招标文件的实质性要求和条件作出响应。”投标人应当按照招标文件的要求提供投标文件，不满足装订、数量需要，且招标文件将此规定为实质性要求的，可以否决其投标。本案例中，投标人某工程公司应提供投标文件副本5份，但其实际只提供副本2份，不满足招标文件要求，评标委员会应当依据招标文件规定否决该投标。

【提示】

（1）投标文件未按照招标文件要求的份数提供，一般是指少于招标文件要求的数量，如多封装了投标文件，对评审及资料归档均无不良影响，则不应当否决投标。

（2）投标人应严格按照招标文件制作正、副本投标文件，副本文件封面应当明确标注“副本”，正、副本应当分别装订成册并密封。招标文件若无明确要求，副本可以是正本签字盖章后的复印件，也可在副本打印装订后，再签字盖章与正本保持一致。

6. 提交投标文件的载体不符合招标文件要求

【案例】

某国企办公设备采购招标采用电子招标形式，招标文件“投标人须知前附表”要求“投标人上传电子版投标文件到电子招标投标交易平台，同时须提供不可擦写光盘叁份和U盘壹份（含商务标及技术标）”，并将此部分内容作为招标文件实质性要求以黑体字加粗特别标注。评审时发现，投标人丙公司仅在电子招标投标交易平台上传电子版投标文件，未提供光盘和U盘。

【分析】

《招标投标法实施条例》第五十一条规定：“有下列情形之一的，评标委员会应当否决其投标：……（六）投标文件没有对招标文件的实质性要求和条件作出响应。”招标文件可以将提交投标文件的载体形式（电子版、纸质版）要求列为实质性要求，不满足该要求的，将导致投标被否决。随着招标活动逐步电子化，招标投标文件载体除了纸质外，还有光盘、U盘等形式。招标文件中明确规定提供光盘投标文件的，需将附有全部支持证明材料的投标文件制作为带有电子签章的电子版文件拷入不可擦写的只读光盘中，并按要求密封包装；采用电子投标方式的，需将电子版投标文件上传至电子招标投标交易平台。未按要求提供光盘或电子版文件的，视为不响应招标文件实质性要求，可以否决其投标。招标文件要求提供电子版投标文件但是投标人仅提交纸质文件的，形式上不符合要求，影响评标，也属于可以否决投标情形。本案例中，投标人丙公司在电子招标投标活动中，仅上传电子版投标文件，未提供光盘和U盘文件，不符合招标文件实质性要求，评标委员会应当依据招标文件及《招标投标法实施条例》第五十一条规定否决其投标。

【提示】

（1）招标人一般在招标文件中规定投标文件的载体（纸质、电子、U盘或是光盘），投标人应严格按照招标文件要求提供相应载体形式的投标文件，保证所提交的投标文件与招标文件要求一致，避免构成未实质性响应招标文件要求而被否决投标。

（2）对于投标人未按照招标文件要求的载体形式提交投标文件的情形，评标委员会应否否决投标，评审依据是招标文件是否将投标文件的载体形式要求作为实质性条件。

7. 电子招标时未按照招标文件要求同时提供纸质文件

【案例】

某民航机场管理公司现场视频监控接入项目招标采用电子招标形式，招标文件“投标人须知前附表”要求：“投标人上传电子版投标文件到电子招标投标交易平台，同时须提供纸质文件两份，按要求封装；不符合该要求的，将拒绝该投标。”评审时发现，投标人丁公司仅上传电子版投标文件，未提供纸质投标文件。

【分析】

《电子招标投标办法》第六十二条规定：“电子招标投标某些环节需要同时使用纸质文件的，应当在招标文件中明确约定；当纸质文件与数据电文不一致时，除招标文件特别约定外，以数据电文为准。”电子招标投标是以数据电文形式进行无纸化招标投标活动，意在提高效率、降低成本。招标投标活动中本应要求投标人提供电子文件即可，但由于电子招标投标交易平台运行不稳定，招标过程中易发生投标文件无法成功上传、解密失败等情况，或者因项目业主、政府机关等单位需留存纸质档案等原因，纸质文件和电子文件双轨制并行还很普遍。一些项目招标文件要求投标人既要向电子招标投标交易平台上传电子文件，还要到开标现场投递纸质文件。本案例中，投标人丁公司未提供纸质文件，视为未实质性响应招标文件要求，根据《招标投标法实施条例》第五十一条“有下列情形之一的，评标委员会应当否决其投标：……（六）投标文件没有对招标文件的实质性要求和条件作出响应”的规定和招标文件的约定，评标委员会应当否决其投标。

【提示】

电子招标活动采用“远程不见面”开标方式，一般只需要求投标人递交加密电子版投标文件，无须要求同时递交纸质版投标文件。招标人为了档案留存的需要，也可以在招标文件中要求中标人根据项目需求在签订合同时提交纸质版投标文件。

8. 政府采购供应商自定《中小企业声明函》格式省略重要内容

【案例】

某会计核算中心财务软件升级项目招标，采购文件中规定了本项目只针对中小企业进行采购，同时要求：“参加投标的中小微企业应该按照《政府采购促进中小企业发展管理办法》的规定和采购文件附件的格式提供《中小企业声明函》；未提供《中小企业声明函》或者该声明函内容有缺失的，其投标无效。”评审时发现，某供应商A公司按自行拟定的格式提供了《中小企业声明函》，仅声明其为小型企业，未说明其从业人员、营业收入、资产总额等信息。

【分析】

《政府采购法》第九条规定：“政府采购应当有助于实现国家的经济和社会发展政策目标，包括保护环境，扶持不发达地区和少数民族地区，促进中小企业发展等。”在政府采购招标项目中，中小企业享受一定扶持政策。为避免非中小企业浑水摸鱼，侵占中小企业应得的红利，参与政府采购的投标人首先应当“自证身份”。《政府采购促进中小企业发展管理办法》第十一条规定：“中小企业参加政府采购活动，应当出具本办法规定的《中小企业声明函》(附1)，否则不得享受相关中小企业扶持政策。任何单位和个人不得要求供应商提供《中小企业声明函》之外的中小企业身份证明文件。”该办法后附有《中小企业声明函》，有标准的格式和内容要素，企业必须承诺其本身符合中小企业划分标准，并对声明的真实性负责。招标文件通常附有固定格式的《中小企业声明函》，内容实质性不符合中小企业要求的应当判定投标无效。本案例中，投标人A公司自定《中小企业声明函》，仅声明其为小型企业，但省略其从业人员、营业收入、资产总额等必备信息，其内容不符合采购文件要求，评标委员会据此难以判定其是否为中小企业，应当根据《政府采购货物和服务招标投标管理办法》第六十三条“投标人存在下列情况之一的，投标无效：……(三)不具备招标文件中规定的资格要求”和采购文件规定，判定其投标无效。

【提示】

(1)《中小企业声明函》只是企业自证材料，评标委员会在有限时间内难以核实真假。为防止不良供应商提供虚假资料，招标文件中可载明投标人应提供的辅助材料，如从业人员社保清单、营业收入、资产总额等财物报表等相关资料。

(2)招标人的招标文件中已经规定了《中小企业声明函》等投标文件相应内容格式的，投标人应按相应格式要求编制投标文件，不得自行制定内容格式。

第二节　电子投标文件格式不合格

1. 电子投标文件无电子签名

【案例】

某公司数控机床采购项目采用电子招标形式，招标文件要求“投标人应使用 CA 数字证书对电子版投标文件进行文件加密，将其上传至电子招标投标交易平台”。评标过程中，评标委员会发现投标人甲公司提交的电子版投标文件中无电子签名。

【分析】

随着计算机网络技术的发展，人类活动和意思表示越来越多地以数字形式替代纸面形式。而现行法律体系以纸面记载为基础，在无纸化办公和无纸化交易被日益广泛采用的今天，《中华人民共和国电子签名法》（以下简称《电子签名法》）、《中华人民共和国电子商务法》（以下简称《电子商务法》）等法律已解决数据电文等同于传统纸质文件效力的问题。如何确定电子环境下文件是否是“原件”，《电子招标投标办法》第四十条规定：“招标投标活动中的下列数据电文应当按照《电子签名法》和招标文件的要求进行电子签名并进行电子存档：……（三）资格预审申请文件、投标文件及其澄清和说明。”《电子签名法》第二条规定：“本法所称电子签名，是指数据电文中以电子形式所含、所附用于识别签名人身份并表明签名人认可其中内容的数据。”可见，在电子招标活动中，电子投标文件必须有电子签名，该签名代表投标人的真实意思表示，相当于纸质投标文件中的单位盖章。本案例中，投标人甲公司电子版投标文件无电子签名，不满足招标文件要求，根据《招标投标法实施条例》第五十一条“有下列情形之一的，评标委员会应当否决其投标：（一）投标文件未经投标单位盖章和单位负责人签字”的规定，应当否决其投标。

【提示】

（1）一些电子招标活动中，招标人要求投标人将纸质文件加盖单位公章后进行扫描作为电子文档，此电子文档仅仅为纸质投标文件的电子形式，加盖的单位公章并不等同于电子签名。投标人须使用电子签名才具有法律效力。

（2）针对某些类型的文书，招标人要求使用纸质版的扫描件，仍有其合理性和必要性，如制造商授权书、银行资信证明等第三方文件，均需由合格的法律主体签字或盖章之后，再扫描放进投标文件，最后用CA证书签名加密，形成有效的电子版投标文件。

2. 电子签名失效

【案例】

某电梯安装项目采用电子招标方式招标，招标文件要求投标人提供电子版投标文件上传至电子招标投标交易平台。评标过程中，评标委员会发现投标人Q公司电子投标文件中的电子签名已过期。

【分析】

《电子签名法》第二十一条规定：“电子认证服务提供者签发的电子签名认证证书应当准确无误，并应当载明下列内容：……（四）证书有效期。”电子招标活动中，通常由电子认证服务提供者 CA 颁发电子签名认证证书，由于有效期的限制可能随时失效，存在着签名人以签名证书失效为由拒绝承担签名责任的法律风险。因此，该过期的电子签章说明电子签名已处于失效状态，不能代表投标人的真实意思表示。《招标投标法实施条例》第五十一条规定：“有下列情形之一的，评标委员会应当否决其投标：（一）投标文件未经投标单位盖章和单位负责人签字……”本案例中，Q 公司因电子签名过期导致投标文件不具备法律效力，评标委员会应当依据上述规定否决其投标。

【提示】

（1）招标人应在招标文件中明确规定具体生成投标文件的方法及电子签名的方式方法，提醒投标人在报名前办理完成 CA 锁及电子签章，以免投标人因电子签章失效而被否决投标。

（2）投标人所提供的电子签名须保证有效性，电子签名过期的，应根据《电子招标投标法》规定，立即申请对电子签名进行有效期延展。

3. 电子签名人与投标人不是同一人

【案例】

某国企实验楼监理招标项目采用电子招标形式，评审时发现，投标人A公司提交的电子投标文件中的电子签名人为B公司。

【分析】

《电子签名法》第十三条规定："电子签名同时符合下列条件的，视为可靠的电子签名：（一）电子签名制作数据用于电子签名时，属于电子签名人专有；（二）签署时电子签名制作数据仅由电子签名人控制；（三）签署后对电子签名的任何改动能够被发现；（四）签署后对数据电文内容和形式的任何改动能够被发现。当事人也可以选择使用符合其约定的可靠条件的电子签名。"电子签名应当具备专有性、可控性、不可篡改性。电子招标中，投标人与电子签名人不一致，说明该电子签名可能被他人控制、篡改，处于不可靠状态，不可用于认定投标人身份。本案例中，投标人A公司电子签名人与投标人不一致，其电子签名无效，视为该投标文件未签字、盖章或者以他人名义投标，应当否决该投标。

【提示】

投标人作为电子签名人应当注意保管电子签名载体。一旦丢失或者为他人窃取，他人有可能利用电子签名人的电子签名制作数据从事违法行为或者牟取非法利益，给电子签名人和电子签名依赖方造成损失。因此，如电子签名载体丢失或者为他人窃取，电子签名人应当及时告知有关各方当事人，避免有关各方当事人因信赖电子签名人的签名而造成损失或者损失进一步扩大。

第三节 授权委托书不合格

1. 授权代表签署投标文件但未提交授权委托书

【案例】

某水利工程设备采购项目招标，招标文件规定：“投标文件应使用不褪色的材料书写或打印，并由投标人的法定代表人或其委托代理人签字并加盖单位公章。委托代理人签字的，投标文件应附法定代表人签署的有效授权委托书。未提供或提供无效的授权委托书的，应当否决投标。”评审时发现，投标人乙公司提交的投标文件由其授权代表签名，但未见授权委托书。

【分析】

《民法典》第一百六十二条规定：“代理人在代理权限内，以被代理人名义实施的民事法律行为，对被代理人发生效力。”招标投标活动中，投标人法定代表人可以亲自参加投标活动，也可委托投标授权代表代理其进行投标。投标人的法定代表人授权投标代表代理投标活动的，应当提交书面授权委托书，否则无从判断该投标行为是否体现法人真实意思表示。授权代表未提交授权委托书而在投标文件上签字的，不能等同于法定代表人的代表行为。本案例中，投标人乙公司的授权代表在投标文件上签字但未提供授权委托书，不能证明其取得代理权限，在投标文件上的签字行为以及投标行为无效，不符合招标文件要求，故评标委员会应当依据《招标投标法实施条例》第五十一条“有下列情形之一的，评标委员会应当否决其投标：……（六）投标文件没有对招标文件的实质性要求和条件作出响应”的规定，否决该投标。

【提示】

（1）投标人委托投标代表参加投标活动的，必须提交法定代表人签署的授权委托书。授权委托书应当载明代理人的姓名或名称、代理事项、权限和期限，并由被代理人签名或者盖章。

（2）招标人应注意在招标文件中提供投标授权委托书的格式、内容，投标人应当提供符合要求的授权委托书。

2. 提交的授权委托书未经法定代表人签署

【案例】

某通信工程造价咨询服务采购项目招标，招标文件规定:“由委托代理人签字或盖章的投标文件中必须同时提交授权委托书，授权委托书必须经投标人法定代表人签字。投标文件签署授权委托书格式、签字、盖章及内容均应符合招标文件要求；否则授权委托书无效。投标人未提供或提供无效的授权委托书的，应当否决投标。”评审时发现，投标人丁公司投标文件中附有授权委托书，但该授权委托书仅有被授权人签名但无该公司法定代表人签名。

【分析】

《民法典》第一百六十五条规定：“委托代理授权采用书面形式的，授权委托书应当载明代理人的姓名或者名称、代理事项、权限和期限，并由被代理人签名或者盖章。”招标活动中，一般要求投标文件加盖单位公章并由法定代表人签字。法定代表人不能亲自参加投标活动的，可依法委托其他人员代为办理投标事宜。法定代表人未签字或投标人未盖章的，不符合授权委托书的构成要件，因此该授权委托书不具有法律效力，不能代表法人的真实意思表示，受托人也不具有代表投标人签署投标文件、办理投标事宜的权限，仅有其签字的投标文件无效。本案例中，投标人丁公司虽提交了授权委托书，但法定代表人未签署，不符合招标文件中“授权委托书必须经投标人法定代表人签字”的规定，属于无效授权，评标委员会应当依据《招标投标法实施条例》第五十一条“有下列情形之一的，评标委员会应当否决其投标：……（六）投标文件没有对招标文件的实质性要求和条件作出响应”的规定，否决该投标。

【提示】

（1）投标人在签署授权委托书时应当注意招标文件对授权委托书签字、盖章的相关规定，提交合格的授权委托书。

（2）评标委员会应注意授权委托书上的法定代表人签字、投标人盖章两项要素，如果仅有其一，不应以此否决该投标，除非招标文件中有“必须经投标人法定代表人签字”或“必须经投标人法定代表人签字且单位加盖公章”等特别规定。

（3）按照《民法典》规定，投标授权代表签字不是有效授权委托书的构成要件，其未在授权委托书上签字并不影响授权委托书的法律效力，不应以此为由否决投标。

3. 授权委托书授权期限届满

【案例】

某企业设备采购项目将2021年5月30日定为投标截止时间，招标文件规定："投标文件非投标人法定代表人签署的，未提供或提供无效的法定代表人授权书、授权期限届满或投标代表无代理权限的，将被否决投标。"评标过程中，评标委员会发现投标人R设备有限公司授权委托书授权期限为"授权之日起至2021年5月25日"。

【分析】

《民法典》第一百六十五条规定："委托代理授权采用书面形式的，授权委托书应当载明代理人的姓名或者名称、代理事项、权限和期限，并由被代理人签名或者盖章。"由此可见，授权期限是授权委托书不可或缺的构成因素；不能预知委托事项完成时间的，可表述为"授权期限自委托人签署授权委托书之日起至受托人完成委托事项之日止"。《民法典》第一百七十一条规定："行为人没有代理权、超越代理权或者代理权终止后，仍然实施代理行为，未经被代理人追认的，对被代理人不发生效力。"超出代理期限从事投标行为，属于无权代理，此投标行为并非必然产生法律效力。本案例中，投标人R设备有限公司授权委托书到期日为2021年5月25日，投标截止日期为2021年5月30日，显然，在投标截止时间之前其授权委托书已失去法律效力，代理人已无权代表法人参加投标活动，评标委员会应当依据《招标投标法实施条例》第五十一条"有下列情形之一的，评标委员会应当否决其投标：……（六）投标文件没有对招标文件的实质性要求和条件作出响应”的规定和招标文件约定否决该投标。

【提示】

投标代表应当在授权委托书明确的授权期限内办理投标事宜，超出授权期限的，属于无权代理，其法律效力并不确定，招标人可以拒绝接受其投标。

4. 授权委托书载明的授权范围不涵盖本招标项目

【案例】

某机场建设工程项目施工招标，招标文件规定：“投标人未提供或提供无效的授权委托书的，应当否决投标。”评标过程中，评标委员会发现投标人S公司授权委托书写明：“代理人根据授权，以我方名义签署、澄清、说明、补正、递交、撤回、修改某临时电源施工投标文件、签订合同和处理有关事宜，其法律后果由我方承担。”但授权委托书载明的投标项目不包括本次招标项目内容。

【分析】

《民法典》第一百六十五条规定：“委托代理授权采用书面形式的，授权委托书应当载明代理人的姓名或者名称、代理事项、权限和期限，并由被代理人签名或者盖章。”被代理人一定要明确代理人的代理行为范围，合理设置代理权限。权限过小无法涵盖授权从事的代理行为，因授权委托书无效不能进行代理活动；权限过大则难以控制被委托人代理行为，将带来较大法律风险。投标过程中，授权委托书代理范围不包含该招标项目时，则授权委托书针对本项目无效，该代理人在本次招标活动中为无权代理，应当否决其投标。本案例中，投标人S公司的授权委托书中不包括本次招标项目，为无效代理行为，评标委员会应当依据《招标投标法实施条例》第五十一条“有下列情形之一的，评标委员会应当否决其投标：……（六）投标文件没有对招标文件的实质性要求和条件作出响应”的规定，否决该投标。

【提示】

投标人在大型招标项目中同时参加几个标包的投标时，应针对不同标包出具不同的授权委托书，并载明明确的授权范围。装订投标文件时应注意一一对应，避免漏装、错装。如在授权委托书中声明授权代表全权处理本次招标所有标包的投标工作，应当注意所有标包的投标文件都需附带载明相应代理权限范围内容的授权委托书，不能“张冠李戴”，导致无权代理投标的情形出现。

5. 联合体未提交所有联合体成员法定代表人或负责人签署的授权委托书

【案例】

某通信线路施工项目招标，招标文件申明“本项目接受联合体投标”，并要求“联合体投标需提供共同投标协议，并提供所有联合体成员法定代表人签署的授权委托书”“未提供或提供无效的授权委托书的，将被否决投标”。评审中发现，A公司、B公司和C公司组成联合体参加投标，但其提交的投标文件未提供三家公司法定代表人签署的授权委托书。

【分析】

《工程建设项目施工招标投标办法》第四十四条规定：“联合体各方应当指定牵头人，授权其代表所有联合体成员负责投标和合同实施阶段的主办、协调工作，并应当向招标人提交由所有联合体成员法定代表人签署的授权书。”联合体是为共同投标并在中标后共同完成中标项目而组成的临时性组织，可以是两个以上法人组成的联合体、两个以上非法人单位组成的联合体或者是法人与非法人组织组成的联合体，对外以联合体名义投标，不具有法人资格。联合体作为一个投标人身份，应当聚集所有成员真实意思表示，因此必须由各联合体组成成员法定代表人或负责人共同签署授权委托书，表明联合投标属于各方自愿、共同、一致的法律行为。未提供所有联合体成员法定代表人或负责人签署的授权委托书的，视为投标代表无权代理联合体投标。本案例中，A、B、C三家公司虽组成联合体，但未提交授权委托书，不能认为该联合体成员均有意愿以联合体形式参加投标，评标委员会应当依据《招标投标法实施条例》第五十一条“有下列情形之一的，评标委员会应当否决其投标：……（六）投标文件没有对招标文件的实质性要求和条件作出响应”的规定，否决该联合体的投标。

【提示】

联合体投标的，必须提供经由联合体各方成员法定代表人或负责人共同签署，授权同一代理人办理投标事宜的授权委托书。

第四节 投标文件内容缺失不完整

1. 投标人未按招标文件组成要求编制投标文件

【案例】

某国有企业通过招标方式购置一批消防控制系统改造设备，招标文件“专业技术”要求中规定：“点型感烟探测器、点型感温探测器、火灾声光报警器、火灾报警控制器或气体灭火控制器具有国家强制性产品认证证书（CCC 认证）。”评标过程中，评标委员会发现投标人 A 消防设备有限公司的投标文件未提供火灾报警控制器或气体灭火控制器的国家强制性产品认证证书（CCC 认证）。

【分析】

根据招标文件的商务和技术要求，招标人一般要求投标人提供投标报价表、试验报告、银行资信证明、营业执照、资质证书、产品生产许可证、业绩证明等资料，来证明投标人是否具备合格的投标资格条件。如投标人不能按要求提供，则招标人有权将其作为否决投标情形处理。《招标投标法》第二十七条规定：“投标人应当按照招标文件的要求编制投标文件。投标文件应当对招标文件提出的实质性要求和条件作出响应。”投标人未按招标文件规定的内容提供重要资料，不认为其具备承担招标项目的生产、服务能力，评标委员会将依据招标文件规定，否决该投标。本案例中，投标人 A 消防设备有限公司未按要求提供火灾报警控制器或气体灭火控制器具应具备的国家强制性产品认证证书（CCC 认证），未响应招标文件实质性要求，根据《招标投标法实施条例》第五十一条第六项规定，其投标应当被否决。

【提示】

（1）招标人应当结合招标项目实际和国家相关规定，秉承公平、公正原则，设置投标文件所需资格证明文件。资格证明文件不应超出项目需要，且不能要求投标人提供国家已废止的资格（如园林绿化企业资质）证明文件。

（2）某些资格条件虽然在招标文件中未明确提出，但如果其为国家法律强制性规定的资格条件，投标人也应当提供相应资格证明文件，建筑业企业资质、工业产品生产许可证等。如果未依法提供，评标委员会应当否决该投标。

2. 投标文件关键内容字迹模糊、无法辨认，影响评标

【案例】

某污水处理厂通过招标方式采购污水处理设备，招标文件第 6.3.1.1 条规定：“投标人有以下情形之一的，否决其投标：……（6）投标文件的关键内容字迹模糊、无法辨认的……”招标文件“专用资格”要求：“投标人具有 2 套及以上处理水量 $5m^3/h$ 及以上污水处理设备的供货业绩。”评审时专家发现，投标人 S 设备公司提供了两项供货业绩证明材料，其中一项证明材料供货清单字迹模糊，无法辨认污水处理设备的处理水量。

【分析】

投标文件中某些关键字在投标文件中字迹模糊、难以辨认，一是会给评标工作增加难度，影响评标委员会评审判断；二是不能排除投标人有故意模糊该类字，试图蒙混过关的企图。《招标投标法》第二十七条第一款规定："投标人应当按照招标文件的要求编制投标文件。投标文件应当对招标文件提出的实质性要求和条件作出响应。"投标文件中关键内容字迹模糊不清，导致评标委员会无法评审认定的，视为未对该要求进行实质性响应，属于否决投标的情形。本案例中，投标人S设备公司的业绩证明材料中关键参数"处理水量"字迹模糊，无法辨认，不能认为该供货业绩符合招标文件实质性要求，评标委员会应当依据《招标投标法实施条例》第五十一条"有下列情形之一的，评标委员会应当否决其投标：……（六）投标文件没有对招标文件的实质性要求和条件作出响应"的规定，否决该投标。

【提示】

招标文件提出的实质性要求和条件是衡量应否否决投标的重要条件。投标人在编制投标文件时，必须对招标文件提出的实质性要求和条件作出明确响应，如任一条件未明确响应，或内容不全或关键内容字迹模糊、无法辨认的，均视为未响应招标文件实质性要求，评标委员会可否决其投标。

3. 投标文件有外文资料但未按照招标文件要求提供中文译本

【案例】

某大学第一附属医院螺旋断层放射治疗系统（TOMO）采购项目进行国际公开招标，招标文件第二章"投标人须知前附表"规定："除专用术语外，投标人提交的投标书以及投标人与买方就有关投标的所有来往函件均应使用中文。投标人提交的支持文件和印制的文献可以用另一种语言，但相应内容应附有中文翻译本，在解释投标书时以中文翻译本为准。中文翻译本应加盖公章，否则视为无效译本。"评审时发现，投标人××国际医疗设备有限公司投标文件中检验检测报告、产品认证证书均为外文，未提供中文译本。

【分析】

机电产品国际招标投标活动中，涉及我国境外的产品或投标人，提供的各项资格证明文件或产品资料可能有外文，不提供中文译本或提供的中文译本不准确的，评标委员会可能无法正确评审认定。投标人应否提供相应中文译本，《机电产品国际招标投标实施办法（试行）》对此并无规定，仅提到投诉材料需有中文译本。招标人通常会在招标文件中要求投标人提供相应中文译本，以方便评标。《机电产品国际招标投标实施办法（试行）》第五十七条规定："在商务评议过程中，有下列情形之一者，应予否决投标：……（六）投标人的投标书、资格证明材料未提供，或不符合国家规定或者招标文件要求的。"因此，投标人不按照招标文件要求提供中文译本的，不满足招标文件的实质性要求，应予否决投标。本案例中，投标人××国际医疗设备有限公司的检验检测报告、产品认证证书均为外文，未提供中文译本，不满足招标文件要求，评标委员会应当依据《招标投标法实施条例》第五十一条及上述法律规定，依法否决其投标。

【提示】

招标人可在招标文件中要求投标人提供中文译本且加盖公章，还可要求其提供的资料经公证机关公证，确保其真实性。

4. 投标文件项目名称与招标文件不一致

【案例】

某国有企业集中招标，共分为3个标包，其中一个项目在招标文件中的名称为“综合安全监控中心建设工程”。投标人A公司参与该项目投标，评标委员会在评标过程中发现A公司的投标文件中，该项目名称均为“调度监控中心建设工程”，为该批次另一招标项目名称。

【分析】

《招标投标法》第二十七条规定：“投标人应当按照招标文件的要求编制投标文件。投标文件应当对招标文件提出的实质性要求和条件作出响应。”招标投标活动为合同订立的过程，招标公告为招标人发出的要约邀请，投标文件为投标人按其要求发出的要约。《民法典》第四百七十二条规定：“要约是希望与他人订立合同的意思表示，该意思表示应当符合下列条件：（一）内容具体确定；（二）表明经受要约人承诺，要约人即受该意思表示约束。"招标文件载明要约邀请内容，非常明确具体，投标文件载明要约内容，对招标文件的实质性内容作出全面响应，包括其载明的项目名称应当与招标文件表述一致，如果两者不一致，则视为未对要约邀请发出相应要约，即未对招标文件进行实质性响应，应当否决该投标。本案例中，投标人A公司投标文件项目名称为"调度监控中心建设工程"，与招标文件项目名称"综合安全监控中心建设工程"不一致，评标委员会应当依据《招标投标法实施条例》第五十一条第六项规定否决该投标。

【提示】

投标人参与同一批次多个项目的投标时，需注意核实投标文件的项目名称，保证与其要投标的项目保持一致，避免因项目名称混淆导致投标被否决。投标文件载明的项目名称虽有错误但仅属个别文字错误，不影响区分招标项目的，可以要求投标人澄清，而非直接作否决投标处理。

第五节　投标文件签字盖章不合格

1.投标文件无投标人单位盖章且无其法定代表人签字

【案例】

某国企一技改项目公开招标，招标文件规定："投标文件封面、投标函均应加盖投标人印章并经法定代表人或其委托代理人签字或盖章方为有效。"评标过程中，评标委员会发现，投标人甲公司的投标文件中未加盖单位公章，其法定代表人也未签字。

【分析】

《招标投标法实施条例》第五十一条规定："有下列情形之一的，评标委员会应当否决其投标：（一）投标文件未经投标单位盖章和单位负责人签字……" 投标文件是投标人对招标文件的要约邀请作出的意思表示，表明其愿意按照招标文件的条件和要求进行响应并作出要约，该真实意思表示应当由一定外在表现固化。实践中，投标文件由投标人单位盖章和其法定代表人签字均可。公章是法人或非法人单位确认其对外从事民事活动效力的法定凭证。法人的法定代表人是依据法律或者法人组织章程规定代表法人行使职权的负责人，有权代表法人从事民事活动，其执行职务的行为所产生的一切法律后果由法人承担。投标文件如果既无单位盖章，也无法定代表人签字，则视为不是投标人作出的真实意思表示，该投标文件无效。本案例中，甲公司的投标文件中既未加盖单位公章也无其法定代表人签字，评标委员会应当依据上述法律规定否决该投标。

【提示】

（1）签字盖章的形式有多种，常见的包括手写签名、加盖个人名章、加盖手签章、加盖电子印章等，招标人应在招标文件中明确签字、盖章的具体要求。

（2）投标人应按照招标文件的要求在投标文件上签字、盖章。

（3）评审时，在投标文件上签字、盖章仅有其一的，不影响投标文件效力，不应当否决投标，除非招标文件有特殊要求，如规定“缺少一项视为无效投标文件”的，则可作否决投标处理。

2. 投标文件无投标人单位盖章且无其法定代表人授权的代理人签字

【案例】

某高频红外碳硫分析仪采购项目招标，评标委员会在评审中发现，投标人乙公司的投标文件中附有授权委托书，但其法定代表人及授权的投标代表人未在该投标文件上签字，且未加盖该投标人的单位公章。

【分析】

《民法典》第一百六十一条规定“民事主体可以通过代理人实施民事法律行为”。除法定代表人外，法人可以依法委托相关人员代理投标，在其授权范围内，被委托人以法定代表人的名义参与投标活动，后果由法人承担。对于投标文件中附有符合法律规定的授权委托书的，单位负责人签字或由被授权的代理人签字均可，具有相同法律效力。《评标委员会和评标方法暂行规定》第二十五条规定：“下列情况属于重大偏差：……（二）投标文件没有投标人授权代表签字和加盖公章……投标文件有上述情形之一的，为未能对招标文件作出实质性响应，并按本规定第二十三条规定作否决投标处理。招标文件对重大偏差另有规定的，从其规定。”本案例中，投标人乙公司的投标文件表明委托投标代表人办理投标事宜，但该投标文件既无某公司盖章又无其法定代表人或其授权的代理人签字，依据上述法律规定，应当否决其投标。

【提示】

原则上，按照《民法典》规定，授权委托书只加盖单位公章或只有法定代表人（或授权的代理人）签字都是有法律效力的。招标文件如果明确要求投标文件必须加盖投标人单位公章并由法定代表人（或其授权代表人）签字，且规定为否决投标条件的，缺少其中一项，评标委员会就可以否决其投标。

3. 工程施工招标项目投标文件的报价页面上造价人员未签字、未盖执业专用章

【案例】

某国有企业生产车间用房建设工程施工招标，招标文件规定："投标文件'投标总价'页面应有造价人员签字并加盖执业专用章"，并注明该项要求为实质性要求。评审中发现，投标人A工程建设公司的投标文件中造价人员未签字也未加盖执业专用章。

【分析】

国家设置造价工程师准入类职业资格，纳入国家职业资格目录。注册造价工程师分为一级注册造价工程师和二级注册造价工程师。《造价工程师职业资格制度规定》第二十八条第一款："造价工程师应在本人工程造价咨询成果文件上签章，并承担相应责任。工程造价咨询成果文件应由一级造价工程师审核并加盖执业印章。"《注册造价工程师管理办法》第十八条规定："注册造价工程师应当根据执业范围，在本人形成的工程造价成果文件上签字并加盖执业印章，并承担相

应的法律责任。最终出具的工程造价成果文件应当由一级注册造价工程师审核并签字盖章。"因此，参与投标的施工单位应当依法配备相当数量的造价人员，造价人员应在投标文件的报价页面签字、加盖执业专用章，表明该造价文件是本人亲自出具并依法承担相应的法律责任。本案例中，投标人 A 工程建设公司的投标报价页面，造价人员未签字也未加盖执业专用章，违反上述法律规定，评标委员会应当依据《招标投标法实施条例》第五十一条第六项规定否决其投标。

【提示】

对于建设工程设计、施工等项目，依据法律规定，造价人员应在报价页面签字并加盖执业专用章，同时需要投标人加盖单位公章，投标人制作投标文件时应仔细检查，确保签字、盖章一一相符。

4. 投标文件未按照招标文件规定签字、盖章

【案例】

某国有企业设备采购项目招标，招标文件规定："投标文件封面、投标函均应加盖投标人印章并经法定代表人或其委托代理人签字或盖章。"评标过程中，评标委员会发现投标人 Q 公司未在投标函上签字、盖章。

【分析】

《招标投标法实施条例》第五十一条规定："有下列情形之一的，评标委员会应当否决其投标：……（六）投标文件没有对招标文件的实质性要求和条件作出响应。"招标文件作为要约邀请，全面体现了招标人的采购要求和条件，其中投

标人签字、盖章作为民事主体对外有效法律行为的标志，属于招标文件实质性要求。招标文件通常明确规定投标人如何签字、盖章，不签字、不盖章或者不在指定的位置签字、盖章的，都属于未实质性响应招标文件要求。本案例中，投标人Q公司未在投标函上签字、盖章，未响应招标文件要求，违背招标文件实质性要求，评标委员会应当依据《招标投标法实施条例》第五十一条规定否决其投标。

【提示】

招标人应当合理编制招标文件，不宜对签字、盖章作过多要求，否则投标文件编制易出现失误，评标过程中也会出现过多的否决投标，一方面可能因此导致招标失败，另一方面也不符合鼓励交易的原则。

5. 投标文件加盖"投标专用章"但无证明其效力的文件

【案例】

某国企货物采购项目招标文件规定："投标人如在投标文件中使用'投标专用章'，应在投标文件中由法定代表人签字并加盖单位公章（红章），说明该'投标专用章'与单位公章具备同等效力，否则视为无效的投标文件。"评标过程中，评标委员会发现投标人丙公司提交的所有投标文件均未加盖单位公章，而是加盖投标专用章，但投标文件中缺少证明投标专用章与单位公章具有同等效力的证明文件。

【分析】

根据《市场主体登记管理条例》第二条、第三条规定，公司、非公司企业法人及其分支机构等以营利为目的的从事经营活动的市场主体，应当依法办理登记，方可以市场主体名义从事经营活动。市场监督管理机关核发的《营业执照》是企业取得市场主体资格和合法经营权的凭证。企业凭据《营业执照》可以刻制公章，开立银行账户，开展生产经营活动。公章是具有法律效力的对外承担责任的印鉴。法人进行投标活动时，为避免频繁使用公章，提高工作效率，而专门刻印的“投标专用章”，其效力并不能等同于公章，如要在投标活动中替代公章，需法人出具与公章具有同等法律效力的证明，才能代表投标人的真实意思表示。本案例中，投标人丙公司投标文件仅加盖投标专用章，但未提供其效力等同于行政公章的证明文件，无法认定投标专用章的法律效力，等同于其投标文件未加盖单位公章，评标委员应当依据招标文件规定否决该投标。

【提示】

（1）投标文件的盖章原则上应当使用单位公章，如需使用投标专用章代替单位公章，则应当附有证明其效力等同于行政公章的文件，且该证明文件还应当加盖法人公章方为有效。

（2）招标文件中明确要求投标文件盖章必须使用投标人公章而拒绝“投标专用章”等其他印章的，投标人如使用投标专用章等替代单位公章，该投标因不符合招标文件要求而无效，应当被否决。

第六节 未经允许提交两份投标方案

1. 招标文件不允许提交备选投标方案时，投标人提交备选投标方案

【案例】

某建设工程项目施工招标文件规定："本次招标项目不允许提交备选投标方案，不接受选择性报价或者附加条件的报价。"招标代理机构共收到11家供应商提交的投标文件，其中A公司提交了两份投标文件，并注明一个为主选投标方案，另一个为备选投标方案。开标时发现，A公司两份投标文件除技术参数不完全相同外，其他内容均一致。经查，该投标人也无修改、更换投标文件的书面函件。

【分析】

根据公平原则，在招标投标活动中给予各投标人的机会应当是均等的，"一标一投"是原则，除招标文件允许投标人可以提交备选投标方案外，投标人不得提交多份投标文件。招标文件中已明确规定："本次招标项目不允许提交备选投标方案"，但投标人仍然递交两份以上不同的投标方案的，即属于"一标多投"，不符合投标人机会均等的要求，对其他投标人不公平，违背了公平、公正原则。《工程建设项目施工招标投标办法》第五十条第二款规定："有下列情形之一的，评标委员会应当否决其投标：……（四）同一投标人提交两个以上不同的投标文件或者投标报价，但招标文件要求提交备选

投标的除外。”根据该条规定，只有招标文件允许投标人提交备选投标方案的，投标人才可以提交两份不同的投标文件，否则应当否决其投标。本案例中，A公司提交两份投标文件，不符合招标文件中“不允许提交备选投标方案”的要求，根据上述法律规定，其投标应当被否决。

【提示】

（1）招标人不接受备选投标方案的，可在招标文件中明确规定：“本项目不接受备选投标”。当然，为充分调动投标人的竞争积极性，使招标项目的实施方案更为科学、合理、可行，弥补在编制招标文件、项目策划或者设计等方面经验不足的缺陷，招标人也可以允许投标人提交备选投标方案，并在招标文件中明确规定对备选投标方案的评审办法。不符合中标条件的投标人的备选投标方案不予考虑。如果主选方案中标，方可在综合考虑技术、商务、价格等因素的基础上决定是否采用其备选方案。

（2）招标文件允许提交备选投标方案的，投标人方可提交两个以上投标方案，且应注明主选方案和备选方案。招标文件已明确“不接受备选投标”的，投标人应当严格按照招标文件要求，只提交一份投标方案和一个报价，不可自作主张提交自认为更为合适的“备选投标方案”或“建议方案”。如招标文件未明确规定是否允许提交备选方案，也应慎重考虑，经咨询招标人或招标代理机构同意后可提交“备选投标方案”或“建议方案”。

（3）评标委员会在评标时需注意，如果招标文件允许提交备选方案，但投标人未提交备选方案而只提交一个投标方案的，则不宜强制投标人必须提交备选方案，也不能以未实质性响应招标文件为由否决其投标（招标文件明确要求投标人必须提交备选方案的除外）。如果招标文件未明确规定是否允许提交备选方案而投标人提交备选方案的，评标委员会可以仅评审主选方案，不考虑备选方案，不宜否决投标；如果不能区分主选、备选方案，则应当否决投标。

2. 同一投标人提交两个以上不同的投标报价

【案例】

某政府采购项目招标，招标文件明确规定："本次招标项目不允许提交备选投标方案。"评标委员会发现投标人S公司的投标文件另有附函，内容为"本公司郑重承诺，若在本次招标项目中成为中标人，自愿在原投标总报价的基础上再下调1.5%，以示诚意。"

【分析】

一般情况下，投标人递交的投标文件内容应当明确无歧义，与之对应的投标报价也应当唯一确定。投标报价是重要的评审因素，如果允许投标人递交多份投标报价，或者如本案例中设条件可变动修改的报价，相当于提交两份投标报价，对其他投标人不公平，也会造成评标委员会无法评标，甚至给投标人提供了根据其他投标人的报价作出有利于自己选择的机会，有悖诚信原则，故对此类行为应当作出否定的评价。当然，如果招标文件允许提交备选方案，则可以允许投标人递交一个以上的投标方案及报价，但投标人应在其递交的投标报价中明确主投标报价和备选投标报价。本案例中，

S公司的附函对其投标报价作了附条件的调整，实质上是给招标人提交了两份不同的投标报价方案，但招标文件已明确规定“本次招标项目不允许提交备选投标方案”，因此，S公司的行为属于“一标多投”，评标委员会应当依据《政府采购货物和服务招标投标管理办法》第六十三条“投标人存在下列情况之一的，投标无效：……（六）法律、法规和招标文件规定的其他无效情形”的规定，判定其投标无效。

【提示】

（1）招标人若不允许投标人提交备选方案，应在招标文件中作出明确规定；如果招标文件未对此作出明确规定，则投标人提交两个以上投标方案及报价时，评标委员会应对该投标人的主选投标方案、主选报价进行正常评审，不宜以此否决投标。

（2）投标人在投标文件中载明的投标报价应当是唯一确定、不可变动的价格，在投标文件中设置报价可浮动的条件或以其他降低投标报价的手段博取招标人的青睐，反而会弄巧成拙，最终失去中标机会。只有在招标文件允许提交备选方案的情况下，投标人方可提交两个以上报价，并在文件中注明主投标报价和备选投标报价。

3. 招标文件允许提交备选方案时，投标文件未区分主选方案和备选方案

【案例】

某机电产品国际招标项目，招标人为发挥投标人竞争潜力，在招标文件中明确规定：“本次招标项目允许投标人递交

一个备选投标方案，但投标文件必须注明主选和备选方案。”投标人H公司于投标截止日前向招标代理机构递交了两份不同的投标文件，但未注明哪个为主选方案，哪个为备选方案。

【分析】

商务部印发的《进一步规范机电产品国际招标投标活动有关规定》第四条第二款规定：“招标文件如允许投标人提供备选方案，应当明确规定投标人在投标文件中只能提供一个备选方案并注明主选方案，且备选方案的投标价格不得高于主选方案。凡提供两个以上备选方案或未注明主选方案的，该投标将被视为实质性偏离而被拒绝。”第十五条也规定：“评标委员会对有备选方案的投标人进行评审时，应当以主选方案为准进行评标。凡未按要求注明主选方案的，应予以废标。”也就是说，招标文件要求提交备选投标方案时，投标人必须注明主选、备选方案，评标委员会也应以主选方案为准进行评审，否则将按否决投标处理。本案例中，招标人在招标文件中已规定“允许投标人递交一个备选投标方案，但投标文件必须注明主选和备选方案”，但H公司没有注明主选、备选方案，致使评标人无法评标，根据前述法律规定，其投标将被否决，不再进入详评。

【提示】

（1）当招标文件允许投标人提交备选投标方案时，投标人可按照招标文件要求提交备选投标方案，并在投标文件中明确标注主选方案和备选方案，否则无法确定评标对象，影响评标工作，其投标将被否决。投标人也应注意到机电产品国际招标的特殊规定，如一个投标人只能递交一个备选投标方案；凡提供两个以上备选投标方案的，其投标均将被否决；而且备选投标方案的投标价格不得高于主选方案。

（2）对评标委员会来说，第一，对明确允许提交备选方案的招标项目，评标时只对主选方案进行评审作出评审结论；第二，如果招标文件允许提交备选方案，但投标人只提交一个投标方案而未提交备选方案的，不能强制要求投标人再提交备选方案，更不能以此为由否决投标，但招标文件要求必须提交备选投标方案的除外。

4. 招标文件要求提交备选投标方案时，投标文件未区分主选、备选投标方案

【案例】

某工程建设项目货物招标，招标文件规定：“投标人除原投标文件外，允许投标人提出一个新的投标方案，但投标文件必须注明主投标方案和备选投标方案。”投标人A公司经过充分考虑，在主投标方案和报价的基础上对商务文件进行调整，降低了2%作为备选投标报价，但由于工作失误，编制投标文件的工作人员忘记给备选投标方案及报价添加备注，致使评标委员会无法区分主投标报价和备选投标报价。

【分析】

根据《招标投标法实施条例》第五十一条、《工程建设项目施工招标投标办法》第五十条等规定，当招标文件允许投标人提交备选投标方案的，同一投标人可以提交两个以上不同的投标文件或者投标报价，但是需要注明主选方案及其报价和备选方案及其报价，以便于评标委员会区分只对主选方

案及其报价进行评审。投标人如果未区分主选方案及其报价和备选方案及其投价，将影响评审工作。本案例中，招标文件允许投标人提出一个新的投标方案，即允许投标人提交备选投标方案，招标文件也强调了“必须注明主投标方案和备选投标方案”，投标人A公司虽提交了两份投标文件但未在投标文件中注明何为主选方案、主选投标报价，何为备选方案、备选投标报价，不符合招标文件规定，根据招标文件“投标文件必须注明主投标方案和备选投标方案”以及《招标投标法实施条例》第五十一条“有下列情形之一的，评标委员会应当否决其投标：……（六）投标文件没有对招标文件的实质性要求和条件作出响应”的规定，其投标应作否决处理。

【提示】

（1）投标人应注意务必在投标文件中明确标注“主选投标方案”和“备选投标方案”，如果未明确注明主选、备选方案，将导致评标委员会无法评标，其投标将可能被否决。此外，备选方案也必须满足招标文件的实质性要求和条件，否则定标时也不予考虑。

（2）招标人允许投标人提交备选方案的，对各报价均应公开开标并在开标记录中明确注明。

（3）评标委员会在评审投标文件时应注意区分主选、备选投标方案，只对主选投标方案进行评审，不评审备选投标方案。为了在选择中标人的备选方案时有参考依据，招标人可委托评标委员会对备选方案提出参考意见，但对其不评审打分。

第七节　投标截止后投标人补充、修改或撤销投标文件

1. 投标截止时间之后，投标人补充其投标文件

【案例】

某工程建设项目监理招标文件规定：“投标截止时间为2020年8月24日；投标有效期为90日历日；在投标截止时间后修改、补充、撤销投标文件的，将否决投标。”B公司向招标人交付了投标保证金5万元并按时提交投标文件。8月24日上午9:00开标，开标结束后，B公司又递交了一份按投标文件要求密封的文件，该文件补充了部分内容并声明：“由于工作失误，未在投标文件中对部分技术参数进行响应和说明，特此补充。”

【分析】

投标属于要约行为，投标文件是投标人希望与招标人订立合同的意思表示，投标人在投标之后至投标截止时间之前均有权对其投标文件进行补充。投标人只要是在招标文件要求的提交投标文件的截止时间前提交补充投标文件的书面文件就是合法有效的。补充的内容同投标文件的其他内容具有同等的法律效力，投标人应受此要约内容约束。《招标投标法》第二十九条、《工程建设项目施工招标投标办法》第三十九条均规定，投标人在招标文件要求提交投标文件的截止时间前，可以补充、修改或者撤回已提交的投标文件，并书面通

知招标人。补充、修改的内容为投标文件的组成部分。因此，投标人可在投标截止时间之前补充投标文件，但投标截止时间之后不可再补充投标文件。本案例中，投标人B公司在投标截止时间之后才补充其投标文件，超出了可以修改、补充投标文件的期限，按照招标文件“在投标截止时间后修改、补充、撤销投标文件的，将否决投标”的规定，评标委员会应当否决该投标。

【提示】

投标人的投标文件应当在投标截止时间之前送达，如果在投标之后发现投标文件有错误、遗漏等情形需要补充或者修改其投标文件，或者决定不再投标需要撤回其投标文件的，可以以书面形式将补充、修改或撤回文件的通知在投标截止时间之前，按照原投标文件递交的途径和要求提交给招标人。但不得在投标截止时间之后对原投标文件作出修改或者提出要补充或撤销投标文件的要求，否则可能失去其投标保证金。

2. 投标截止时间之后，投标人修改其投标文件

【案例】

某发电公司发出的110kV升压站主变压器设备采购招标文件规定：“投标截止时间为2020年6月3日；投标有效期为90日历日；在投标截止时间以后，不能修改或撤销其投标文件，否则取消其投标资格并不予退还其投标保证金。”G公司向某发电公司交付投标保证金8万元并按时提交投标文件，投标报价131万元。开标后当天下午，G公司又向某发

电公司递交一份"投标项目报价表"，确定投标价格为146.9万元，注明变压器含有载调压开关，且其为V形真空开关；并注明调价原因是原提交报价所用开关非真空开关，不知道招标方要求使用真空开关，两者价格差异较大，故将价格调整为146.9万元。

【分析】

投标人在投标截止时间后变更投标价格的行为属于对投标文件的实质性修改。《招标投标法》第二十九条、《工程建设项目施工招标投标办法》第三十九条均规定，投标人在招标文件要求提交投标文件的截止时间前，可以补充、修改或者撤回已提交的投标文件，并书面通知招标人。补充、修改的内容为投标文件的组成部分。也就是说，修改投标文件只允许在投标截止时间之前进行，投标截止时间后任何投标人的投标文件修改及价格调整均不被允许。本案例中，招标人某发电公司在招标文件中已经明确约定："在投标截止时间以后，不能修改或撤销其投标文件，否则取消其投标资格并不予退还其投标保证金"，但投标人G公司在投标截止时间后又修改其投标报价，违背了招标文件的规定，评标委员会有权取消其投标资格，否决其投标。

【提示】

投标人在投标之后如果需要修改其投标报价，可以以书面形式将修改文件的通知在投标截止时间之前，按照原投标文件递交的途径和要求提交给招标人。但不得在投标截止时间之后对原投标报价作出修改，否则可能被否决投标。

3. 投标截止时间之后，投标人撤销其投标文件

【案例】

某国有企业物资采购项目招标文件规定：“在投标截止时间以后，不能修改或撤销其投标文件，否则取消其投标资格并不予退还其投标保证金。”K公司参与该项目投标并按时提交了投标文件。投标时间截止后，招标代理机构收到K公司的一封函件，函件内容为“由于本公司工作人员失误，本次投标报价低于生产成本，继续参与投标可能对本公司利益造成极大损失，本公司请求撤销投标文件”。

【分析】

投标人投标与否由其自主决定，在投标截止时间之前可以提交投标文件也可以撤回其投标文件，但是在投标截止时间之后禁止将其投标文件撤销，否则有悖诚信原则，损害招标人的信赖利益。因此，《招标投标法》第二十九条、《招标投标法实施条例》第三十五条第一款、《工程建设项目施工招标投标办法》第三十九条均规定，投标人在投标截止时间之后不可再撤销投标文件。《民法典》第四百七十六条也作出了有关承诺期限内要约不得撤销的规定，故投标人不得在投标有效期截止时间后撤销其投标。《招标投标法实施条例》第三十五条第二款进一步规定：“投标截止后投标人撤销投标文件的，招标人可以不退还投标保证金。”本案例中，投标人K公司在投标截止时间后才通知招标人要撤销其投标文件，根据招标文件“在投标截止时间以后，不能修改或撤销其投标文件，否则取消其投标资格并不予退还其投标保证金”的规

定，K公司的投标将被否决，且还将要付出投标保证金不予退还的代价。

【提示】

（1）投标人撤回其投标文件的，应注意两点：第一，应在投标截止时间前通知招标人；第二，应以书面形式通知招标人，不得通过口头声明或不办理任何手续即随意撤回。投标人在投标截止时间前撤回其投标文件的，招标人应当自接收投标人撤回通知后5日内退还其投标保证金。

（2）投标人在投标截止时间后撤销其投标文件的，评标委员会可以否决其投标，且招标人可以不退还其投标保证金。投标人在评审结束后提出撤销其投标文件的，招标人可不退还其投标保证金；如该投标人已成为中标候选人或确定为中标人的，则取消其中标候选人资格或中标资格，并追究其相应法律责任。

第三章 投标文件内容存在重大偏差

第一节 投标保证金不合格

1.投标人未按时提交投标保证金

【案例】

某高速公路新建工程项目货物招标，招标文件规定："投标人需支付投标保证金10万元，对于得标后弃标者，将不退回投标保证金；若采用银行保函，应由投标人开立基本账户的银行开具，银行保函原件应装订在投标文件的正本之中。"开标现场，投标人M公司的报价文件只附有投标保函的复印件。该投标人向招标人提交书面说明，解释投标保函原件仍在邮寄过程中，无法在投标截止时间前按时递交，请求允许其后补。

【分析】

投标保证金，是投标人按照招标文件要求提交的一定金额、督促其依法履行投标义务的担保，其目的是保障招标人在招标投标过程中，不因投标人在投标截止后撤销投标文件或中标后无正当理由拒不签订合同等行为受到损害。《工程建设项目货物招标投标办法》第二十七条第三款规定："投标人应当按照招标文件要求的方式和金额，在提交投标文件截止时间前将投标保证金提交给招标人或其委托的招标代理机构。"也就是说，投标保证金的交纳以在投标截止时间前实际到达招标人指定的账户或为招标人实际控制为准，迟到的投标保证金不予认可。本案例中，招标文件要求投标人提交10万元投标保证金，M公司因未在投标截止时间前提交投标保函原件，视为未提供符合招标文件要求的投标保证金，不满足招标文件实质性要求，评标委员会应当依据《招标投标法实施条例》第五十一条第六项、《评标委员会和评标方法暂行规定》第二十五条的规定，否决其投标。

【提示】

（1）招标文件要求交纳投标保证金的，投标人应按照招标文件要求的时限、金额、方式交纳投标保证金。

（2）投标人应在投标截止时间前提交投标保证金。以投标保函方式提交投标保证金的，应将投标保函原件放在投标文件中一并交给招标人；以保兑支票、银行汇票或现金支票等方式提交投标保证金的，可以在提交投标文件的同时交给招标人查验；以现金转账方式提交投标保证金的，应在投标截止时间之前，将投标保证金转入招标人指定的银行账户之中。

（3）招标人或招标代理机构接收投标文件时，应注意核验在投标截止时间之前投标人是否提交了投标保证金；未提交或逾期提交的，应如实记录在开标记录中，由评标委员会在评标时否决其投标。

2. 投标保证金金额不足

【案例】

某公司电梯设备采购招标文件规定："投标截止时间为2020年9月9日，投标人需在投标截止时间前向招标人账户交纳投标保证金12万元。"投标人H公司参与投标并按时提交了投标保证金。开标后，评标委员会发现H公司提交的投标保证金金额不足，仅有10万元。

【分析】

招标文件要求投标人提交投标保证金的，投标人提交的投标保证金金额应当满足招标文件规定的金额要求，否则视为未实质性响应招标文件要求，构成"重大偏差"。《工程建设项目货物招标投标办法》第二十七条第三款以及《工程建设项目施工招标投标办法》第三十七条第三款均规定，投标人应当按照招标文件要求的方式和金额，将投标保证金提交给招标人或其委托的招标代理机构。对于提交投标保证金不合格的情形，《评标委员会和评标方法暂行规定》第二十五条明确规定："下列情况属于重大偏差：（一）没有按照招标文件要求提供投标担保或者所提供的投标担保有瑕疵……投标文件有上述情形之一的，为未能对招标文件作出实质性响应，并按本规定第二十三条规定作否决投标处理。招标文件对重大偏差另有规定的，从其规定。"本案例中，投标人H公司未按照招标文件的要求足额提交投标保证金，属于未实质性响应招标文件要求，根据《招标投标法实施条例》第五十一条规定："有下列情形之一的，评标委员会应当否决其投标：……（六）投标文件没有对招标文件的实质性要求和条件作出响应"以及《评标委员会和评标方法暂行规定》第二十五条的规定，其投标应作否决处理。

【提示】

（1）《招标投标法实施条例》第二十六条规定："招标人在招标文件中要求投标人提交投标保证金的，投标保证金不得超过招标项目估算价的2%。"招标人应当按照此规定收取投标保证金，不得超出法律规定的金额。依法必须招标的工程建设项目的投标保证金金额除受前述交纳比例的限制外，还受具体金额的限制，如施工、货物招标项目投标保证金最高不得超过80万元人民币，勘察设计招标项目投标保证金最高不得超过10万元人民币。这些金额是法律允许招标文件规定的投标保证金金额的上限，也是投标人实际提交的投标保证金金额的下限，即其提交的投标保证金应等于或者大于招标文件规定的金额。

（2）投标人应当按时、足额交纳投标保证金。若投标人投了多个标包，但只提交了一份投标保证金，如果投标保证金金额满足招标文件要求，原则上可以认定所投标包的投标保证金均合格。如果投标保证金金额低于招标文件要求，且招标文件明确规定"投标人只提供一份投标保证金，且没有附投标保证金明细表，无法判断每个标包对应的投标保证金，应当按照一定顺序（如包号正序、投标金额大小等）依次核定各标包投标保证金数量"的，评标委员会应当按照招标文件规定，对其所投所有标包的投标保证金按照一定顺序予以核定；如果招标文件没有明确以上内容，投标人只提供一份投标保证金且无法判断每个标包对应的投标保证金，视为投标保证金金额均不满足要求，由评标委员会对其所投所有标包均予以否决。

3. 投标保证金有效期短于投标有效期

【案例】

某供热公司暖气设备采购招标文件规定："投标截止时间为2020年6月3日；投标有效期为100日历日；投标人需以自己的名义提交投标保证金，投标保证金可以银行保函、保兑支票、银行汇票或现金支票等形式提交；投标保证金的有效期不得短于投标有效期，否则将被否决投标。"截至开标时间，共收到8家供应商的投标文件。其中，投标人F公司以银行保函的形式提交了投标保证金，但该保函注明"本保函的有效期自投标截止时间起3个月内有效"。

【分析】

《招标投标法实施条例》第二十六条明确规定："投标保证金有效期应当与投标有效期一致。"关于工程建设项目勘察设计、施工、货物招标的部门规章中也均作出相同规定。也就是说，只要招标文件确定了投标有效期，就等于确定了投标保证金的有效期。投标保证金有效期可以比投标有效期更长，但不能短于投标有效期，否则将因不满足招标文件的实质性要求而被否决投标。《评标委员会和评标方法暂行规定》第二十五条也将投标人"所提供的投标担保有瑕疵"作为"重大偏差"，规定评标委员会应作否决投标处理。"投标担保有瑕疵"包括投标保证金金额不足、投标保证金有效期短于投标有效期等情形。本案例中，投标人提交的银行保函注明“本保函的有效期自投标截止时间起3个月内有效”，而招标文件规定的投标有效期是100日历日，导致银行保函的失效日期早于投标有效期的终止日期，不符合招标文件“投标保证金的有效期不得短于投标有效期”的规定，对此情形招标文件明确规定“将被否决投标”，因此，评标委员会应依法否决F公司的投标。

【提示】

（1）投标人没有按照招标文件要求提供投标担保或者所提供的投标担保有瑕疵的，属于“重大偏差”，为未能对招标文件作出实质性响应，评标委员会应当作否决投标处理。

（2）投标人应注意提交的投标保证金的有效期应与投标有效期一致，或者比投标有效期更长，否则其投标保证金有瑕疵，会被否决投标。

4. 投标保证金提交方式不符合招标文件要求

【案例】

某工程建设项目货物招标，招标文件规定：“投标人须在投标截止时间前交纳投标项目金额1%的投标保证金，提交方式可以为电汇、网银、银行汇票、银行保函，不接受银行承兑汇票、商业汇票、现金及现金支票等其他方式；未在投标截止时间前按招标文件规定的方式足额交纳投标保证金的，以无效投标处理。”评审时发现，供货商D公司在投标截止时间前足额提交了投标保证金，但其提交的投标保证金为银行承兑汇票。

【分析】

根据《工程建设项目货物招标投标办法》第二十七条的规定，招标人可以在招标文件中明确要求投标人提交投保保证金的方式，常见的投标保证金方式为现金、支票、银行汇票、银行保函及投标保证保险等。投标人应当按照招标文件要求的方式和金额，在提交投标文件截止时间前将投标保证金提交给招标人或者其委托的招标代理机构，否则其提供的投标保证金有瑕疵，构成重大偏差。本案例中，投标人D公司提交的投标保证金为银行承兑汇票，不符合招标文件中“不接受银行承兑汇票、商业汇票、现金及现金支票等其他方式”的要求，根据《评标委员会和评标方法暂行规定》第二十五条第(一)项的规定，因其所提供的投标担保有瑕疵，属于“重大偏差”，评标委员会应当否决该投标。

【提示】

（1）招标人需注意，根据《优化营商环境条例》第十三条第一款的规定，不得以不合理条件限制或者排斥各类市场主体。因此，招标人不能在招标文件中限定只接受某一种方式的投标保证金，应至少同意两种及以上投标保证金的提交方式，鼓励使用银行保函、投标保证保险等非现金方式提交投标保证金。

（2）各种投标保证金方式在接收、核对、退还等方面各有利弊，因此招标人应注意结合实际情况，在招标文件中对允许采取的投标保证金方式作出明确、具体的规定，避免争议。

（3）投标人应仔细阅读招标文件，如果招标文件对投标保证金具体方式有特殊要求的，投标人应严格按照招标文件的要求提交投标保证金，否则可能因投标保证金的方式不合格被否决投标。

5. 出具投标保函的银行不符合招标文件要求

【案例】

某依法必须招标的D市楼盘开发施工项目进行公开招标，招标人要求投标人提交投标保证金，同时在招标文件中规定：“投标保证金的形式可以为现金、支票、银行汇票、银行保函或者投标保证保险，不接受其他形式提交的投标保证金；以投标保函提交投标保证金的，投标保函的出具银行应为地市级分行以上银行；投标保证金的有效期应与投标有效期一致。”开标记录公示的8家投标单位中，有3家建筑公司提交的投标保函出具人均为某村镇商业银行。

【分析】

银行保函是指招标人为保证投标人不得撤销投标文件、中标后不得无正当理由不与招标人订立合同等，要求投标人在提交投标文件时一并提交的由银行出具的书面担保。为保证开立银行的信用水平和担保能力，招标文件可以对保函开立银行提出一定要求，如要求开立保函的银行为地市级以上银行机构。如果未按照招标文件要求的银行机构开具银行保函，则该投标担保存在瑕疵，为未实质性响应招标文件要求，将可能导致投标被否决。本案例中，3家建筑公司提交的投标保函出具人均为“村镇商业银行”，不满足招标文件中“地市级分行以上银行”的要求，根据《招标投标法实施条例》第五十一条“有下列情形之一的，评标委员会应当否决其投标：……（六）投标文件没有对招标文件的实质性要求和条件作出响应”以及《评标委员会和评标方法暂行规定》第二十五条“下列情况属于重大偏差：（一）没有按照招标文件要求提供投标担保或者所提供的投标担保有瑕疵……投标文件有上述情形之一的，为未能对招标文件作出实质性响应，并按本规定第二十三条规定作否决投标处理”的规定，该3家建筑公司提交的银行保函属于未实质性响应招标文件要求，其投标应当被否决。

【提示】

（1）招标人可事前在招标文件中明确投标保证金的方式，一般应选择风险少、易审核的方式，如现金、汇票、银行保函和工程保证保险等。如允许提交银行保函，招标人也可以要求开具保函的银行满足一定级别、明确规定银行保函的具体格式等，如要求“只接受全国性银行地市以上分行出具的银行保函”。

（2）投标人应仔细阅读招标文件，严格按照招标文件的要求提交投标保证金，否则将因投标保证金不合格被否决投标。

6. 对投标保证金的支付设置不合理的限制性条件

【案例】

某职业技术学院会计综合实训基地装饰工程组织公开招标，招标文件要求提交投标保证金，并在“投标人须知前附表”中规定：“投标人以银行保函提交投标保证金的，担保银行必须无条件地、不可撤销地保证在收到付款要求后无追索地支付保函金额，不得对投标保证金的支付提出不合理的限制性条件，否则作否决投标处理”。某装饰工程公司在开标前将投标保函附在投标文件内一起递交给了招标代理机构。评标过程中，评标委员会发现装饰工程公司的投标保函注明“本保函仅能在投标人所在地兑现”。

【分析】

保函应当是一种“见索即付”的书面信用担保凭证，具有独立性，意思是指受益人只要在保函有效期内提交符合保函条件的支付要求书及保函规定的其他任何单据，担保人即应无条件地将款项赔付给受益人。若投标人提交的投标保函对支付提出限制条件，该保函便失去了其独立性，招标人对此可不予接受。本案例中，某装饰工程公司的投标保函将兑现地域限制在投标人所在地，对投标保函进行了不合理限制，不满足招标文件“不得对投标保证金的支付提出不合理的限制性条件”的要求，根据《评标委员会和评标方法暂行规定》第二十五条第（一）项及该招标文件的规定，因“没有按照招标文件要求提供投标担保或者所提供的投标担保有瑕疵”，属于“重大偏差”，其投标应予以否决。

【提示】

（1）招标人允许投标人以银行保函方式提交投标保证金的，可在招标文件中提供投标保函的格式。

（2）投标人申请银行出具投标保函时不得修改招标文件给定的保函格式，不得对银行保函的内容作出限制性的规定（如限制在一定区域、限制的时间短于投标有效期、附加支付约束性条件等），否则可能因“投标担保有瑕疵”、不符合招标文件实质性要求而被否决投标。

7.依法必须招标项目的境内投标单位，以现金或者支票形式提交的投标保证金未从其基本账户转出

【案例】

某企业依法必须进行招标的大型境内基础设施工程项目招标，招标文件要求提交投标保证金，并明确规定：“投标保证金的形式可以为现金、支票、银行汇票、银行保函或者投标保证保险；以现金或者支票形式提交的投标保证金应由投标人开立基本账户的银行转出。”到投标截止时间为止，共收到5家投标人递交的投标文件，工作人员对投标保证金的提交情况进行了核对，发现其中一投标人某建筑公司以现金支票方式提交了投标保证金，但并非从其基本账户中转出。

【分析】

《招标投标法实施条例》第二十六条第二款明确规定：“依法必须进行招标的项目的境内投标单位，以现金或者支票形式提交的投标保证金应当从其基本账户转出。”在目前的招标活动中，招标文件通常要求投标人转入的保证金从基本账户转出。投标人通过其基本账户以现金或支票方式转出保证金，一方面是对投标人经营行为和财务能力的考验，因为企业只有在正常经营且有一定资金实力的情况下其基本账户才能正常运行。另一方面，是对围标串通投标行为的一种限制性措施，实践中存在投标人开立不同的银行账户为其他投标人提供投标保证金进行围标、串通投标等违法活动的情况。

因为一个企业只有一个基本账户，从基本账户转出投标保证金这一要求能在一定程度上防止围标串通投标情况的发生。本案例中，招标文件已明确规定"以现金或者支票形式提交的投标保证金应由投标人开立基本账户的银行转出"，但投标人某建筑公司的投标保证金未从基本账户转出，属于未实质性响应招标文件要求，也不符合相关法律规定，其投标应当予以否决。

【提示】

（1）自2018年12月24日起，国务院常务会议决定在2019年年底前取消企业银行账户开户许可。如今，招标人可以要求投标人出具书面承诺，承诺其投标保证金从其基本账户转出，之后招标人可对其书面承诺进行核实，如发现弄虚作假的，可以以此为由追究其法律责任。

（2）《招标投标法实施条例》第二十六条第二款规定，仅适用于依法必须进行招标的项目、境内投标人（非自然人）用现金和支票形式提交投标保证金的情况。在此情形之外，如果招标文件也未明确规定投标人必须通过基本账户交纳投标保证金，则投标保证金并非必须从其基本账户转出。当投标人通过其他账户转出投标保证金时，评标委员会不能因此否决投标。

8. 投标保证金未在投标截止时间前到账

【案例】

某市政府采购中心组织计算机设备招标采购，招标文件规定："投标人需在投标截止时间之前，一次性足额将投标保证金存入交易中心投标保证金专用账户，并依资金实际到账时间为准。”到投标截止时间为止，递交投标文件的投标人共计3家，工作人员对投标保证金的提交情况进行了核对，发现投标人A公司的投标保证金直到投标截止时间仍未到账，A公司声称已通过电汇形式交纳了投标保证金，并出示了银行的汇款单。

【分析】

根据《政府采购法实施条例》第三十三条规定：“投标人未按照招标文件要求提交投标保证金的，投标无效。”也就是说，当招标文件规定投标人应当提交投标保证金，投标保证金就属于投标文件的一部分，投标人必须按照招标文件要求的形式、数量、有效期和提交时限，及时交纳保证金，否则其投标就是无效的。本案例中，A公司可能已经办理了投标保证金转账，但由于银行办理手续滞后等原因使得投标保证金未在投标截止时间前到账，而招标文件已明确要求投标保证金的到账时间“以实际到账时间为准”，即投标保证金是否交纳，判定的时间点是在投标截止时是否实际到账，在该时点之后到账则为逾期提交投标保证金，应认定投标无效。确实是因银行原因导致投标保证金延迟到账的，除非在投标截止时间之前银行出具已实际到账的证明，否则也应按无效投标处理。本案例中，因A公司的投标保证金在投标截止时间之时未转到指定账户，依据上述法律规定，其投标应按照无效处理。

【提示】

（1）从招标文件发布到投标截止时间，留给供应商提交投标保证金的时间还是比较充裕的，建议投标人充分考虑投标保证金到账的时间，尽早办理转账手续，避免因保证金延迟显示查询不到，从而导致投标被判定无效的风险。

（2）如果招标过程中招标人修改过提交投标文件的截止时间，则投标人应当注意是否需要调整已经提前开具的银行保函或者保证金的有效期，否则有可能导致投标保证金有效期不符合规定，投标被否决。

（3）对于招标人来说，在制作招标文件时，可以在文件中明确投标保证金是以转出时间为准还是以到账时间为准。如果明确以转出时间为准，在规定的截止时间未在银行查询到投标保证金，投标人可以自带证明参加招标活动。如果明确以投标保证金到账时间为准，在规定的投标截止时间未在银行查询到投标保证金的，应判作投标无效。

9. 银行保函、投标保证保险的受益人与招标文件要求不符

【案例】

某市政府就市民休闲广场施工项目进行公开招标，投资规模1.6亿元，评标办法为综合评估法，采用全流程电子招标投标。招标文件要求提交投标保证金，提交形式可为支票、银行汇票、银行保函或者投标保证保险，并在“投标人须知前附表”中明确规定：“投标人提交的银行保函的抬头或投标保证保险的受益人应为招标人。”投标人A公司的工作人员在编制投标文件时未留意到该项规定，提交了抬头为招标代理机构的银行保函。

【分析】

交纳投标保证金的目的是保障招标人在招标投标过程中，不因投标人在投标截止后撤销投标文件或中标后无正当理由拒不签订合同等行为对其利益造成损害，保障的是招标人的利益。因此，银行保函的抬头以及投标保证保险的受益人应当为招标人而非招标代理机构。如果投标保证金的受益人不是招标人，则达不到保障招标人利益的目的，为无效的投标担保。本案例中，招标文件已明确规定“投标人提交的银行保函的抬头或投标保证保险的受益人应为招标人”，但A公司提交的银行保函的抬头为招标代理机构，属于未按招标文件要求提交投标保证金，根据《评标委员会和评标方法暂行规定》第二十五条“下列情况属于重大偏差：（一）没有按照招标文件要求提供投标担保或者所提供的投标担保有瑕疵……投标文件有上述情形之一的，为未能对招标文件作出实质性响应，并按本规定第二十三条规定作否决投标处理。”的规定，构成“重大偏差”，其投标应当被否决。

【提示】

投标保函通常有固定格式，投标人应按照招标文件规定的格式填写，不得随意修改或附加任何条件，其抬头应当填写招标人的名称；提交投标保证保险作为投标担保的，在保险单中填写的受益人也应当是招标人。

10. 投标保函格式不正确，不符合招标文件要求

【案例】

某大型商场进行内外装饰装修工程施工招标，招标文件"投标人须知前附表"中规定："若采用银行保函，则应由投标人开立基本账户的银行开具。银行保函应采用招标文件提供的格式，且应在投标有效期满后 30 天内保持有效，招标人如果按本章第 3.3.2 项的规定延长了投标有效期，则投标保证金的有效期也相应延长。投标人在中标后未能在规定期限内签署合同的，不予退还保证金。"评标委员会在评审过程中发现，投标人 A 公司修改了银行保函的担保条件，删除了"投标人在中标后未能在规定期限内签署合同的，不予退还保证金"这一条款。

【分析】

对于投标保函格式，其主要内容之一是投标保函的担保付款条件，如投标人在招标文件规定的投标有效期内撤销其投标；被保证人在投标有效期内收到受益人发出的中标通知书后，不能或拒绝按招标文件的要求签署中标合同；投标人在投标有效期内收到受益人发出的中标通知书后，不能或拒绝按招标文件的规定提交履约担保等。如果招标文件对投标保函格式作出了明确要求，投标人应采用招标文件提供的格式办理投标保函，任何修改都可能导致投标保函不合格，其投标将可能被否决。本案例中，招标文件明确规定"银行保函应采用招标文件提供的格式"，A 公司擅自删除银行保函条款，致使其提交的银行保函内容发生实质性修改，根据《评

标委员会和评标方法暂行规定》第二十五条第(一)项的规定，没有按照招标文件要求提供投标担保或者所提供的投标担保有瑕疵，属于“重大偏差”，其投标应予以否决。

【提示】

（1）投标人在申请投标保函业务时，必须与招标人或招标代理机构确认关于保函格式的要求，招标文件已对保函格式有明确要求的，严格按照其要求办理，不得作出任何实质性修改。如果办理银行保函，当保函格式非银行要求的常规格式时，需先将格式送开具银行审核，通过后方可办理。

（2）招标人应在招标文件中对投标保函格式、内容提出清晰明确的要求，如投标人提交的投标保函应符合招标文件规定的格式要求、不得对招标人的支付要求进行抗辩或提出不合理的限制性条件、投标保函必须提供原件等。如果招标文件中未提供保函格式的，投标人申请银行开具的保函内容也必须符合法律法规及招标文件的实质性要求，如保函有效期不得短于投标有效期等。

11. 年度投标保证金应用范围不涵盖本招标项目

【案例】

某国有企业绿化工程施工招标项目，招标文件第二章投标人须知第 3.4.1 项明确规定：“已办理本公司 2020 年年度投标保证金的投标人，办理的年度投标保证金类别、金额等满足招标项目要求时，无须交纳本次投标项目的投标保证金。若办理的年度保证金类别或金额等不满足本次投标项目要求时，则年度保证金不适用，投标人须按照招标公告要求的金额足额交纳所投项目的投标保证金。"K 公司参与本项目投标，并将 2020 年年度投标保证金提交证明附于投标文件之内。经评审发现，K 公司提交的由某国有企业出具的《年度投标保证金证明》中记载"该投标单位在我公司交纳年度投标保证金 50 万元，该年度投标保证金仅适用于物资类招标项目，特此证明"。

【分析】

目前，一些招标人在集中招标采购活动中推行年度投标保证金方式，以适应集中招标采购工作提高采购效率、降低投标成本，为投标人参与集中招标提供便捷条件等现实需要，允许投标人可一次性提交固定金额的投标保证金，作为一定期限内（如 1 年）的投标保证金，而不必在每批次招标时均单独提交投标保证金。按年度提交投标保证金的，年度投标保证金仅适用于证明中明确规定的招标项目及产品类别，且该金额能够达到本次招标项目要求的投标保证金金额要求，否则视为无效的投标保证金。本案例中，K 公司提交的《年度投标保证金证明》中记载"该年度投标保证金仅适用于物资类招标项目"，而本次招标项目为"绿化工程施工项目"，非"物资类招标项目"。因此，K 公司办理的年度保证金类别并不满足本次招标项目要求，依据招标文件"若办理的年度保证金类别或金额等不满足本次投标项目要求时，则年度保证金不适用"的规定，K 公司提交的投标保证金不合格，根据《评标委员会和评标方法暂行规定》第二十五条第（一）项的规定，其投标应当被否决。

【提示】

投标人应充分考虑自身情况办理相应招标项目及产品类别的年度投标保证金，在投标时，确保办理的年度保证金类别、金额及有效期限满足招标文件要求，如果不满足，投标人须按照招标公告规定的金额足额交纳所投项目的投标保证金，否则视为无效的投标保证金。

12. 年度投标保证金证明不在有效期限内使用

【案例】

为便于参加某公司集中招标项目，L 公司办理了年度投标保证金。2020 年 8 月 6 日，L 公司参与某公司组织的非物资类招标，并将年度投标保证金提交证明附于投标文件之内。评标时经审查发现，L 公司年度投标保证金证明中记载“该投标单位在我公司交纳年度投标保证金 40 万元。有效期限：2019 年 7 月 31 日起至 2020 年 7 月 31 日止，特此证明”。

【分析】

采取年度投标保证金方式的，招标人出具的年度投标保证金证明须在有效期内使用，且仅适用于证明中明确规定的招标项目及产品类别，否则视为无效的投标保证金。有的招标文件也会规定，如果招标项目投标截止日期在年度投标保证金的有效期限内，但是投标有效期超过年度投标保证金的有效期，则年度投标保证金的有效期应当自动延至该招标项目投标有效期结束日止，按其规定办理。本案例中，招标项目的投标有效期开始时间是 2020 年 8 月 6 日，L 公司的年度投标保证金证明有效期至2020年7月31日，本次招标项目的投标有效期不在年度投标保证金的有效期内，视为其提交的投标保证金有效期不满足招标文件实质性要求，根据《评标委员会和评标方法暂行规定》第二十五条第（一）项的规定，本次投标应当被否决。L公司若想参与投标，应重新办理年度投标保证金或者单独就该招标项目提交投标保证金。

【提示】

在适用年度投标保证金的招标项目中，投标人需在有效期限内使用年度投标保证金，未提交年度投标保证金证明的，也可以按招标文件规定单独提交投标保证金，即适用年度投标保证金并不排斥招标文件许可的其他投标保证金形式。投标人在年度投标保证金的有效期限内，如果不再参加出具年度投标保证金证明的招标人的集中招标项目，可以申请退还年度投标保证金。

第二节　投标有效期不合格

1. 投标文件未载明投标有效期

【案例】

某招标代理机构受某政府部门委托公开招标采购一批存储设备，预算179万元，招标文件规定："本次招标项目的投标有效期为90日历日，投标有效期自投标人提交投标文件截止之日起开始计算。投标文件未响应投标有效期或者承诺的投标有效期少于招标文件中载明的投标有效期的，投标无效。"

投标截止时间前，共有8家供应商送达投标文件，其中投标人A公司的投标文件未载明投标有效期。

【分析】

投标有效期，顾名思义，是指投标文件保持有效的期限，也是招标人就投标人提出的要约作出承诺的期限。进一步来讲，投标有效期就是指为保证招标人有足够的时间在开标后完成评标、定标、合同签订等工作而要求投标人提交的投标文件在一定时间内保持有效的期限。该期限由招标人在招标文件中载明，从提交投标文件的截止之日起算。在此期限内投标文件对投标人具有法律约束力。招标文件必须规定一个合理的投标有效期。《政府采购货物和服务招标投标管理办法》第二十条和第二十三条对投标有效期作出了规定，包括招标文件应当载明投标有效期、投标文件中承诺的投标有效期应当不少于招标文件中载明的投标有效期等内容。此外，根据《民法典》有关承诺期限的规定，投标有效期是为招标人对投标人发出的要约作出承诺的期限，也是投标人就其提交的投标文件承担相关义务的期限。投标有效期的设置，对招标人和投标人双方都能起到保护和约束作用。投标有效期是招标文件的实质性内容，未载明投标有效期或者投标有限期不满足招标文件要求的，都将导致投标无效。本案例项目属于政府采购项目，招标文件已对投标有效期作出要求，但投标人A公司未在投标文件中载明投标有效期，不符合《政府采购货物和服务招标投标管理办法》第三十二条“投标人应当按照招标文件的要求编制投标文件。投标文件应当对招标文件提出的要求和条件作出明确响应”的规定，根据

《政府采购货物和服务招标投标管理办法》第六十三条“投标人存在下列情况之一的，投标无效：……（六）法律、法规和招标文件规定的其他无效情形”以及本招标项目招标文件的规定，A 公司的投标无效。对于非政府采购招标项目，如果未规定投标有效期，也应当否决其投标。

【提示】

（1）招标人应注意在招标文件中明确载明投标有效期，投标有效期从提交投标文件的截止之日起算。

（2）招标人在招标文件中设置的投标有效期应当合理，既不能过长也不宜过短。过长的投标有效期可能导致投标人为了规避风险而不得不提高投标价格，过短的投标有效期又可能使招标人无法在投标有效期内完成开标、评标、定标和签订合同，从而可能导致招标失败。合理的投标有效期不但要考虑开标、评标、定标和签订合同所需的时间，而且要综合考虑招标项目的具体情况、潜在投标人的信用状况以及招标人自身的决策机制。

（3）投标人应在其投标文件中明确载明投标有效期。

2. 投标文件载明的投标有效期短于招标文件要求的期限

【案例】

招标人对火车站视频监测系统等设备进行公开招标采购，招标文件规定：“本次招标项目的投标有效期为 90 日历日，投标有效期自投标人提交投标文件截止之日起开始计算。”投标截止时间前，共收到 8 家供应商递交的投标文件。开标后，评标委员会发现，投标人 A 公司的投标文件中承诺的投标有效期限为60天。

【分析】

设置投标有效期，目的在于要求投标人对其受投标报价约束的期限进行承诺，即明确要约有效期。根据《民法典》合同编有关承诺期限的规定，要约有效期内，投标人不得撤销其投标文件，也不得修改投标文件的实质性内容，而招标人一旦对投标文件作出承诺，双方即受该投标文件内容的约束。《招标投标法实施条例》第二十五条规定："招标人应当在招标文件中载明投标有效期。投标有效期从提交投标文件的截止之日起算。"投标人承诺的投标有效期必须不短于招标文件规定的投标有效期，如果投标文件载明的投标有效期短于招标文件明确要求的期限，即意味着该份投标的要约有效期不满足招标文件的规定，属于实质性不响应。本案例中，投标人A公司在投标文件中载明的投标有效期限未达到招标文件的要求，构成对招标文件的非实质性响应，根据《招标投标法实施条例》第五十一条第（六）项关于"投标文件没有对招标文件的实质性要求和条件作出响应"应当否决投标的规定，评标委员会应当否决A公司的投标。

【提示】

（1）投标人应仔细阅读招标文件，对招标文件的实质性要求和条件逐项作出响应，承诺的投标有效期必须不短于招标文件规定的投标有效期，否则将构成对招标文件的非实质性响应，其投标将被否决。

（2）在投标文件载明的原投标有效期届满前，不能完成评标、定标及订立中标合同等全部工作的，招标人可以书面形式要求所有投标人延长投标有效期。投标人同意延长的，不得要求或被允许修改其投标文件的实质性内容，但应当相应延长其投标保证金的有效期；投标人拒绝延长的，其投标文件失效，但投标人有权收回其投标保证金。因延长投标有效期造成投标人损失的，招标人应当给予补偿，但因不可抗力需要延长投标有效期的除外。

第三节 业绩不合格

1. 投标人未提供供货业绩或者工程、服务项目业绩

【案例】

某招标代理机构发出招标文件，就空调、暖气片等设备依法进行公开招标，在“合同业绩”一栏，“空调”要求参加投标的供应商“近三年内（以投标截止日计算）同类产品累计销售业绩不少于500万元（须同时提供合同与对应发票作为证明材料）”“暖气片”要求参加投标的供应商“近三年内（以投标截止日计算）同类产品累计销售业绩不少于200万元（须同时提供合同与对应发票作为证明材料）”。某供应商Y公司就空调设备参与竞标，在评标过程中，评标委员会发现Y公司的投标文件中未提供任何与供货业绩相关的佐证材料。

【分析】

《招标投标法》第二十六条规定：“投标人应当具备承担招标项目的能力；国家有关规定对投标人资格条件或者招标文件对投标人资格条件有规定的，投标人应当具备规定的资格

条件。”言下之意，投标人资格应符合法律规定及招标文件约定的资格条件，具备与完成招标项目的需要相适应的能力或者条件。一般情况下，招标文件将投标人以往的工程、供货或服务业绩达到一定数量作为投标人的资格条件，以考察投标人的履约能力。国家发展和改革委员会出台的系列标准招标文件都将“业绩要求”作为投标人的资格条件之一，且将投标人资格条件不合格列为否决投标的情形。根据《招标投标法实施条例》第五十一条规定，投标人不符合国家或者招标文件规定的资格条件的，评标委员会应当否决其投标。本案例中，招标文件要求投标人近三年内（以投标截止日计算）同类产品累计销售业绩不少于500万元（空调）、200万元（暖气片），并同时提供合同与对应发票作为证明材料，Y公司未提供相应的业绩证明，也就未能证明其业绩达到招标文件要求，则不具备相应的投标资格条件，根据《招标投标法实施条例》第五十一条第（三）项的规定，评标委员会应当否决该投标。

【提示】

（1）招标人在招标文件中可根据招标项目具体特点和实际情况，就投标人应满足的资格条件及应提交的资格证明文件提出要求，如规定“近三年内（以截止日计算）同类产品累计销售业绩5套及以上”，并要求提交用户证明、竣工验收证明等证明文件。需要注意的是，招标文件中不得设置过高的业绩资格条件。投标人为代理经销商的，对投标人的资质要求包含对制造商的资质要求，对投标人的业绩要求包含对投标设备的业绩要求。

（2）投标人应在投标文件中载明充分的业绩证明材料，

内容包括中标通知书、合同、发票、竣工验收证明等。在电子招标投标中，投标人上传的所有证明文件扫描件都应清晰明了并确保内容完整、无遗漏，否则也可能被评标委员会以内容不完整或模糊无法辨认为由而否决投标。

（3）在评标过程中，评标委员会必须严格审核投标人的资格条件，对于未提供业绩证明材料的，应当否决其投标。

2. 投标人提供的业绩证明达不到招标文件要求

【案例】

某国有企业就仪表仪器、计量箱及其配件、图像监视系统配件等设备进行公开招标。投标人某电子设备有限公司就图像监视系统配件这一标包进行投标，该公司三年内有同类产品供货业绩累计 600 余万元人民币，但经查招标文件“投标人须知附件”发现，“图像监视系统配件”的业绩要求为“近三年内（以应答截止日计算）有同类产品供货业绩累计 1000 万元人民币及以上”，于是该公司在投标文件后附函说明“本公司虽业绩不满足要求，但本公司承诺有能力承接本次招标项目，望予以考虑。”

【分析】

《招标投标法》第二十六条规定：“投标人应当具备承担招标项目的能力；国家有关规定对投标人资格条件或者招标文件对投标人资格条件有规定的，投标人应当具备规定的资格条件。”即投标人资格应符合法律规定及招标文件约定的资格条件，具备与完成招标项目的需要相适应的能力或者条件。业绩是投标人资格条件中非常重要的衡量标准。投标文件应当按照招标文件规定的业绩要求提交相应业绩证明材料。提供的业绩证明材料不能充分证明满足招标文件要求的，视为投标人资格条件不合格。本案例中，招标文件中“图像监视系统配件”既然已要求投标人近三年内（以应答截止日计算）同类产品供货业绩累计1000万元人民币及以上，那么所有投标人都必须满足该资格条件，不能因投标人承诺具有相应承接能力便放低标准。投标人某电子设备有限公司业绩不达标，根据《招标投标法实施条例》第五十一条“有下列情形之一的，评标委员会应当否决其投标：……（三）投标人不符合国家或者招标文件规定的资格条件”的规定，评标委员会应当否决其投标。

【提示】

（1）招标人应当根据招标项目的特点和需要，在招标文件中对投标人业绩作出适当要求，为避免项目招标失败，同时鼓励市场竞争，可参考行业内大多数供应商的平均水平，不宜将要求设置过高，确保有足够数量（至少三家）的供应商满足此业绩要求。

（2）投标人应根据自身情况参与竞标，对资格条件明确不符合招标文件要求的，应放弃竞标，避免人力、物力资源的浪费。投标人也不能为骗取中标而提供虚假证明材料，否则依据《招标投标法》第六十八条的规定将被处以行政处罚，构成犯罪的，将被依法追究刑事责任。

（3）在评标过程中，评标委员会应严格审核投标人的资格条件，对于业绩等不满足招标文件要求的，应当否决其投标。

3. 业绩证明材料载明的供货人（承包人、监理人等）与投标人名称不一致

【案例】

某公司组织物资协议库存招标，招标文件“投标人资格条件”规定：“投标人必须具有生产制造投标设备的能力。本项目不接受代理商、经销商投标。”A公司参加投标，评审中发现，A公司提交的投标文件中所附的业绩证明材料中的供货人均为B公司，并附有B公司特别声明。在该声明中，B公司称自己以前中标的产品均由A公司实际生产，愿意将自己以往的业绩转让给A公司，由A公司来承继自己的供货业绩。

【分析】

《招标投标法》第二十六条规定：“投标人应当具备承担招标项目的能力；国家有关规定对投标人资格条件或者招标文件对投标人资格条件有规定的，投标人应当具备规定的资格条件。”招标文件中提出业绩要求的，投标人应当按照招标文件要求提供足以证明其业绩的合同、客户证明等文件。本案例中，A公司与B公司是两个独立的法人，两公司之间也不存在合并或者分立的关系，B公司的说明既不能证明A公司具有相应的供货能力和业绩，也不发生业绩“承继”的效力，因此只能认定此为B公司业绩，故投标人A公司的业绩不满足招标文件要求，根据《招标投标法实施条例》第五十一条“有下列情形之一的，评标委员会应当否决其投标：……（三）投标人不符合国家或者招标文件规定的资格

条件”的规定，其投标应予以否决。

【提示】

（1）投标人应提供招标文件要求的业绩证明材料，并与其业绩证明材料中的合同卖方、承包人或监理人名称等保持一致。

（2）投标人提供的业绩证明材料中载明的供货人（承包人、监理人等）与投标人名称不一致的，评标委员会应以业绩不合格否决其投标，但因企业更名、改制等因素导致两者不一致的，可先行通过澄清查明实际情况。

（3）投标人发生合并、分立的，其原有业绩应分情况区别对待：一是企业合并的，无论是新设合并还是吸收合并，合并后的企业可以承继合并前各方的业绩。二是企业分立的，分立后各企业的业绩需结合分立后的业务范围、人员、设备等因素重新核定。三是单纯变更企业名称的，在投标人提供企业名称变更情况说明，并出具市场监督管理部门出具的企业名称核准变更通知书、营业执照的情况下，招标人可以认可其业绩的承继关系。其他情形下，需结合具体情况加以分析。

4. 招标文件对业绩取得时间有要求，业绩证明材料无法证明业绩何时取得

【案例】

某公司委托招标代理机构依法公开招标采购一批服务器设备，招标文件中“合同业绩”一栏规定：“参与本次招标项目的投标人需提供近三年内（以投标截止日计算）同类产品不少于 300 套的供货业绩。”投标截止时间前，共有 16 家供

应商送达投标文件。在评标过程中，评标委员会发现投标人A公司提供的合同供货清单中有500套的供货业绩，但所有合同均没有签署时间或供货时间。

【分析】

《招标投标法》第二十六条规定："投标人应当具备承担招标项目的能力；国家有关规定对投标人资格条件或者招标文件对投标人资格条件有规定的，投标人应当具备规定的资格条件。"也就是说，投标人资格应符合法律规定及招标文件约定的资格条件，具备与完成招标项目的需要相适应的能力或者条件。以往类似招标项目的合同业绩也往往列为投标人资格条件，以评价投标人的履约能力。一定期限内的业绩数量不满足招标文件要求的，其投标应当被否决。本案例中，招标文件要求参与本次招标项目的投标人提供近三年内（以投标截止日计算）同类产品不少于300套的供货业绩，但投标人A公司提供的合同均无签署时间或供货时间，无法证明业绩何时取得，也就无法证明其近三年的供货业绩是否达到招标文件要求，根据《招标投标法实施条例》第五十一条"有下列情形之一的，评标委员会应当否决其投标：……（三）投标人不符合国家或者招标文件规定的资格条件"的规定，评标委员会应当否决该投标。

【提示】

（1）招标人可以在招标文件中要求投标人提供材料证明其截至开标之日已有的供货业绩或运行业绩，对于业绩取得时间有要求的，应当在招标文件中作出明确说明。

（2）投标人提供的业绩证明材料应符合招标文件要求，且内容应真实完整，未提供业绩、提供的供货业绩数量不足或者业绩证明材料未载明业绩取得时间的，都可能被评标委员会以业绩不合格为由否决投标。

5. 要求提供终端用户业绩时，投标人提供“非终端用户”供货业绩

【案例】

某公司通过招标方式采购通信系统设备，招标文件“投标人资格条件”明确规定：“参与本次招标项目的投标人需提供近三年内（以投标截止日计算）同类产品不少于1000件的供货业绩；本次招标项目不接受‘非终端用户’供货业绩。”某供应商S公司参与竞标，在评标过程中，评标委员会发现S公司的投标文件提供的供货业绩均是将设备出售给其他代理商。

【分析】

“非终端用户”供货业绩指的是产品不是直接出售给终端用户使用或消费，而是出售给其他销售、贸易企业用于销售。从招标项目要求投标人提供业绩的目的来考虑，如果要求提供业绩的目的主要是考察投标人的生产能力，则不论供应对象是谁，在评审时均应认可这部分业绩，在招标文件中明确规定接受“非终端用户”供货业绩；如果要求提供业绩的目的是考察终端用户使用、运行投标产品是否安全稳定，则在招标文件中一般规定不接受“非终端用户”供货业绩，在评审时不应认定该部分“非终端用户”业绩。本案例中，招标文件明确规定“本次招标项目不接受‘非终端用户’供

货业绩”，S 公司提供的业绩却均是将产品出售给其他代理商，即其业绩均是“非终端用户业绩”，显然不符合招标文件要求，根据《招标投标法实施条例》第五十一条“有下列情形之一的，评标委员会应当否决其投标：……（三）投标人不符合国家或者招标文件规定的资格条件”的规定，S 公司的投标应当被否决。

【提示】

（1）招标人应当在招标文件中明确规定是否接受“非终端用户”供货业绩，并对“（非）终端用户”作出明确解释。

（2）投标人应提供符合招标文件要求的业绩证明材料，对于招标文件明确规定不予接受的业绩即使提供，也将视作未提供，最终因业绩不合格而被否决投标。

（3）评标委员会在评标过程中，必须严格审核投标人提供的业绩证明材料，对于提供的业绩证明材料不符合招标文件要求的，应当否决其投标。

6. 要求提供代理商销售代理业绩时，投标人提供制造商业绩

【案例】

某公司通过公开招标方式采购一批行政交换机，招标文件要求“本项目允许代理商参加投标；参与本次招标项目的投标人是代理商的，需提供近三年内（以投标截止日计算）行政交换机不少于 500 台的销售代理业绩”。C 公司作为某品牌代理商投标，评标委员会审查发现其投标文件中提供的业绩均是其制造商的销售业绩，无代理商的销售代理业绩。

【分析】

投标人资格应符合法律规定及招标文件约定的资格条件。《招标投标法》第二十六条规定："投标人应当具备承担招标项目的能力；国家有关规定对投标人资格条件或者招标文件对投标人资格条件有规定的，投标人应当具备规定的资格条件。"投标人应当具备承担招标项目的能力，是指投标人具备与完成招标项目的需要相适应的能力或者条件以及相应的工作经验与业绩证明等。本案例中，招标文件要求投标人提供行政交换机的销售代理业绩，C公司提供的却是制造商业绩，显然自己的销售业绩不符合招标文件要求，根据《招标投标法实施条例》第五十一条"有下列情形之一的，评标委员会应当否决其投标：……（三）投标人不符合国家或者招标文件规定的资格条件"的规定，其投标依法应当被否决。

【提示】

允许代理商参加投标，并且将供货业绩作为投标人的资格条件的，招标人可以在招标文件中明确该供货业绩是指制造商的供货业绩还是代理商的供货业绩。要求提供代理商供货业绩的，目的主要在于考察代理商的供货能力。

第四节 报价不合格

1. 投标报价低于成本

【案例】

某依法必须招标的通信铁塔工程货物项目招标，Z公司参加该项目投标。评审中发现，Z公司的投标报价中塔材含税单价为1500元/t，本包其他投标人的塔材含税单价平均价为7500元/t，经查开标当日“中国钢铁信息发布平台”上生产该招标货物原材料钢材的价格为4100元/t。评标委员会对该投标人启动澄清程序，要求Z公司对投标报价的合理性作出书面说明并提供相关证明材料，Z公司提交一份书面说明，评标委员会经评审认为该说明不具有说服力。

【分析】

《招标投标法》第三十三条规定“投标人不得以低于成本的报价投标”，如果投标人的投标报价远远低于其他投标人的报价或市场行情，可以初步判断其报价可能低于本单位成本价，但不能就此简单否决，应先根据《评标委员会和评标方法暂行规定》第二十一条的规定处理，即评标委员会发现投标人的报价明显低于其他投标报价或者在设有标底时明显低于标底，使得其投标报价可能低于成本的，不能直接否决其投标，应当要求该投标人作出书面说明并提供相关证明材料。投标人不能合理说明或者不能提供相关证明材料的，评标委员会应当认定该投标人以低于成本报价竞标，并根据《招标投标法实施条例》第五十一条第（五）项“投标报价低于成本或者高于招标文件设定的最高投标限价”应当否决投标的规定，否决其投标。本案例中，因投标人Z公司报价低于市场价格，要求澄清但其未给出具有说服力的理由，故评标委员会应当依据前述法律规定否决其投标。

【提示】

“投标报价低于成本”指的是低于投标人的个别成本，而不是社会平均成本或行业平均成本。评标委员会如果认为投标报价低于成本的，不能直接否决，应当要求该投标人作出书面说明或者提供相关证明材料，投标人不能合理说明的或者不能提供相关证明材料的，方可否决其投标。

2. 投标报价高于招标文件设定的最高投标限价

【案例】

某招标项目中，招标文件“投标人须知前附表”中“投标报价”项载明：“招标人设有投标控制价，投标控制价以招标人报造价审核部门审核后的以施工图预算为基础的工程量清单预算，再乘以随机抽取的调整系数来确定……投标人的报价应控制在招标人设定的投标控制价（含）以下，高于投标控制价的报价，作否决投标处理。”招标文件公布的工程量清单预算为17614623元，调整系数三个值为0.95、0.96、0.97。开标记录中现场抽取的调整系数为0.95。根据招标文件规定的计算方式，投标控制价为17614623×0.95元=16733891.85元。开标记录公示的8家投标单位中，某信息技术公司投标报价为16880387.42元，是唯一报价高于投标控制价的投标单位。

【分析】

为了防止投标人报价过高于市场价，尤其在竞争不充分、财务预算受限等情形下，为了控制采购价格，招标人可以在招标文件中设置最高投标限价，并声明投标人的报价必须在此限价之下。最高限价是招标人设置的所能接受的最高采购价格，如果在招标文件中明示了最高限价，即向潜在投标人表明了招标人的承受能力。《招标投标法实施条例》第二十七条第三款规定：“招标人设有最高投标限价的，应当在招标文件中明确最高投标限价或者最高投标限价的计算方法。招标人不得规定最低投标限价。”第五十一条规定：“有下列情形之一的，评标委员会应当否决其投标：……（五）投标报价低于成本或者高于招标文件设定的最高投标限价……”这是否决投标的法定情形之一。因此，投标人的投标报价高于最高投标限价的，评标委员会应当按照规定否决该投标。本案例中，某信息技术公司的投标报价高于最高投标限价，根据上述法律规定，其投标应予以否决，不再进入详评。

【提示】

（1）招标人可在招标文件中明确规定投标报价超过最高限价的将导致其投标被否决，这样一方面是提示投标人合理报价，另一方面也避免哄抬投标价格，起到控制项目造价的作用。

（2）招标人在招标文件中设置的最高投标限价，可以是一个确定的金额，也可以是一种计算方法，如“最高限价＝预算价 ×（1–10%）”。评标过程中，即使发现所有投标人的报价都超过最高投标限价，招标人也不可以与投标人协商价格，只能作招标失败处理，分析原因调整招标条件后重新招标。

3. 投标报价文件组成有缺项

【案例】

某公司新建办公楼工程施工招标，招标文件的商务否决条款规定："有下列情形之一的，评标委员会应当否决其投标：5.1.4 已标价的工程量清单中无分部分项工程量清单计价表、综合单价分析表及相关的报价表格，已标价的工程量清单（土建）无主要材料设备明细表。"截至开标之时，共收到21 家建筑公司的投标文件。评标过程中，评标委员会审查发现，T 公司的投标文件中已标价的工程量清单（土建）无主要材料设备明细表。

【分析】

工程类项目招标文件中提供的投标文件格式中，报价格式一般包括投标报价汇总表、分部分项工程量清单、主要材料设备明细表、单价措施项目清单综合单价分析表及相关的报价表格，主要用于评价投标人报价的合理性。这些报价文件一般属于招标文件实质性要求，如果有漏项，可能将作为重大偏差被否决投标。本案例中，招标文件的商务否决条款已明确规定已标价的工程量清单中应填写主要材料设备明细表等，未填写的属于否决投标项，但投标人 T 公司的投标文件中已标价的工程量清单（土建）无主要材料、设备明细表。因此，依据《招标投标法实施条例》第五十一条第六项及招标文件的规定，T 公司的投标文件应当被否决，不再进入详评。

【提示】

（1）招标人对报价填报有严格要求的，应在招标文件中作出明确规定，并提供统一的报价格式。

（2）投标人在编制投标文件时，应当按照招标文件给定的投标文件报价格式统一填写，逐项应答，不得有缺项、漏报，不得自行删改、调整招标文件规定的报价格式，否则不符合招标文件要求，将被否决投标。

4. 未按照国家法律法规规定填报增值税税率

【案例】

某国有企业物资招标采购项目，投标人A公司参与竞标某仪器设备，国家法律规定该产品的增值税税率为13%，投标人A公司的投标报价文件中，将增值税税率填写成0.13%。本项目招标文件的“评审办法前附表”之三（否决应答事项）”第26项“违反税法”规定了“不按国家法律法规规定填报增值税税率的”情形；“投标人须知前附表”第9条“需要补充的其他内容”中也规定“货物需求及报价汇总表”中的增值税税率不得填写“零”（不接受赠予），不接受不按国家法律法规规定填报增值税税率的投标文件。

【分析】

增值税发票是对商品生产、流通、劳务服务中多个环节的新增价值或商品的附加值征收的一种流转税。面对不同的征税对象有不同的税率，对于一般纳税人而言，税率分为6%、9%和13%；对于小规模纳税人的税率是3%、5%、9%等（国家税务局还会根据政策需要调整税率）。投标人填写的税率如果不符合国家税法规定的标准，则为违法行为。本案例中，A公司投标文件的增值税税率填写错误，会导致含税总价也出现错误，即使总价填写正确，也会因税率错误而出现数额不一致的问题。招标文件也已明确规定“不接受不按国家法律法规规定填报增值税税率的应答文件”，并将其作为

“违反税法”的否决投标项，因此该投标文件不应再进入详评，评标委员会应当否决其投标。

【提示】

投标人填写的增值税税率应符合国家法律法规规定，否则将被评审扣分或者被否决投标。

5. 投标报价违反招标文件规定

【案例】

某市中学新建宿舍楼工程招标项目，招标文件中“投标人须知前附表”中规定“需在工程量清单填写安全生产文明施工费费率”，商务文件中规定“有下列情形之一的，评标委员会应当否决其投标：5.1.3 工程量清单未填写安全生产文明施工费费率”。截至开标前，共收到 28 家建筑公司的投标文件。评标中，评标委员会审查发现，有 14 家建筑公司的投标文件中“工程量清单”未填写“安全生产文明施工费费率”。

【分析】

建设工程安全生产文明施工费是指按照国家现行的建筑施工安全、施工现场环境与卫生标准和有关规定，购置和更新施工安全防护用品及设施、改善安全生产条件和作业环境所需要的费用。建设工程安全生产文明施工费由环境保护费、文明施工费、安全施工费及临时设施费组成。该项费用是工程建设项目施工招标投标中报价必须包含和反映的价格。本案例中，按照招标文件“需在工程量清单填写安全生产文明施工费费率”的要求，投标人应填写安全生产文明施工费费率，未填写的属于未实质性响应招标文件要求，依据《招标投标法实施条例》第五十一条第六项及招标文件的规定，14家未填写安全生产文明施工费费率的建筑公司的投标文件应当被否决，不再进入详评。

【提示】

招标人应在公布的招标文件工程量清单和招标控制价（综合单价分析表除外）中，明确各单位工程的“环境保护费”“文明施工费”“安全施工费”“临时设施费”金额，并要求投标人按此金额填报，投标人在投标报价时应按招标人给定的金额填报，否则视为未对招标文件进行实质性响应，其投标文件将被否决。

6. 规费、安全生产文明施工费费率未按招标文件要求计取

【案例】

某企业后方基地装修工程招标项目，招标文件工程量清单报价说明专用中规定：“安全生产文明施工费依据《××省建设工程费用定额》计取”“安全生产文明施工费＝人工费（不含机上人工）×7.5%”“安全生产文明施工费费率未响应招标文件要求的将被否决投标”。招标代理机构共收到11家建筑商提交的投标文件。开标后，评标委员会评审发现，投标人H公司为取得报价优势，在其投标报价文件“总价措施项目清单与计价表”中，将安全生产文明施工费的费率改为5.5%，即安全生产文明施工费＝人工费（不含机上人工）×5.5%。

【分析】

《建设工程安全生产管理条例》第八条规定："建设单位在编制工程概算时，应当确定建设工程安全作业环境及安全施工措施所需费用。"《建筑工程安全防护、文明施工措施费用及使用管理规定》第六条规定："依法进行工程招标投标的项目，招标方或具有资质的中介机构编制招标文件时，应当按照有关规定并结合工程实际单独列出安全防护、文明施工措施项目清单。投标方应当根据现行标准规范，结合工程特点、工期进度和作业环境要求，在施工组织设计文件中制定相应的安全防护、文明施工措施，并按照招标文件要求结合自身的施工技术水平、管理水平对工程安全防护、文明施工措施项目单独报价。投标方安全防护、文明施工措施的报价，不得低于依据工程所在地工程造价管理机构测定费率计算所需费用总额的90%。"安全生产文明施工费是指按照国家现行的施工现场环境、建筑施工安全、卫生标准和有关规定，购置、更新施工安全防护用具及措施、改善安全生产条件、作业环境所需的费用。投标人在投标报价明细中应明确安全生产文明施工费，该项内容不作为投标的竞争性条款。不同地区、单位对规费、安全生产文明施工费的取值会有不同的规定。安全生产文明施工费属于不可竞争性费用，投标人应当在投标文件中按照规定的比例计列，否则不满足招标文件要求。本案例中，按照招标文件的要求，安全生产文明施工费费率系数为"7.5%"，H公司填报的安全生产文明施工费费率系数为"5.5%"，属于未实质性响应招标文件要求，依据《招标投标法实施条例》第五十一条第六项及招标文件的规定，其投标应作否决处理。

【提示】

（1）招标人应在招标文件中明确规定“安全生产文明施工费”“临时设施费”的费率和计算公式，并要求投标人按此标准填报，否则视为未对招标文件进行实质性响应，其投标文件将被否决。

（2）各投标人在提交报价文件之前应认真阅读招标文件中对投标报价的规定，招标文件已提供报价格式的，严格按照格式要求填写报价，不得擅自更改、删除或遗漏，否则将被否决投标。

7. 违反招标文件要求提交不平衡报价

【案例】

某县医院改造工程为某省重点建设项目，该工程施工招标文件明确规定：“投标人不得以任何形式进行不平衡报价，若单项投标报价低于投标人均价80%或者高于投标人均价20%的，该报价无效。”在评审过程中，评标委员会发现A公司的报价单中2项清单报价低于投标人均价的70%，1项清单报价高于投标人均价的30%。

【分析】

所谓不平衡报价是指投标人在保持工程总价基本不变的前提下，利用清单项目收款的先后次序关系和工程量清单在实施过程中可能发生的变更，在一定范围内有意识地调整工程量清单内部某些子目的报价，以期既不提高总价，也不影响中标，又能在结算时得到更理想的经济效益，是工程招标投标过程中投标人常用的一种报价“策略”。对于不平衡报价法律法规并未作出禁止性规定，一些投标人利用清单项目收款有先后以及工程量在实施过程中可能发生变更等情况，有意识地调整某些子目的报价，以期在不提高总价、不影响中标的情况下，谋取更好的经济效益。招标人可以在招标文件中规定拒绝投标人提交不平衡报价。本案例中，根据招标文件的认定规则，A公司的报价为“不平衡报价”，根据招标文件“投标人不得以任何形式进行不平衡报价，若单项投标报价低于投标人均价80%或者高于投标人均价20%的，该报价无效”的规定，A公司的报价为无效报价，其投标应予以否决。

【提示】

（1）由于不平衡报价是投标人利用信息不对称获取高收益，既可能增加招标人的不合理支出，也可能破坏公平竞争，带来的风险很大。因此，建议招标人在招标文件中写明对各种不平衡报价的处理措施，譬如明确规定：某分部分项的综合单价不平衡报价幅度大于某临界值时（具体工程具体设定，一般不超过10%，国际工程一般为15%可以接受），该投标将被否决。

（2）评标委员会成员在评标过程中应对影响造价较大的清单项重点关注，对报价过高或者过低但又未违反招标文件相关规定的（低于成本价的应当否决其投标）按标准予以评审扣分。

8. 投标报价函未按照招标文件的规定格式填写

【案例】

某国有企业工程建设项目设计招标文件提供了一份投标报价函格式，并明确要求投标人须按照规定的格式进行本项目投标报价，否则将拒绝该投标。该投标报价函共有 11 项内容，其中第 2 项规定"我方提交的投标文件材料有效期在投标截止日期之后的（　　）内有效。我方保证在此期间内不撤回投标文件材料或擅自修改投标报价"。评标过程中，评标委员会经审查发现，投标人 K 公司提供的投标报价函第 2 条删除了"我方保证在此期间内不撤回投标文件材料或擅自修改投标报价"这一内容。

【分析】

投标报价函，是投标人按照招标文件的条件和要求，向招标人提交的有关报价的承诺和说明的函件，其格式、内容必须符合招标文件的规定，一般属于招标文件的实质性内容。本案例中，招标文件已明确要求投标人严格按照格式进行本项目投标报价，也就是说，不允许投标人擅自修改、补充或删除投标报价函的格式内容，K 公司在其投标文件中将"我方保证在此期间内不撤回投标文件材料或擅自修改投标报价"这一内容删除，对报价函的格式内容进行了修改，属于未实质性响应招标文件要求，根据《招标投标法实施条例》第五十一条"有下列情形之一的，评标委员会应当否决其投标：……（六）投标文件没有对招标文件的实质性要求和条件作出响应"以及招标文件的规定，K 公司的投标应当被否决。

【提示】

（1）现行法律法规没有明确规定因投标文件格式、内容不符而被否决投标的情形。招标人可以在招标文件中自行规定投标文件格式、内容，并要求投标人在编制投标文件时，按照招标文件给定的投标文件全部格式统一填写，逐项应答，不准有空项，不得自行删减招标文件给定内容，不得调整格式。

（2）投标报价函是投标文件的重要组成部分，投标人应仔细阅读招标文件，严格按照招标文件的要求提交投标报价函，否则将被评标委员会视为重大偏差而否决投标。

9. 投标价格出现数值与货币单位不对应（如出现明显的十倍至万倍高于正常水平的报价）

【案例】

某国有企业物资招标采购项目，计算机为本次招标采购物品之一。某电子制造厂参与投标，评标委员会发现其“投标报价表”中计算机报价为 4350 万元 / 台，总价也是依据单价 4350 万元 / 台乘以数量计算的，均把“万元”当成“元”来报价。招标文件“评审办法前附表之三（否决应答事项）”第 24 项“货币单位”规定了“应答价格出现数值与货币单位不对应，即出现了明显的十倍至万倍高于正常水平的报价（如把“货物清单行报价暨应答报价汇总表”中的“万元”当成“元”进行报价）”的情形。

【分析】

投标报价是投标文件的实质性内容，是影响投标人竞争力的关键因素之一，必须确保数值、货币单位准确。本案例中，某电子制造厂的投标报价中，单价和总价都出现数值与货币单位不对应，即出现了明显的十倍至万倍高于正常水平的报价，属于明显的货币单位编制错误。评标委员会无法根据现有的报价调整规则予以纠正，也无法就价格问题要求投标人进行澄清，招标文件也已明确此种情况为否决投标项，所以某电子制造厂的投标应予以否决，不再进入详评。

【提示】

投标人在编制投标文件时应细致认真，尤其应注意招标人给定的报价表格式中的货币单位是“元”“万元”还是“亿元”，切忌因疏忽把“万元”当成“元”报价，导致其报价出现明显错误，错失中标机会。

10. 政府采购项目投标报价超出项目预算金额

【案例】

某政府部门想更换机关食堂的旧电梯，便委托该省省级政府采购中心进行采购，招标文件明确规定“本项目预算金额为80万元，投标人的投标价格超过预算金额的，对投标报价超过的投标文件不再进行综合评估”。招标公告发布后，共有7家投标人下载招标文件，6家投标人按时递交投标文件。开标后，评标委员会依据招标文件进行评审，发现3家投标人A、B、C公司的报价超出预算，分别为A公司82万元、B公司89万元、C公司92万元。

【分析】

依照批准的预算进行采购是政府采购制度的基础。政府采购项目必须列入财政预算，采购人要严格按照批准的预算开展采购活动，采购项目不得超过预算定额，不得超标准采购。否则，采购人应当调整采购需求，或者调整本部门的支出预算。因此，《政府采购货物和服务招标投标管理办法》第六十三条规定："投标人存在下列情况之一的，投标无效：……（四）报价超过招标文件中规定的预算金额或者最高限价的……"也就是说，在政府采购货物和服务项目招标投标活动中，投标人的投标标价不得超出预算金额，否则其投标将被招标人拒绝。本案例中，政府采购项目预算金额为80万元，对报价超出该预算的3家投标人A、B、C公司的投标，按照上述法律规定，评标委员会应当认定均为无效投标，不再进入详评。

【提示】

（1）为了保证政府采购项目能够顺利实施，采购人编制采购预算时要切合实际、科学合理，重点注意以下几个方面：一是在开展编制预算工作之前，要充分做好市场调研工作，通过各种途径来获取有关采购项目的价格信息。二是增强采购预算的针对性、适用性以及可操作性，将拟采购的项目全面、详细地在部门预算相应科目中反映出来。三是要严格按照批准的预算开展采购活动，不得擅自改变资金用途，不得超标准采购，也不得擅自超出预算。采购人可在招标文件中公布预算价，并规定超出预算价的报价为无效报价。

（2）政府采购货物和服务招标项目的投标报价超出项目预算价且采购人不能支付的，评标委员会应当判定投标无效；对于其他招标项目，不得以超出预算价为由判定投标无效或否决投标。

（3）根据《政府采购法》第三十六条第三款规定，投标人的报价均超过了采购预算，采购人不能支付的，应予以废标。

第五节　合同条件存在重大偏差

1. 投标文件载明的招标项目完成期限严重超过招标文件规定的期限

【案例】

某科技公司通过招标方式采购倒置荧光显微镜系统，招标文件规定：“中标后 30 个工作日内完成交货和安装调试。”评审时发现，投标人 S 公司在投标文件中载明“中标后 35 个工作日内完成交货和安装调试”。

【分析】

履约期限（如供货日期、竣工日期、服务完成日期等）一般是招标文件的实质性内容，投标文件应当对此作出完全响应。《招标投标法实施条例》五十一条规定：“有下列情形之一的，评标委员会应当否决其投标：……（六）投标文件没有对招标文件的实质性要求和条件作出响应……”同时，《评标委员会和评标方法暂行规定》第二十五条规定：“下列情况属于重大偏差：……（三）投标文件载明的招标项目完成期限超过招标文件规定的期限……投标文件有上述情形之一的，为未能对招标文件作出实质性响应，并按本规定第二十三条规定作否决投标处理。”本案例中，S公司提交的投标文件中载明的项目完成期限已经超出了招标文件规定的期限，不符合招标人的采购要求，构成《评标委员会和评标方法暂行规定》规定的“重大偏差”，该投标依法应作否决处理。

【提示】

（1）鉴于项目完成期限是招标文件中的实质性内容，招标人在起草招标文件时，应结合自身项目实际，确定明确而合理的项目完成期限，同时将其作为实质性要求和条件在招标文件中列明，并明示不满足该要求即否决投标。

（2）投标人应在客观衡量自身实际履约能力的基础上，按照招标文件载明的履行期限进行投标。

2. 投标文件载明的货物包装方式、检验标准和方法等不符合招标文件要求

【案例】

某国有企业通过招标方式采购10kV电力电缆，招标文件规定：“电缆应卷绕在电缆盘上交货，电缆的两端应采用防潮帽密封并牢靠地固定在电缆盘上。”评审时发现，投标人Z公司在投标文件中载明“电缆卷绕在电缆盘上交货，电缆的两端固定在电缆盘上”。

【分析】

《招标投标法实施条例》第五十一条规定：“有下列情形之一的，评标委员会应当否决其投标：……（六）投标文件没有对招标文件的实质性要求和条件作出响应。”同时《评标委员会和评标方法暂行规定》第二十五条规定：“下列情况属

于重大偏差：……（五）投标文件载明的货物包装方式、检验标准和方法等不符合招标文件的要求……投标文件有上述情形之一的，为未能对招标文件作出实质性响应，并按本规定第二十三条规定作否决投标处理。”货物包装的作用在于保护货物安全，方便货物运输、搬运、存储，保护货物在运输、装卸、储存过程中不受损害。投标文件如果未按照招标文件要求的包装方式响应，一般构成“重大偏差”。本案例中，投标人Z公司改变包装方式的做法极易造成货物在运输或者储存过程中因受潮而损坏，进而导致招标人遭受损失，甚至无法实现采购目的，构成《评标委员会和评标方法暂行规定》中规定的“重大偏差”，评标委员会应按照上述规定依法作出否决投标处理。

【提示】

（1）招标人在起草招标文件时，应结合货物运输、装卸、储存需求等明确包装方式，同时将其作为实质性要求和条件在招标文件中列明，并明示不满足该要求即否决投标。

（2）投标人应审慎核对招标文件中的货物包装方式规定，并根据招标文件中载明的包装方式在投标文件中作出实质性响应。

3. 投标文件的供货范围（工程范围、服务范围）与招标文件要求存在实质性偏差

【案例】

某市自然资源部门通过招标方式采购绿化苗木，招标文件规定“采购内容为新疆杨15000株，规格$D \geqslant 4$cm，

H=2.8m；刺槐 2300 株，规格 $D \geqslant 8$cm，H=3.2m”，同时还规定“本招标项目必须提供分项报价，未提供分项报价或者修改绿化苗木的品种、规格、数量、原产地的视为没有实质性响应招标文件，其投标按无效投标处理”。评审时发现，投标人J绿化有限公司因为自身产能不足，无法供应招标文件要求数量的新疆杨，遂以旱柳补足部分绿化苗木。

【分析】

《政府采购货物和服务招标投标管理办法》第六十三条规定：“投标人存在下列情况之一的，投标无效：（一）未按照招标文件的规定提交投标保证金的；（二）投标文件未按招标文件要求签署、盖章的；（三）不具备招标文件中规定的资格要求的；（四）报价超过招标文件中规定的预算金额或者最高限价的；（五）投标文件含有采购人不能接受的附加条件的；（六）法律、法规和招标文件规定的其他无效情形。”凡是未能完全响应招标文件实质性要求和条件、提出招标人不能接受的交易条件的，比如变更招标文件规定的招标项目供货范围（或工程范围、服务范围），都可能导致投标无效。本案例中，投标人J绿化有限公司以旱柳补足新疆杨的行为，是对招标文件中规定的采购标的实质性内容的不响应，依据招标文件和上述法律规定，评审委员会应当判定该投标无效。

【提示】

（1）《政府采购法》《政府采购货物和服务招标投标管理办法》《评标委员会和评标方法暂行规定》等只规定了不符合招标文件中规定的实质性要求和条件的情形下可以否决投标或者作无效投标处理，但是并未也不可能将招标文件的实质性要求和条件全部明确列举。因此，招标人应当明确规定采购项目的具体范围、各项参数，同时将其作为实质性要求和条件在招标文件中列明，并明示不满足该要求即否决投标或作无效投标处理。

（2）投标人应当审慎核对招标文件中采购项目范围所包含的各项参数，并根据招标文件中载明的采购项目范围进行投标，避免因投标文件未实质性响应招标文件要求而被否决投标或被判定其投标无效。

4. 投标文件中承诺的交货地点、服务地点不满足招标文件要求

【案例】

某食品加工企业通过招标方式采购水果，招标文件规定：“交货地点是某食品加工企业果蔬储存冷库，投标人未对交货地点进行响应或者提出偏差条件的，视为未实质性响应招标文件的要求，应对其投标予以否决。”评审时发现，投标人F公司根据以往的交易习惯在投标文件中载明“交货地点是某食品加工企业预处理车间”。

【分析】

《评标委员会和评标方法暂行规定》第二十三条规定：“评标委员会应当审查每一投标文件是否对招标文件提出的所有实质性要求和条件作出响应。未能在实质上响应的投标，应当予以否决。”本案例中，投标人F公司对于交货地点的更改将会导致招标人承担因运输造成的成本上涨以及在运输、装卸过程中额外的货物灭失风险，这是对招标文件实质性条

款的不响应。根据《评标委员会和评标方法暂行规定》第二十三条规定，以及招标文件对交货地点提出偏差条件属于未实质性响应招标文件的规定，投标人F公司的投标应当被否决。

【提示】

（1）招标人在起草招标文件时，应结合项目需求明确具体的交货地点，同时将其作为实质性要求和条件在招标文件中列明，并明示不满足该要求即否决投标。

（2）投标人应仔细核对招标文件中关于交货地点的规定，并根据招标文件中载明的交货地点进行投标，避免因投标文件未实质性响应招标文件要求而被否决投标。

5. 技术投标方案与招标文件要求不符，经评审认为不能实现招标项目目的

【案例】

某政府通过招标方式采购气体顶压自动消防给水设备施工服务，招标文件规定“各投标人在勘察现场后，须根据现场实际情况提供最优的方案投标”，同时招标文件还要求“须采用水力气控式消防设备”。投标人G公司在踏勘现场后根据现场实际情况编制了投标文件，其投标文件中技术方案所选用的消防设备优化为电磁阀式消防设备。评标委员会经评审，认为选择该方案不能满足采购需求。

【分析】

投标文件中的技术方案（如产品技术协议、施工组织设计方案、勘察设计方案、监理大纲等）决定采购目的能否实

现，应当满足招标文件中的实质性要求。《招标投标法实施条例》第五十一条规定："有下列情形之一的，评标委员会应当否决其投标：……（六）投标文件没有对招标文件的实质性要求和条件作出响应。"同时，《评标委员会和评标方法暂行规定》第二十五条规定："下列情况属于重大偏差：……（七）不符合招标文件中规定的其他实质性要求……投标文件有上述情形之一的，为未能对招标文件作出实质性响应，并按本规定第二十三条规定作否决投标处理。"本案例中，招标文件规定了招标项目须采用水力气控式消防设备，是实质性技术要求。投标人 G 公司自行变更采购项目技术路线，选用电磁阀式消防设备，是对招标文件实质性条款的不响应，无法实现采购目的，按照《评标委员会和评标方法暂行规定》第二十三条规定，该投标应当被否决。

【提示】

（1）招标人应事先组织专家进行详细的技术论证，确保招标文件中技术方案、技术参数科学、合理、可行。

（2）投标人在编制投标文件时，应仔细核对产品技术协议、施工组织设计方案、勘察设计方案或监理大纲等技术文件，确保技术路线合理、技术方案可行、符合招标项目实际、满足采购目的，提高中标的概率。

（3）评标委员会应对投标文件所提方案在技术上的科学性、可行性、合理性、先进性和质量可靠性等技术指标独立审慎地进行评审比较，以判定在技术和质量方面能否满足招标文件要求。

6. 修改招标文件中合同主要条款

【案例】

某国有企业通过招标方式采购一套工程设备，招标文件规定："投标人对招标文件中列明的合同标的、数量、质量、价款、履行期限、履行地点、履行方式、违约责任和解决争议方法等的修改，视为未实质响应招标文件，其投标予以否决。""合同文本"中约定："付款：设备安装调试完毕后试运行一个月进行使用验收，使用验收合格后30日内支付合同总金额的97%，质保期满后一个月内支付剩余3%金额。"评审时发现，投标人M公司在投标文件中将该合同条款修改为："付款：设备安装调试完毕后试运行一周进行使用验收，使用验收合格后7日内一次性支付全部合同价款。"

【分析】

《招标投标法实施条例》第五十一条规定："有下列情形之一的，评标委员会应当否决其投标：……（六）投标文件没有对招标文件的实质性要求和条件作出响应。"同时，《评标委员会和评标方法暂行规定》第二十五条规定："下列情况属于重大偏差：……（六）投标文件附有招标人不能接受的条件……投标文件有上述情形之一的，为未能对招标文件作出实质性响应，并按本规定第二十三条规定作否决投标处理。"本案例中，投标人M公司对合同条款中招标人支付价款期限、比例进行了修改，删除了质保金条款，限制了招标人的权利。在招标文件将合同特定条款纳入实质性要求的前提下，投标人M公司修改合同条款，构成未响应招标文件的实质性条件和要求，依据上述法律规定，该投标应当被否决。

【提示】

（1）《工程建设项目货物招标投标办法》第二十一条规定：“招标人应当在招标文件中规定实质性要求和条件，说明不满足其中任何一项实质性要求和条件的投标将被拒绝，并用醒目的方式标明；没有标明的要求和条件在评标时不得作为实质性要求和条件。”招标人可以在招标文件中明确规定哪些合同条款为实质性内容，要求禁止修改合同主要条款，并将修改合同主要条款的行为列为否决投标的情形。

（2）投标人在起草投标文件时，需仔细核对招标文件中的合同文本，尤其是合同标的、数量、质量、价款或者报酬、履行期限、履行地点和方式、违约责任和解决争议方法等条款，不得随意对合同主要条款进行删减、修改或者增加，以免出现不符合招标文件实质性要求导致投标被否决的情形。

7. 投标文件附加招标人不能接受的交易条件

【案例】

某国有企业通过招标方式采购科研项目研究机构，招标文件规定“对关键条款的偏离、保留或反对将被认为是实质上的偏离，该投标将被否决”“该项目成果知识产权转让权属于甲乙双方，双方都有权向第三方转让或许可使用”。评审时发现，投标人K研究所在投标文件中在此基础上增加内容：“但招标人（委托方）向第三方转让或许可使用时必须经受托方（中标人）同意。”

【分析】

《招标投标法》第二十七条规定："投标人应当按照招标文件的要求编制投标文件。投标文件应当对招标文件提出的实质性要求和条件作出响应。"对于招标文件中提出的实质性条件和要求，投标人编制的投标文件应当对此逐项响应确认，不能在投标文件中再附加招标人不能接受的条件，否则将可能构成重大偏差。《评标委员会和评标方法暂行规定》第二十五条规定："下列情况属于重大偏差：……（六）投标文件附有招标人不能接受的条件……投标文件有上述情形之一的，为未能对招标文件作出实质性响应，并按本规定第二十三条规定作否决投标处理。"招标文件体现招标人的意思表示，对其采购条件已作出明确规定。投标人提出招标人不能接受的条件，不符合招标人的本意，评标委员会应视为重大偏差，依法否决该投标。本案例中，投标人 K 研究所在原采购条件基础上新增内容"但招标人（委托方）向第三方转让或许可使用时必须经受托方（中标人）同意"，提出招标人不能接受的交易条件，该内容已构成招标文件规定的"实质上的偏离"情形，评标委员会可以否决该投标。

【提示】

对于招标人在招标文件中提出的实质性要求和条件，投标人应当完全响应甚至作出优于招标文件要求的响应，才能取得竞争优势、提高中标率。如果投标人对招标文件的实质性要求和条件的响应存在偏离、保留性响应，或者增加交易条件，附加招标人不能接受的条件，都将构成"重大偏差"，评标委员会应当否决投标。

第六节　技术响应不符合招标文件要求

1. 投标文件中的主要技术参数、技术标准、技术方案不满足招标文件规定

【案例】

某国有施工企业通过招标方式采购8t吊车，招标文件中的“技术规范”规定：“拟采购吊车支腿跨距横向≤4m，纵向≤4.5m，该参数为主要技术参数。”评审时发现，投标人H公司在其技术方案中载明“吊车支腿跨距横向4.1m，纵向4.3m”。

【分析】

技术规格、技术参数体现了招标人的采购需求和采购目的，一般构成招标文件的实质性条件和要求，对此投标人应当作出实质性的响应，否则其投标可能被招标人拒绝。《评标委员会和评标方法暂行规定》第二十五条规定：“下列情况属于重大偏差：……（四）明显不符合技术规格、技术标准的要求……投标文件有上述情形之一的，为未能对招标文件作出实质性响应，并按本规定第二十三条规定作否决投标处理。”本案例中，H公司投标文件中载明的技术参数明显不符合招标文件要求，且该项技术参数属于主要技术参数，故该投标人的技术偏差构成《评标委员会和评标方法暂行规定》中规定的“重大偏差”，评标委员会应当依法否决该投标。

【提示】

（1）招标人在起草招标文件时，应结合招标项目实际明确规定技术参数，并对其中的重要技术参数作出特别说明和标注。建议参照《机电产品国际招标投标实施办法（试行）》《工程建设项目货物招标投标办法》《工程建设项目施工招标投标办法》的规定，对重要条款、参数等实质性要求和条件加注“*”，并注明若不满足任何一条带“*”的条款、参数，将导致投标人的投标被否决。

（2）投标人对于招标文件已经明确标示为主要技术参数的实质性要求未作出响应的，评标委员会应当否决投标。对于未作出特别说明和标注的技术参数存在偏差的，视为细微偏差，评标委员会不得否决投标。

2. 投标文件技术规格中一般参数超出允许偏离的最大范围或最高项数

【案例】

某大学通过国际招标方式采购气相色谱质谱联用仪，招标文件规定：“技术评议过程中，有下列情况的，其投标将被否决：一般技术参数（非“*”号条款）超出允许偏离的最多项数5项的。”评审时发现，投标人R科技有限公司的投标文件“一般技术条款”中质谱全扫描灵敏度、离子源5GCMS接口温度、质量分析器质量轴稳定性、柱箱温度设定精度、柱箱冷却速度、分流毛细管流量设定范围共6项一般技术参数不在招标文件中技术规格规定的数值区间内。

【分析】

《机电产品国际招标投标实施办法（试行）》第五十九条规定：“技术评议过程中，有下列情形之一者，应予否决投标：……（二）投标文件技术规格中一般参数超出允许偏离的最大范围或最多项数的……”在机电产品国际招标项目评标过程中，投标文件主要技术参数不符合招标文件要求的，属于重大偏差，评标委员会应当否决投标；一般技术参数不满足招标文件要求，一般不作否决投标处理，但是该偏离达到一定范围或数量的，也可以在招标文件中规定为否决投标项。本案例中，招标文件明确规定投标文件技术规格中一般技术参数允许偏离的最多项数为5项，且对超出允许偏离的最高项数作出了否决投标的确定性表述。投标人R科技有限公司在投标文件中载明的一般技术参数有6项不满足招标文件要求，根据上述法律规定和招标文件约定，该投标应当被否决。

【提示】

机电产品国际招标文件可以根据招标项目实际，对技术规格中一般参数超出允许偏离的最大范围或最多项数作出明确规定，并将其作为否决投标的一类情形予以规定。

3. 投标人复制招标文件的技术规格部分内容作为其投标文件的一部分

【案例】

某医院通过国际招标方式采购X线计算机断层扫描系统，招标文件附件技术规格中详细列举了项目所需各项技术规格和参数范围，同时规定“投标文件：……（4）投标人复制招标文件的技术规格相关部分内容作为其投标文件中一部分的，其投标将被否决”。评审时发现，投标人A科技有限公司直接复制招标文件的技术规格内容作为其投标文件的技术方案进行投标。

【分析】

《机电产品国际招标投标实施办法（试行）》第五十九条规定：“技术评议过程中，有下列情形之一者，应予否决投标：……（四）投标人复制招标文件的技术规格相关部分内容作为其投标文件中一部分的。”招标文件中的技术规格内容包含招标人所需机电产品的各项重要、一般参数要求，直接影响到招标人能否采购到符合项目需求的产品。投标人未依据自身产品实际编制技术投标文件，而是直接复制招标人技术规格内容作为投标文件的行为，会导致评标委员会无法判断投标产品能否满足招标人需求，对有此情形的投标应当予以否决。本案例中，A科技有限公司直接复制招标文件的技术规格内容作为其投标文件的技术方案进行投标，依据上述法律法规规定，评标委员会应当否决其投标。

【提示】

招标文件可参照《机电产品国际招标投标实施办法（试行）》第二十一条规定，将“投标人复制招标文件的技术规格相关部分内容作为其投标文件中一部分的，其投标将被否决”列为否决投标条款，一旦有投标文件直接复制招标文件技术规格的相关内容，而未作出详细具体、具有针对性的响应性描述的，评标委员会即可依据招标文件约定否决其投标。

4. 未提交招标文件要求的技术证明文件

【案例】

某置业有限公司通过招标方式采购一批设备，招标文件规定：“投标人资格要求：……具有第三方国家、行业内或省级权威机构出具的同类型有效的检验、检测/试验报告……不满足投标人资格要求的，投标人的投标将被否决。”评审时发现，投标人H公司的投标文件中未提交投标产品的试验报告。

【分析】

《招标投标法实施条例》第五十一条规定：“有下列情形之一的，评标委员会应当否决其投标：……（六）投标文件没有对招标文件的实质性要求和条件作出响应。”投标文件是投标人提出的要约，是评标委员会评审的对象，应当对招标文件提出的所有实质性内容和要求作出响应，内容要完整，不能有漏项。投标文件如果未按照招标文件要求提交试验报告、型式试验报告、产品鉴定证书等技术证明文件，评标委员会就无法判定技术参数是否合格，影响评标工作，对此类情形应按照上述规定作否决投标处理。本案例中，试验报告是投标人投标文件所列各项技术参数的佐证材料，投标人H公司未提供试验报告将导致无法证明其产品各项参数的有效性。招标文件已对投标人未按要求提供试验报告的行为作出了否决投标的确定性表述，但H公司仍然未提交试验报告，按照招标文件规定，评标委员会应当否决其投标。

【提示】

（1）为了考察投标人的技术实力和履约能力，招标文件可要求投标人提交试验报告、型式试验报告、产品鉴定证书等技术证明文件。

（2）实践中，评标委员会在审查试验报告时，不仅要审查是否提供试验报告以及试验报告所记载的内容是否满足招标文件的实质性要求（如重要条款、参数、允许范围外的一般性偏差），还要审查出具试验报告机构的资格条件，如果试验机构未经过中国计量认证（CMA 认证）或中国合格评定国家认可委员会（CNAS）认可，则其出具的试验报告本身也是无效的。

5. 提交的技术证明文件与所投产品的规格型号不一致

【案例】

某房地产公司通过招标方式采购电线电缆，招标文件规定："投标人需满足如下专用资格要求：……（4）投标人需提供包含投标产品的电线电缆生产厂商《全国工业产品生产许可证》。"评审时发现，投标人 Q 电缆公司在投标文件中提供的电线电缆生产厂商的《全国工业产品生产许可证》不包含所投类型电线电缆。

【分析】

《招标投标法实施条例》第五十一条规定："有下列情形之一的，评标委员会应当否决其投标：……（三）投标人不符合国家或者招标文件规定的资格条件。"投标产品生产许可证是投标人应当满足的一项必备资格。生产许可证是国家依法授予具备生产条件并能保证产品质量的工业产品生产企业生产该项产品的凭证，生产许可证制度是维护公共安全、人体健康、生命财产安全的强制性措施，任何企业未取得生产许可证不得生产许可范围内的产品。本案例中，投标人 Q 电缆公司所投的电线电缆与生产厂商经核准取得的《全国工业产品生产许可证》所载的电线电缆不一致，根据《电线电缆产品生产许可证实施细则》“在中国境内生产本细则规定的电线电缆产品的，应当依法取得生产许可证，任何企业未取得生产许可证不得生产本细则规定的电线电缆产品”的规定，投标人 Q 电缆公司所投电力电缆已经超出了生产厂商的许可范围，不能证明生产厂商具备生产该电力电缆的资格，根据上述法律规定，其投标应当被否决。

【提示】

（1）投标人提交的技术证明文件与所投产品的规格型号应当保持一致，才可以证明有生产该规格型号投标产品的资格或技术能力。

（2）评标委员会在评审过程中，不能仅针对技术条款、技术参数进行评审，还要对须经审批取得许可的资格条件进行审核，即使招标文件没有载明“未提供或者提供的资格证书不满足招标文件要求的将对投标人的投标予以否决”的条款，若招标产品属于国家强制审批许可范围内的，在投标人未提供相应许可证书或提供的许可证书不能涵盖其投标产品时，也应当否决投标。

6. 提交的技术证明文件能够证明的技术参数不满足招标文件要求的主要技术参数

【案例】

某畜牧兽医技术服务中心通过招标方式采购奶牛生产性能测定（DHI）检测设备，招标文件规定："带'*'的为重要技术参数，不满足重要技术参数要求的视为无效投标……投标产品须提供厂家相关资料（文字、图片、公开发行彩页、检测报告、技术文件均可），证明资料均需加盖生产厂家公章，未提供厂家相关资料视为无效投标。"评审时发现，投标人A设备公司的投标文件中记载的各项技术参数均符合招标文件要求，但是其提供的检测报告记载的各项参数与投标文件中的各项参数不符，部分主要技术参数未达到招标文件要求。

【分析】

《招标投标法实施条例》第五十一条规定："有下列情形之一的，评标委员会应当否决其投标：……（六）投标文件没有对招标文件的实质性要求和条件作出响应。"《机电产品国际招标投标实施办法（试行）》第五十九条规定："技术评议过程中，有下列情形之一者，应予否决投标：（一）投标文件不满足招标文件技术规格中加注星号（'*'）的重要条款（参数）要求，或加注星号（'*'）的重要条款（参数）无符合招标文件要求的技术资料支持的……"同时《政府采购货物和服务招标投标管理办法》六十三条规定："投标人存在下列情况之一的，投标无效：……（六）法律、法规和招标文件规定的其他无效情形。”技术证明文件用来证明投标人在投标文件中所列举的各项技术参数的真实性和有效性，投标人在投标文件中列举的各项参数虽然符合招标文件要求，但是若不能提供技术证明文件或者技术证明文件中的技术参数与招标文件要求的主要技术参数不对应，或达不到招标文件要求的主要参数值，则这些参数的真实性和有效性是存疑的，此时不能证明投标文件中的主要技术参数实质性响应招标文件要求和条件。本案例中，投标人A设备公司虽然提供了检测报告，但是其上记载的各项参数与投标文件中各项参数不符，两者之间不存在印证关系，无法证明其所投产品参数的真实性和有效性，且个别主要技术参数达不到招标文件要求，根据招标文件中“不满足重要技术参数要求的视为无效投标”的约定及上述法律规定，A设备公司投标应当被否决。

【提示】

（1）实践中，评审委员会在审查主要技术参数时，不仅要审查投标文件记载的各项主要参数是否满足招标文件的实质性要求，还要审查投标人所提供的各类试验报告、检验报告等是否与投标人所投产品规格型号一致。

（2）招标文件对于技术证明文件的要求包括检测报告、型式试验报告、技术文件等。投标人在起草投标文件时，应仔细核对招标文件对于技术证明文件的要求，确保提交的技术证明文件所印证的各项参数、内容与投标响应值一致，并且符合招标文件要求。

7. 试验报告内容有缺项，不能完全涵盖招标文件中的试验内容要求

【案例】

某国有企业通过招标方式采购10kV电缆，招标文件规定："投标人须提供试验报告，试验报告必须包含外护层耐压试验、内衬层绝缘试验、主绝缘耐压试验、定相检测、铜屏蔽层与相导体电阻比，未提供试验报告或试验报告缺项的，其投标将被否决。"H公司参加了本项目的投标，在评审工程中发现，H公司投标文件中提供的试验报告缺少内衬层绝缘试验结果。

【分析】

《招标投标法实施条例》第五十一条规定："有下列情形之一的，评标委员会应当否决其投标：……（六）投标文件没有对招标文件的实质性要求和条件作出响应。"对产品进行试验可以有效地发现产品的质量缺陷和设计缺陷。合格的产品试验报告所载明的各项技术参数是投标文件记载各项参数的技术证明文件之一，也是评标委员会评审的重要对象。试验报告内容有缺项或者不能完全涵盖招标文件对试验内容的要求，则无法证明其主要技术参数是否合格，故应当否决投标。本案例中，招标文件规定投标人提供的试验报告须包含内衬层绝缘试验，且为主要参数，但是投标人H公司提供的试验报告所记载的内容缺少内衬层绝缘试验结果，造成招标人无法判断其电缆是否符合招标文件要求，属于未对招标文件实质性要求和条件作出响应，依据上述法律规定，该投标

应当被否决。

【提示】

（1）招标人可以在招标文件中明确规定需要提供试验报告的试验项目及具体试验内容。

（2）投标人应当按照招标文件要求提交包含相应试验项目内容的试验报告，避免由于试验报告缺项，导致投标被否决。

8. 出具试验报告的检测机构未经国家认定或授权

【案例】

某公司通过招标方式采购冷凝落地式锅炉，招标文件规定：“投标人须提供第三方检测报告，未提供第三方检测报告的其投标予以否决。”评标委员会在评审中发现，投标人Q公司提供了某特种设备检测研究院出具的检测报告，但该特种设备检测研究院未经国家监督管理部门认证，没有承检冷凝落地式锅炉的资格。

【分析】

《招标投标法实施条例》第五十一条规定：“有下列情形之一的，评标委员会应当否决其投标：……（六）投标文件没有对招标文件的实质性要求和条件作出响应。”同时，《认证认可条例》第三十二条规定：“国务院认证认可监督管理部门应当公布指定的认证机构、实验室名录及指定的业务范围。未经指定的认证机构、实验室不得从事列入目录产品的认证以及与认证有关的检查、检测活动。”即检测机构应通过认证认可监督管理部门的认证，并在认证范围内开展检测活动，未经认证或者超出认证范围出具的检测报告均不具备法律效力。本案例中，Q公司出具检测报告的某质量监督检验站未经过中国合格评定国家认可委员会（CNAS）认可，其出具的检测报告无效，按照前述法律规定，该投标应当被否决。

【提示】

在实践过程中，国家对于部分产品实施强制认证制度，须进行强制认证的产品应依照《中华人民共和国实施强制性产品认证的产品目录》确定。值得注意的是，针对须进行强制认证的产品，其认证机构或者实验室也须经国家认证认可监督管理部门指定。评标委员会在评审时不仅要评审检测报告内容是否符合招标文件要求，同时也要注意出具检测报告的机构是否经过中国计量认证（CMA认证）或中国合格评定国家认可委员会（CNAS）认可。

9. 出具试验报告的检测机构超出承检项目范围开展试验、测试并出具报告

【案例】

某公司通过招标方式采购防盗报警装置，招标文件规定："投标人须提供第三方检测报告，未提供第三方检测报告的其投标予以否决。"在评审过程中，评标委员会发现投标人甲设备有限公司提供了某认证有限责任公司出具的检测报告，但该认证有限责任公司经监督管理部门认证认可的业务范围不包含防盗报警产品。

【分析】

《招标投标法实施条例》五十一条规定："有下列情形之

一的，评标委员会应当否决其投标：……（六）投标文件没有对招标文件的实质性要求和条件作出响应。”同时，《认证认可条例》第三十二条规定：“国务院认证认可监督管理部门应当公布指定的认证机构、实验室名录及指定的业务范围。未经指定的认证机构、实验室不得从事列入目录产品的认证以及与认证有关的检查、检测活动。”如果出具试验报告的检测机构超出承检项目范围开展试验、测试，则该试验报告不符合招标文件要求。本案例中，投标人甲设备有限公司提交的检测报告是某认证有限责任公司超出承检范围所出具的报告，其出具的检测报告是无效的，应视为甲设备有限公司未按照招标文件要求提供检测报告，是对招标文件的实质性不响应，依据上述法律规定，该投标应当被否决。

【提示】

（1）投标人应全面掌握强制性产品认证相关规定，依法委托具有合格资格条件且在认证业务范围内的认证机构、实验室出具相关产品的检测报告、试验报告等，确保所提交的检测报告、试验报告等合法有效，内容全面无遗漏。

（2）评标委员会在评审时不仅要评审试验报告内容是否符合招标文件要求，还要对认证、试验机构是否取得认证许可以及认证许可范围进行评审核对，确保各类试验报告出自具备合格资格条件的认证机构或实验室。

10. 技术证明文件过期

【案例】

某国有企业通过招标方式采购煤矿防爆照明灯具，招标文件规定："投标人须提供有效的强制性产品认证证书，未提供有效证书的，其投标予以否决。"评标委员会在评审时发现，投标人 ×× 灯具有限公司提供的认证证书已过有效期。

【分析】

《招标投标法实施条例》五十一条规定："有下列情形之一的，评标委员会应当否决其投标：……（六）投标文件没有对招标文件的实质性要求和条件作出响应。"同时，《强制性产品认证管理规定》第二十一条规定："认证证书应当包括以下基本内容：……（七）发证日期和有效期限……"第二十六条规定："有下列情形之一的，认证机构应当注销认证证书，并对外公布：（一）认证证书有效期届满，认证委托人未申请延续使用的……"第二十九条规定："自认证证书注销、撤销之日起或者认证证书暂停期间，不符合认证要求的产品，不得继续出厂、销售、进口或者在其他经营活动中使用。"本案例中，招标文件规定投标人提供有效认证证书，且为实质性条款，但是投标人 ×× 灯具有限公司提供的认证证书已经过期，为无效认证证书，属于未对招标文件实质性要求和条件作出响应，依据上述法律规定，其投标应当被否决。

【提示】

评标委员会在评审时不仅应对招标货物是否属于强制性认证产品进行审查，重点还需对其认证证书的有效性进行核实认定，包括认证证书的出具方是否有认证资格、认证证书是否过期、认证证书产品是否与项目一致等。

11. 技术证明文件缺乏有效签字、盖章

【案例】

某公司通过招标方式采购音视频设备，招标文件规定：“投标人须提供有效的质量体系认证证书，未提供质量体系认证证书的，其投标予以否决。”评标委员会在评审时发现，投标人A有限公司提供的认证证书缺少颁发单位某质量认证中心负责人签字和该单位公章。

【分析】

《招标投标法实施条例》五十一条规定：“有下列情形之一的，评标委员会应当否决其投标：……（六）投标文件没有对招标文件的实质性要求和条件作出响应。”提供有效的试验报告、质检报告、质量体系认证证书等技术证明文件，一般是招标文件的实质性要求，该证明文件由试验机构、检测机构、认证机构等单位出具，应当由该单位盖章以及相关专业人员签字。本案例中，招标文件规定投标人应提供认证证书，且为实质性条款，但投标人A有限公司提供的认证证书缺少某质量认证中心负责人签字和单位盖章，应为无效认证证书，且涉嫌伪造认证证书，应属于未对招标文件的实质性要求和条件作出响应，依据上述法律规定和招标文件约定，A有限公司投标应当被否决。

【提示】

对于试验报告、质检报告、认证证书等技术证明文件，应当由试验机构、检测机构、认证机构等单位盖章，同时经试验、检测、认证等专业技术人员或该单位负责人签字方为

有效，评标委员会在评审时应注意核实其有效性。

第七节　投标文件响应不符合政府采购政策

1. 强制采购节能产品，投标人所投产品不在“节能产品品目清单”内

【案例】

某政府部门通过公开招标方式采购一批计算机设备和照明设备，招标文件中“投标人须知”规定：“采购项目需要落实的政府采购政策：本项目采购标的物中如包含政府强制采购的节能产品，投标人必须投报政府采购节能产品品目清单中的产品并将所有政府强制采购的节能产品如实填写到“政府强制采购节能产品明细表”；同时，提供国家确定的认证机构出具的、处于有效期之内的节能产品认证证书。”招标公告发布后，B公司参与“便携式计算机设备”标包的投标，但评标委员会审查发现，B公司所提供的便携式计算机不在“节能产品品目清单”内。

【分析】

《政府采购法》规定了政府采购政策，该法第九条规定：“政府采购应当有助于实现国家的经济和社会发展政策目标，包括保护环境，扶持不发达地区和少数民族地区，促进中小企业发展等。”《政府采购法实施条例》第六条规定：“国务院财政部门应当根据国家的经济和社会发展政策，会同国务院有关部门制定政府采购政策，通过制定采购需求标准、预

留采购份额、价格评审优惠、优先采购等措施，实现节约能源、保护环境、扶持不发达地区和少数民族地区、促进中小企业发展等目标。”因此，对于政府采购招标项目（包括政府采购工程及与工程建设有关的货物、服务招标项目在内），都需要落实节约能源、保护环境、扶持不发达地区和少数民族地区、促进中小企业发展等政府采购政策。其中，财政部、发展改革委、生态环境部、市场监管总局2019年2月1日联合印发的《关于调整优化节能产品、环境标志产品政府采购执行机制的通知》（财库〔2019〕9号）规定：“一、对政府采购节能产品、环境标志产品实施品目清单管理。财政部、发展改革委、生态环境部等部门根据产品节能环保性能、技术水平和市场成熟程度等因素，确定实施政府优先采购和强制采购的产品类别及所依据的相关标准规范，以品目清单的形式发布并适时调整。不再发布“节能产品政府采购清单”和“环境标志产品政府采购清单”。二、依据品目清单和认证证书实施政府优先采购和强制采购。采购人拟采购的产品属于品目清单范围的，采购人及其委托的采购代理机构应当依据国家确定的认证机构出具的、处于有效期之内的节能产品、环境标志产品认证证书，对获得证书的产品实施政府优先采购或强制采购。”2019年4月2日，财政部、国家发展改革委印发了《节能产品政府采购品目清单》，所列产品包括政府强制采购和优先采购的节能产品。其中，台式计算机、便携式计算机、平板式微型计算机、电热水器、普通照明用双端荧光灯、电视设备等品目为政府强制采购的节能产品，投标人投标的产品必须列入该清单内，否则不满足招标文件要求。本案例中，B公司参与竞标的“便携式计算机”即属于政府强制采购的节能产品，但B公司所提供的产品不在“节能产品品目清单”内，不符合招标文件规定，其投标资格不合格，依据《政府采购货物和服务招标投标管理办法》第六十三条“投标人存在下列情况之一的，投标无效：……（三）不具备招标文件中规定的资格要求”的规定，评标委员会应当判定其投标无效。

【提示】

（1）对于政府强制采购的节能产品，投标人必须以政府采购节能产品品目清单中的产品投标，并提供国家确定的认证机构出具的、处于有效期之内的节能产品认证证书，否则其投标将被判定为无效。

（2）《节能产品政府采购品目清单》将根据市场、技术等条件适时调整。在评标时，评标委员会应当注意对照投标截止时最新的品目清单进行审核确认。

2. 采购可追溯产品，但查询不到追溯信息

【案例】

某市中医院一批中药材采购项目，采购文件规定：“所投产品应为可追溯产品，并可在‘全国可追溯商品查询平台’中查询该产品的追溯信息。”投标人A公司在投标文件中承诺该公司产品为可追溯产品，但评标委员会通过查询“全国可追溯商品查询平台”，未查询到该公司投标产品的追溯信息。

【分析】

国际标准化组织（ISO）把可追溯性的概念定义为：“通

过登记的识别码，对商品或行为的历史和使用或位置予以追踪的能力。”《中华人民共和国食品安全法》(以下简称《食品安全法》)第四十二条规定：“国家建立食品安全全程追溯制度。食品生产经营者应当依照食品安全法的规定，建立食品安全追溯体系，保证食品可追溯。国家鼓励食品生产经营者采用信息化手段采集、留存生产经营信息，建立食品安全追溯体系。”采购可追溯产品可以确保出现安全质量问题时能够追本溯源，找出问题症结所在，及时解决安全质量风险，因此可食用的中药材是否具备可追溯性尤为重要。建立食品安全全程追溯制度是国家法律规定的强制性要求。招标人可以将投标产品是否纳入食品安全追溯体系，作为投标人的资格条件。本案例中，A公司所投产品在“全国可追溯商品查询平台”中查询不到追溯信息，不满足采购文件要求，其投标人资格不合格，根据《政府采购货物和服务招标投标管理办法》第六十三条“投标人存在下列情况之一的，投标无效：……(三)不具备招标文件中规定的资格要求”的规定，评标委员会应当判定其投标无效。

【提示】

(1)2019年5月31日，商务部等七部门联合印发的《关于协同推进肉菜中药材等重要产品信息化追溯体系建设的意见》中提出：“各部门要充分发挥政策协同联动效应，推动政府采购在同等条件下优先采购可追溯产品，引导电商、商超、团体消费单位积极采购、销售可追溯产品。”因此，政府采购肉菜、中药材等重要产品时，应在采购文件中作出对可追溯产品的具体要求，如“提供所投产品在全国可追溯商品查询平台的追溯信息”“生产企业需建立食品生产链全过程可追溯体系”“所投产品需提供唯一的可追溯性标签”等。

（2）对于涉及采购可追溯商品的招标项目，评标委员会应当登录“全国可追溯商品查询平台”查询所投产品是否属于可追溯商品，是否满足招标文件要求。

第八节　提供样品不合格

1. 投标人未按照要求提供样品

【案例】

某政府部门职业资格证书制作采购项目，招标文件规定：“投标人投标时应提供单独封装的样品，样品包含 ×× 职业资格证书、×× 职业资格证明书、×× 职业资格证书半成品颜色样。投标人未提供样品的，其投标无效。”开标后，评标委员会审查发现，D 公司的投标文件中未提供样品。

【分析】

依样采购是货物采购中常用的一种确定采购货物品质标准的方式，这种方式具有简单、直观的特点。实务中，可以由买方提出样品，也可以由卖方提出样品。在招标活动中，为了使评标更直观和便捷，可以引入依样采购的方式，要求投标人提供投标样品供评标委员会评审。《政府采购货物和服务招标投标管理办法》第二十二条第一款对政府采购是否可以要求提供产品样品作出了明确规定，即“采购人、采购代理机构一般不得要求投标人提供样品，仅凭书面方式不能准确描述采购需求或者需要对样品进行主观判断以确认是否满足采购需求等特殊情况除外"。招标文件要求投标人提供投标样品的，该投标样品理论上是投标文件的一部分，对投标人具有约束力，投标人必须按照招标文件要求提供投标样品，否则属于未实质性响应招标文件要求。本案例中，招标人采购的是印刷产品，仅凭书面投标文件无法准确衡量和评价投标人所投产品的真实技术水平，采购人提出提交样品是希望产品在质量上能满足其需求，但D公司未按招标文件要求提供样品，属于未响应招标文件的实质性要求，根据《政府采购货物和服务招标投标管理办法》第六十三条"投标人存在下列情况之一的，投标无效：……（六）法律、法规和招标文件规定的其他无效情形"的规定，评标委员会应当判定其投标无效。

【提示】

（1）对于政府采购项目一般不得要求投标人提供样品，除非仅凭书面方式不能准确描述采购需求或者需要对样品进行主观判断以确认是否满足采购需求等特殊情况，方可以要求提供投标样品供评标委员会评审。招标人在招标文件中合理设置样品需求可从以下四个方面考虑：一是在采购货物中具有代表性和典型性，一般应选择采购数量或价值较大的货物；二是样品能够体现货物的主要特性，可以是完整的产品或者是采购标的的主要部件、配件；三是尽量降低投标人制作、携带或运输样品的投标成本，提高投标人的参与度和积极性；四是样品不应有影响公平竞争原则的限制与参数指标，应允许样品参数存在合理偏差。

（2）招标人要求投标人提供样品的，应当在招标文件中明确规定样品制作的标准和要求、是否需要随样品提交相关检测报告、样品的评审方法以及评审标准。需要随样品提交检测报告的，还应当规定对检测机构的要求及检测内容等。

（3）投标人应当按照招标文件中明确规定样品制作的标准和要求在投标时随递交投标文件一并提供样品，如果招标文件要求提供样品检测报告的，还需要同时提交样品检测报告。

（4）采购活动结束后，对于未中标人提供的样品，应当及时退还或者经未中标人同意后自行处理；对于中标人提供的样品，应当按照招标文件的规定进行保管、封存，并作为履约验收的参考。

2. 要求提供样品的，供应商提供的样品不全

【案例】

某市政府办公家具采购项目，招标文件要求“须提供基材样板、饰面材料样板、皮样、布样、主要五金配件等样品（基材：不小于10cm×10cm；皮质材料、布料、海绵、木皮：不小于10cm×10cm；气压棒、导轨、锁具、椅轮、五星脚、其他五金配件按一套提供，所有材料样品放在一个包装箱内，包装箱外注明投标人的名称和招标编号），中标人的样品由招标人收存，作为今后验收的标准之一”“投标人未按照规定提交样品的，其投标无效”。经评标委员会审查发现，投标人L公司提供的样品中缺少气压棒、导轨、锁具、椅轮、五星脚及其他五金配件。

【分析】

《政府采购货物和服务招标投标管理办法》第二十二条规定：“……要求投标人提供样品的，应当在招标文件中明确规定样品制作的标准和要求、是否需要随样品提交相关检测报告、样品的评审方法以及评审标准。需要随样品提交检测报告的，还应当规定检测机构的要求、检测内容等。采购活动结束后，对于未中标人提供的样品，应当及时退还或者经未中标人同意后自行处理；对于中标人提供的样品，应当按照招标文件的规定进行保管、封存，并作为履约验收的参考。”投标人应当按照招标文件中规定的样品制作标准和要求制作并按时提交样品。本案例中，家具的材质及五金配件是决定家具成品质量的关键，家具采购提供样品不仅可以让评标委员会眼见为实，更直观地进行评判，作为样品封存还可以监督中标供应商按合同履约，避免实际履约中以次充好。但投标人 L 公司提供的样品不全，无法达到评审的目的，未响应招标文件关于样品的实质性要求，根据《政府采购货物和服务招标投标管理办法》第六十三条“投标人存在下列情况之一的，投标无效：……（六）法律、法规和招标文件规定的其他无效情形”的规定，评标委员会应判定其投标无效。

【提示】

（1）投标人应该仔细阅读招标文件要求，对于需要提供样品的，应按要求全部提供，未提供或者少提供将会视为未对招标文件的实质性要求和条件作出响应而被判定为投标无效。

（2）投标人提交的样品可作为后期货物验收及合同履行

的依据，因此招标人应当重视样品的保管和使用，严格做好样品的封存。为避免争议，可在招标人、中标人、招标代理机构三方在场的情况下封存样品，并签字、拍照留存证据，交由招标人或其他保管人按不同样品的储存条件妥善保管。同时，招标人与中标人签订合同时，应在合同中约定：当实际履约交付的货品低于所提交样品的质量时，视为质量不符合约定，应按照合同约定承担相应违约责任。

3. 提供的样品质地、规格明显与招标文件的规定不一致

【案例】

某大学学生宿舍家具招标采购项目，招标文件规定“投标人须提供家具材料小样，学生高低床（材质：钢管，管壁厚 1.8mm；床板面板：高密度复合板，厚度 15~20mm，米白色）”，并注明“投标人未按照规定提交样品的，其投标无效”。T 公司是参与竞标的 8 家投标人之一。评标委员会审核投标文件时发现，T 公司是某省知名家具制造商，有着良好的社会信誉，但 T 公司提供的钢管样品管壁厚度仅为 1.2mm。

【分析】

《政府采购货物和服务招标投标管理办法》第二十二条第二款规定：“要求投标人提供样品的，应当在招标文件中明确规定样品制作的标准和要求、是否需要随样品提交相关检测报告、样品的评审方法以及评审标准。需要随样品提交检测报告的，还应当规定检测机构的要求、检测内容等。”第三十二条规定：“投标人应当按照招标文件的要求编制投标文件。投标文件应当对招标文件提出的要求和条件作出明确响

应。”也就是说，招标人的招标文件中有关样品的制作标准等要求就是招标文件的实质性要求，投标人未响应实质性要求和条件，应当判定其投标无效。本案例中，钢管是学生高低床的重要组成部分，T公司的样品钢管管壁厚度仅为1.2mm，未达到招标文件要求的1.8mm，等同于投标人未提供符合招标文件要求的样品，根据《政府采购货物和服务招标投标管理办法》第六十三条“投标人存在下列情况之一的，投标无效：……（六）法律、法规和招标文件规定的其他无效情形”的规定，评标委员会应判定其投标无效。

【提示】

招标人应根据招标文件中设定的技术参数要求，合理设置对样品的制作标准和要求以及评标细则，招标文件在评分标准中要对照各指标、参数、功能要求设置细化量化的评审因素，不宜主观描述过多、分值区间过大、使用不可量化的描述、横向比较描述等。如家具类采购项目，可设定的参数和标准有基材的材质（如实木、刨花板、密度板、多层板、纤维板等）、各部位的厚度、环保标准（如E0、E1、E2），面材的材质（实木皮、羊皮、牛皮、PU皮、布艺等）、颜色、厚度，油漆种类、颜色、环保标准、工艺（几底几面、烤漆、喷漆等），五金件的规格和材质，玻璃种类、外观（磨砂、透明、雕花）等。

第九节 投标人拒绝澄清

1. 投标人拒不按照要求对投标文件进行澄清、说明或者补正

【案例】

某交通设施采购项目招标，招标文件对投标人的供货业绩进行了规定，并要求投标人具备投标产品的生产能力。投标人A公司在投标文件中提供了B公司与A公司的联合声明，载明“A公司是由B公司100%出资设立的全资子公司，A公司生产设备、产品、业绩、商标、管理人员等均为B公司原班人马，投标产品今后由A公司所有，B公司不再参与投标”。评标委员会要求A公司对两者法律关系进行澄清，并提供A公司与B公司相关关系证明的有效材料，A公司收到澄清函后，未作任何回复。

【分析】

《招标投标法》第三十九条规定：“评标委员会可以要求投标人对投标文件中含义不明确的内容作必要的澄清或者说明，但是澄清或者说明不得超出投标文件的范围或者改变投标文件的实质性内容。”《招标投标法实施条例》第五十二条规定：“投标文件中有含义不明确的内容、明显文字或者计算错误，评标委员会认为需要投标人作出必要澄清、说明的，应当书面通知该投标人。投标人的澄清、说明应当采用书面形式，并不得超出投标文件的范围或者改变投标文件的实质

性内容。评标委员会不得暗示或者诱导投标人作出澄清、说明，不得接受投标人主动提出的澄清、说明。”《评标委员会和评标方法暂行规定》第十九条第一款也规定：“评标委员会可以书面方式要求投标人对投标文件中含义不明确、对同类问题表述不一致或者有明显文字和计算错误的内容作必要的澄清、说明或者补正。澄清、说明或者补正应以书面方式进行并不得超出投标文件的范围或者改变投标文件的实质性内容。”对投标文件给予必要的澄清、说明和补正，有利于评标委员会全面把握投标人的真实意思表示，对投标文件作出公正客观的评价，投标人应当予以配合，及时作出回复。投标人拒不按照要求对投标文件进行澄清、说明或者补正的，根据《评标委员会和评标方法暂行规定》第二十二条规定，评标委员会可以否决其投标。本案例中，A 公司在评标委员会要求其澄清的情况下拒不答复澄清，评标委员会可以依法否决其投标。

【提示】

（1）对投标文件中含义不明确、对同类表述不一致或者有明显文字和计算错误的内容，评标委员会可以要求投标人对此进行澄清、说明。但澄清、说明不得超出投标文件范围或者改变投标文件实质性内容，也不得接受投标人主动提出的澄清、说明。

（2）对于招标人提出的澄清要求，投标人应当作出有针对性的答复。

2. 投标人对评标委员会的澄清要求不予正面回答、答非所问

【案例】

某招标项目在评标过程中，评标委员会发现A公司的投标文件对于设备的关键参数前后响应不一致，在其技术规范第2页响应参数为“200”，第6页技术参数一览表中的响应参数为“260”，评标委员会要求A公司进行澄清，A公司发来的书面回复中罗列了设备的一些其他参数，但并未对要求澄清的关键参数正面、明确作出答复和说明。

【分析】

根据《招标投标法实施条例》第五十二条规定，投标文件中有含义不明确的内容、明显文字或者计算错误，评标委员会认为需要投标人作出必要澄清、说明的，应当书面通知该投标人。投标人的澄清、说明应当采用书面形式，并不得超出投标文件的范围或者改变投标文件的实质性内容。《评标委员会和评标方法暂行规定》第十九条第一款规定，评标委员会可以书面方式要求投标人对投标文件中含义不明确、对同类问题表述不一致或者有明显文字和计算错误的内容作必要的澄清、说明或者补正。如果评标委员会发出澄清通知，投标人虽进行答复，但“答非所问”，回避不予正面回答，也就是“拒不按照要求对投标文件进行澄清、说明或者补正”，则根据《评标委员会和评标方法暂行规定》第二十二条规定，评标委员会可以否决其投标。本案例中，评标委员会发现A公司技术投标文件中参数响应不一致，属于投标文件对同类

问题表述不一致，且关键参数属于实质性问题，不进行澄清可能影响评审、定标，在这种情况下投标人不予以正面回复，根据上述法律规定，评标委员会可以否决其投标。

【提示】

投标人应当认真编制投标文件，严谨细致地进行检查，提高投标文件编制质量，避免出现投标响应前后不一致、表述模糊或存在文字、计算错误。收到评标委员会提出的澄清要求后，应当逐条逐项予以明确回复，避免被评标委员会认定为“拒不按照要求对投标文件进行澄清、说明或者补正”而被否决投标。

3. 投标人未在规定时间内对投标文件进行澄清、说明或者补正

【案例】

某工程在线监测设备采购项目招标文件规定：“状态监测代理（CMA）必须包括在本工程线路在线监测设备之中，由投标人提供。”“招标人要求投标人进行澄清的，投标人应当在规定时间内进行回复，未按时澄清的，视为拒绝澄清。”B公司参与本项目的投标，在其投标文件承诺“全面响应招标文件要求”，但“供货明细表”中并未明确写明包含状态监测代理（CMA）。评标委员会向B公司发出澄清函，要求其在24小时内进行澄清。该期限届满，B公司一直没有回复，电话也处于无人应答状态。直到第三天，评标委员会才收到了B公司的澄清回复函。

【分析】

现行法律法规对投标人回复澄清的时限并未作出明确规定。实务中，评标委员会在向投标人发出澄清要求的通知中，都会明确需要澄清解释的问题、答复澄清的期限以及联系方式等。投标人应当按照评标委员会提出的内容、期限等要求进行澄清、说明或者补正，逾期作出答复将影响评标工作进度，评标委员会可以不予考虑，根据《评标委员会和评标方法暂行规定》第二十二条“投标人……拒不按照要求对投标文件进行澄清、说明或者补正的，评标委员会可以否决其投标”的规定，还可以依法作出否决投标的决定。本案例中，招标文件中已经明确写明投标人应当在规定时间内进行回复，同时将未按时澄清的情形视为“拒绝澄清”，但投标人B公司未按照规定时间对投标文件进行澄清、说明或补正，评标委员会应当否决其投标。

【提示】

投标人应当对招标人提出的澄清要求及时响应，按时回复，避免因澄清不及时影响评标进程，甚至被否决投标。

4. 投标人不接受评标委员会依法作出的修正价格

【案例】

某招标代理机构受某公司委托办理工程货物项目采购招标，共有7家投标人参与投标，A公司投标报价5600万元，为最低报价。评标时，评标委员会专家发现该投标人的投标报价与分项报价的合价不一致，各分项报价金额之和为5720万元，评标委员会依据分项报价之和对A公司的报价进行了修正，并要求A公司对修正后的价格澄清确认。A公司对此澄清未在规定的期限内予以回复。

【分析】

《招标投标法》第三十九条以及《评标委员会和评标方法暂行规定》第十九条均规定，评标委员会可以要求投标人对投标文件中含义不明确的内容作必要的澄清或者说明，只要澄清或者说明不超出投标文件的范围或者改变投标文件的实质性内容即可，其中《评标委员会和评标方法暂行规定》第十九条对投标价格算术性错误的修正方法及规则还做了进一步的详细规定，即“投标文件中的大写金额和小写金额不一致的，以大写金额为准；总价金额与单价金额不一致的，以单价金额为准，但单价金额小数点有明显错误的除外；对不同文字文本投标文件的解释发生异议的，以中文文本为准”。本案例中，评标委员会发现投标人的投标报价与分项报价的合价不一致，据此对投标人的报价按照分项报价之和进行了修正，并要求投标人对修正后的价格澄清确认的行为是合法合理的。投标人A公司对此澄清未在规定的期限内予以回复，根据《评标委员会和评标方法暂行规定》第二十二条“投标人资格条件不符合国家有关规定和招标文件要求的，或者拒不按照要求对投标文件进行澄清、说明或者补正的，评标委员会可以否决其投标”的规定，对其投标应予以否决。

【提示】

（1）投标人有义务及时回复评标委员会提出的报价修正要求，并对澄清的内容进行解释、说明或者补正，否则将影响评标工作顺利进行，导致评标委员会无法客观公正地进行评标，如果该投标人中标，由于相关问题未能在评标阶段解决，很可能会给合同签订或履行带来潜在的隐患，影响招标人的权益。

（2）评标时出现投标文件中的大写金额和小写金额不一致、总价金额与单价金额不一致、对不同文字文本投标文件的解释发生异议的，评标委员会应按照《评标委员会和评标方法暂行规定》第十九条规定进行修正，并要求投标人对修正后的结果予以确认，投标人拒绝确认或者确认结果与评标委员会依法修正的结果不一致的，应当否决其投标。

第四章　投标人有违法行为

第一节　串通投标

1. 投标人之间协商投标报价等投标文件的实质性内容

【案例】

某保安服务项目招标，招标人接到投诉称参与该项目投标的三个投标人在事前协商投标报价，约定本次由A保安服务有限公司报最低价并谋取中标。依据此线索，评标委员会对A、B、C三家投标人递交的投标文件进行了细致核对，发现其中A公司报价最低，投标的B公司、C公司分别比A公司报价高0.5万元、1万元。评标委员会要求上述公司进行澄清，发现三家公司提供的报价单中的分项价格大多雷同，B公司和C公司无法就相关分项价格构成进行合理说明。

【分析】

《民法典》第七条规定了民事主体从事民事活动，应当遵循诚信原则，而诚实信用原则也是贯穿招标投标活动全过程的重要原则。投标报价是评价各投标人的重要依据，投标人私下协商投标报价，将会严重破坏招标投标秩序，损害其他投标人公平参与的权利以及招标人的利益。《招标投标法》第三十二条第一款规定，投标人不得相互串通投标报价，不得排挤其他投标人的公平竞争，损害招标人或者其他投标人的合法权益。《招标投标法实施条例》中将投标人相互串通的情形予以细化，第三十九条规定："禁止投标人相互串通投标。有下列情形之一的，属于投标人相互串通投标：（一）投标人之间协商投标报价等投标文件的实质性内容……"该条规定不仅是指投标人协商抬高、压低报价，或者以高、中、低价格等报价策略分别投标，还可能是指对一些重要技术方案、技术指标等实质性内容串通协商。除此之外，同一招标项目的投标人还可能分成两个或两个以上的小集团，分别按照各自协商的原则和利益分配机制串通投标，轮流中标。本案例中，A、B、C公司三家投标人通过协商投标报价的方式让A公司谋取中标，对此种行为，一经查实，评标委员会应当依据《招标投标法实施条例》第五十一条"有下列情形之一的，评标委员会应当否决其投标：……（七）投标人有串通投标、弄虚作假、行贿等违法行为"的规定，否决三家公司的投标。

【提示】

（1）在实践中，投标人协商投标报价等投标文件实质性内容的行为非常隐蔽，难以掌握较为直接的证据。从招标人角度来说，《招标投标法实施条例》列举了常见情形，当评标委员会发现存在串通线索时，可要求投标人就价格构成等进行澄清解释，也可以进一步比对投标文件，收集证据，必要时请行政监督部门介入查处。

（2）投标人在投标时不能存有侥幸心理，采取协商投标报价等方式影响招标结果，否则可能承担中标无效、被罚款、没收违法所得、在一定时间内被取消投标资格甚至吊销营业执照等后果。

2. 投标人之间约定中标人

【案例】

某医院麻醉呼吸机等医用设备采购招标项目评标过程中，招标人接到投诉称该次招标有三个标包的三家投标人A、B、C公司预先商定，在不同标包内采取差异化报价，确保每家都能中上一个标，并提供了相应线索。招标人经查证发现被投诉的三个标包投标人有且只有A、B、C三家公司，且确实存在投诉反映的问题。

【分析】

《招标投标法实施条例》第三十九条规定：“禁止投标人相互串通投标。有下列情形之一的，属于投标人相互串通投标：……（二）投标人之间约定中标人……”实践中常常将投标人之间约定中标人称作“围标”，其手段包括投标人之间提前约定好中标人，按照招标文件规定的评标标准和方法制定不同的投标方案，参与投标，但约定的不中标的投标人故意不实质性响应招标文件、采取差异化报价策略等手段降低其竞争性，确保已经内定的“中标人”有足够的竞争优势中标，之后再分割利益或轮流“坐庄”。本案例中，A、B、C三个参与投标的厂商提前约定每个标包的中标人，评标委员会通过调查复核确认相关事实的，应当依据《招标投标法实施条例》第五十一条“有下列情形之一的，评标委员会应当否决其投标：……（七）投标人有串通投标、弄虚作假、行贿等违法行为”的规定，否决三家公司的投标。

【提示】

（1）招标人应扩大招标公告发布媒介的层次和范围，确定合适的资格业绩要求，吸引尽可能多的潜在投标人前来投标，扩大竞争，降低串通投标概率。

（2）评标委员会在评标时，发现相同的投标人在多个标包中投标文件编制质量差距过大、开标后故意撤销投标文件等“围标”线索的，应认真核实或报告有关行政监督部门核查。

3. 投标人之间约定部分投标人放弃投标或者中标

【案例】

某研究院拆迁建设工程项目招标，招标人在招标过程中接到举报称A公司工作人员通过私下上门拜访、电话联系等方式，劝说B、C公司两家实力较强的投标人放弃投标，并许以好处费。

【分析】

《招标投标法实施条例》第三十九条规定：“禁止投标人相互串通投标。有下列情形之一的，属于投标人相互串通投标：……（三）投标人之间约定部分投标人放弃投标或者中标……”投标人之间约定部分投标人放弃投标或者中标，即“陪标”，其表现形式包括购买招标文件的潜在投标人事先约定，不按招标文件要求准备和提交投标文件，提交投标文件的投标人根据约定放弃（撤销）投标，排名第一的中标候选人或者被宣布为中标人的投标人按照约定放弃中标等。确认投标人有事先约定行为的，招标人有权决定其投标无效，如果已经完成评标、定标程序且已发出中标通知的，可宣布其中标无效，不退还投标保证金。同时，可向政府监督部门举报，经查实给予取消一定期限内投标资格的行政处罚，情节严重的追究其刑事责任。因串通投标行为给招标人造成损害的，可以依法要求其承担赔偿责任。本案例中，投标人A公司为谋取中标，私下联系其他投标人要求其放弃投标或中标后将服务项目交由其承接，已构成串通投标，评标委员会应当依据《招标投标法实施条例》第五十一条“有下列情形之一的，评标委员会应当否决其投标：……（七）投标人有串通投标、弄虚作假、行贿等违法行为”的规定，对其投标予以否决。

【提示】

约定部分投标人放弃中标并许以好处费的行为属于典型的串通投标行为，实践中多以投诉、举报方式获得线索。招标人对于此类行为一旦发现线索应当立即查证，并证据收集，必要时请政府主管部门介入调查处理。

4. 属于同一集团、协会、商会等组织成员的投标人按照该组织要求协同投标

【案例】

某装饰装修工程项目在招标时接到举报，称该项目部分投标人均为某行业协会会员，该协会对此类工程项目确定了“指导价”，并要求协会会员在此类项目投标中报价不得低于指导价格。该协会还经常组织同一区域的投标人“组团”参与投标，提前分配中标名额。在本次工程项目招标中，该协

会在上述投标人在递交投标文件前专门派人对报价进行了检查，确保其投标价格高于“内部指导价”。经招标人查证，该投诉属实。

【分析】

《招标投标法实施条例》第三十九条规定：“禁止投标人相互串通投标。有下列情形之一的，属于投标人相互串通投标：……（四）属于同一集团、协会、商会等组织成员的投标人按照该组织要求协同投标……”对于此类情形的定性需要同时满足两个条件：一是同一招标项目的不同投标人属于同一组织成员；二是这些不同的投标人按照该组织要求在同一招标项目中采取了协同行动。所谓协同行动是指按照预先确定的策略投标，确保由该组织的成员或者特定成员中标。需要指出的是，同一组织的成员在同一招标项目中投标并不必然属于串通投标，必须有证据证明其采取了协同行动的行为，且有谋求其成员中标的目的方可予以确认。本案例中，投标人在某行业协会要求下按照“内部指导价”确定投标价格并协同投标，属于串通投标行为，应当依据《招标投标法实施条例》第五十一条“有下列情形之一的，评标委员会应当否决其投标：……（七）投标人有串通投标、弄虚作假、行贿等违法行为”的规定，否决其投标。

【提示】

属于同一集团、协会、商会等组织成员的投标人按照该组织要求协同投标的行为在实践中具有很强的隐蔽性，在查处和认定方面存在较大难度。对此，招标人应健全招标投标投诉举报制度，进一步畅通投诉举报渠道，鼓励举报违法违规投标行为，同时做到投诉举报线索有必查、查必究，落实失信惩戒机制，增加投标人的违法成本，确保招标投标活动公平竞争。

5. 投标人之间为谋取中标或者排斥特定投标人而采取的其他联合行动

【案例】

某红外热像仪采购项目招标过程中，招标人接到举报称由于本次投标人中的外地企业Z公司产品质优价廉，极具竞争力，同为投标人的A公司为阻挠Z公司打开本地市场，劝说投同一标包的B、C公司恶意低价竞标，使Z公司无法中标。

【分析】

《招标投标法实施条例》第三十九条规定：“禁止投标人相互串通投标。有下列情形之一的，属于投标人相互串通投标：……（五）投标人之间为谋取中标或者排斥特定投标人而采取的其他联合行动。”鉴于串通投标行为表现形式多样且方式不断翻新，《招标投标法实施条例》除罗列串通投标的常见表现形式之外，通过设置兜底性条款，将其他条款未涵盖的或立法时预测不到的情形包含在内，以此弥补列举式法条的不周延性。只要投标人出于谋取中标或者排斥特定投标人目的，采取相关行动且被查实的，均属于串通投标行为。实践中较为常见的情形包括部分投标人约定放弃投标，致使投标人不足三家而导致招标失败等。本案例中A公司为排斥Z公司中标，联合投标人B、C公司恶意低价竞标的行为属于串通投标，查实后应当依据《招标投标法实施条例》第五十一条“有下列情形之一的，评标委员会应当否决其投标：……（七）投标人有串通投标、弄虚作假、行贿等违法行为”的规定，否决A、B、C三家公司的投标。

【提示】

招标人对于可能存在的串通投标线索应当审慎对待，多方求证，认真调查核实举报事项，确保违法行为得到处理。

6. 不同投标人的投标文件由同一单位或者个人编制

【案例】

某办公楼装饰装修工程项目招标，评标委员会在评标过程中发现，投标人甲公司和投标人乙公司的投标文件核心内容一致，不仅工程预算相同，连字体、排版甚至缺漏项和错别字都完全一样。经调查，两个投标人均无法给出合理解释。

【分析】

根据《招标投标法实施条例》第四十条第（一）项规定，不同投标人的投标文件由同一单位或者个人编制的，视为投标人相互串通投标。实践中此类情况一般通过如下方式发现：一是招标人接到相应举报，通过比对投标文件予以查证；二是评标委员会在评标过程中通过认真审阅投标文件发现线索，通过要求相应投标人进行澄清、说明等方式最终查实。不同的投标人应当各自提交独立的投标文件，由同一单位或个人编制内容雷同的投标文件，尤其连错别字都相同，这是典型的串通投标行为，严重损害招标投标活动的公平性和竞争性。本案例中，投标人甲公司、乙公司递交的两份投标文件内容高度重复，且投标人无法给出合理解释，评标委员会应当依据《招标投标法实施条例》第五十一条“有下列情形之一的，评标委员会应当否决其投标：……（七）投标人有串通投标、弄虚作假、行贿等违法行为”的规定，否决两家公司的投标。

【提示】

（1）再隐蔽的串通投标也会留下蛛丝马迹，招标人可从如下特征辨别投标人是否有串通投标嫌疑：一是不同的投标文件字体、标点符号、排版完全一致；二是文件内容基本雷同，文字相互抄袭，表述一致；三是不同的投标文件多次出现相同错误；四是不同的投标文件出现了同一家单位的落款或用印，等等。

（2）评标委员会应秉持高度的责任心，针对同一标段（标包）的投标文件，在审阅时做到横向比对评价，细致查看投标文件，认真分析异同，为打击串通投标行为发现线索、提供证据。

7. 不同投标人委托同一单位或者个人办理投标事宜

【案例】

在某医院设备采购项目招标过程中，招标代理机构工作人员在核对“投标文件递交登记表”时发现A公司和B公司两家投标人的投标文件是由同一人戴某提交并签字的。经过查证，B公司称因其投标代表临时有急事，无法及时赶到现场，因此请正在该地开会的熟人王某代为提交投标文件，而王某又让A公司的戴某帮忙一并提交并签字。

【分析】

根据《招标投标法实施条例》第四十条第（二）项规定，不同投标人委托同一单位或者个人办理投标事宜的，视为投标人相互串通投标。本项规定所称的投标事宜包括领取或者购买资格预审文件、招标文件，编制资格预审申请文件和投标文件，踏勘现场，出席投标预备会，提交资格预审文件和投标文件，出席开标会等。需要注意以下情形：一是不同投标人委托同一单位或者同一人办理同一项目投标不同环节的，也属于本项所规定的情形。例如，某单位或个人领取招标文件时代表甲投标人，出席开标会时又代表乙投标人。二是采用电子招标投标的，从同一个投标单位或者同一个自然人的 IP 地址下载招标文件或者上传投标文件也属于本项规定的情形。本案例中，不论 B 公司是否知情，其和 A 公司委托同一人提交投标文件的做法已经违反相关规定，评标委员会应依据《招标投标法实施条例》第五十一条“有下列情形之一的，评标委员会应当否决其投标：……（七）投标人有串通投标、弄虚作假、行贿等违法行为”的规定，否决其投标。

【提示】

（1）招标人应当加强招标投标全过程管理，妥善留存各环节视频或书面资料（如各类签字文件、表格等），为查证相关违法违规行为提供依据。

（2）投标人应当按规定办事，委托他人办理投标事宜的，应当要求受托人出具书面承诺，声明受托人不存在受托承担同一项目的投标事宜，避免构成违法情形。不要为了图一时方便，随意委托人员进行投标，导致投标功亏一篑。

8. 不同投标人的投标文件载明的项目管理成员为同一人

【案例】

某建筑室外附属工程招标项目在评标时接到投诉，称投标人有涉嫌串通投标的行为。经查明，4 家供应商中，有 2 家投标人 D、F 公司载明的项目管理成员相同，且 F 公司并未提供该人员的劳动合同及社保证明。评标委员会要求 D、F 公司进行澄清，两家公司均未给出合理理由。

【分析】

根据《招标投标法实施条例》第四十条第（三）项规定，不同投标人的投标文件载明的项目管理成员为同一人视为投标人相互串通投标。工程项目管理人员需具备相应注册执业资格，此类管理人员与受聘单位间应当存在稳定且一对一的劳动合同关系。在具体投标项目中，不同投标人的项目管理成员为同一人的，根据常理有极大的可能性存在串通投标行为。本案例中，若 D、F 公司无法就其项目管理成员为同一人提供合理解释，则应当依据《招标投标法实施条例》第五十一条“有下列情形之一的，评标委员会应当否决其投标：……（七）投标人有串通投标、弄虚作假、行贿等违法行为”的规定，否决其投标。

【提示】

（1）招标人在招标文件中可以明确要求投标人提供项目负责人、主要技术人员的劳动合同和社会保险等劳动关系证明材料。

（2）不同的投标人在投标文件中的核心工作成员为同一

人，是较为明显的串通投标线索，应当引起评标委员会的高度注意。在评标过程中，一些评标专家为了加快工作进度，约定将不同的投标人的投标文件分配给不同的专家审阅，虽然提高了工作效率，但缺乏对投标文件之间的横向比较，导致难以发现投标人之间的串通投标线索。因此，作为评标委员会一定要合理分配工作任务，做好对各份投标文件的横向检查对比，杜绝有心之人蒙混过关。

9. 不同投标人的投标文件异常一致或者投标报价呈规律性差异

【案例】

某市地铁工程投标中，有5家单位D、E、F、G、H公司的投标报价万元以上部分呈现规律性差异，分别相差1万元、2万元、3万元、4万元。评标委员会认为其涉嫌构成串通投标行为。

【分析】

不同投标人的投标文件异常一致或者报价呈规律性差异是《招标投标法实施条例》第四十条第（四）项所列举的视为投标人相互串通投标的情形之一，也是实践中较为常见的一种情况，典型表现包括不同投标人的投标报价呈等差数列、不同投标人的投标报价的差额本身呈等差数列或者规律性的百分比等。所谓异常一致是指极小概率或者完全不可能一致的内容在不同投标文件中同时出现，常见情形包括投标文件内容错误或者打印错误雷同，由投标人自行编制文件的格式完全一致，属于某一投标人特有的业绩、标准、编号、标识等在其他投标人的投标文件中同时出现等。值得注意的是，实践中确有由于投标人之间曾就类似工程有过联合投标经历导致投标文件的技术方案异常一致的情况，此类情况可以由评标委员会通过澄清、说明等机制予以排除。除国家有规定收费标准的勘察、设计和监理等服务招标外，不同投标人的报价呈现规律性差异，一般视作不同投标人投标文件异常一致的特殊表现。本案例中，D、E、F、G、H公司5家投标人的报价呈现规律性差异，若经澄清上述投标人无法对其价格构成进行合理说明，则应依据《招标投标法实施条例》第五十一条“有下列情形之一的，评标委员会应当否决其投标：……（七）投标人有串通投标、弄虚作假、行贿等违法行为”的规定，否决其投标。

【提示】

在发现投标人投标文件异常一致或投标报价呈现规律性差异的情形下，如果依据现有证据难以认定的，评标委员会可要求投标人进行澄清、解释，还可以请求行政监督部门进行查处。

10. 不同投标人的投标文件相互混装

【案例】

某高速公路土建施工招标投标过程中，某工程集团所属单位E公司与W公司投标文件（投标报价和工程量清单）被评标委员会发现混装，E公司的投标文件中出现了W公司的内容和名称，而W公司的投标文件中多次出现E公司名称，所提供的投标人廉洁自律承诺书中还加盖了E公司的印章。

【分析】

根据《招标投标法实施条例》第四十条第（五）项规定，不同投标人的投标文件相互混装视为投标人相互串通投标。此类情形一般是由于投标人之间相互串通，协商编制投标文件，由于疏忽大意在打印装订时出现了相互混装的情况，属于较容易查证的串通投标情形。需要注意的是，实践中常常出现投标人A的投标文件中出现投标人B的文件、名称或落款，但B公司的投标文件完全正常的情况，在评审现场遇到此类情况时，应当对两个投标人的投标文件进行细致比对，查找是否存在两份文件内容异常一致、报价呈规律性差异的情形，进一步找到确凿的证据。同时可以请监督人员启动调查程序，对投标文件是否由同一人编制进行调查，以查证投标人是否存在串通投标行为。本案例中，E公司与W公司的投标文件混装情况非常明显，应当依据《招标投标法实施条例》第五十一条“有下列情形之一的，评标委员会应当否决其投标：……（七）投标人有串通投标、弄虚作假、行贿等违法行为”的规定，对其投标予以否决。

【提示】

（1）评标委员会在评审过程中，除了对各投标人的投标文件对照招标文件进行纵向符合性评审外，还应加强各投标文件之间的横向评审，通过相互检查比较发现串通投标的线索。还要注意的是，不同投标人的投标文件相互混装是指“你中有我、我中有你”，如果甲公司投标文件有乙公司内容，但乙公司投标文件并没有甲公司内容，则仅凭此特征不能认定为相互串通投标。

（2）投标人如委托第三方公司制作或打印投标文件的，应当约定保密条款，同时注意在提交投标文件前进行全面检查，避免因第三方失误导致被认定为串通投标。

11. 不同投标人的投标保证金从同一单位或者个人的账户转出

【案例】

某天然气工程项目施工招标，招标人接到举报称为提高中标概率，投标人 S 公司联系了 Q、G、F、H 四家公司参与陪标，包括 S 公司在内的五家公司的投标保证金 75 万元分别从张某、余某的账户内转出。评标委员会经过查证，该投诉属实，投标保证金均实际由 S 公司提供给其他投标人。

【分析】

根据《招标投标法实施条例》第二十六条第二款规定，依法必须进行招标的项目的境内投标单位，以现金或者支票形式提交的投标保证金应当从其基本账户转出。之所以这样规定是因为一个企业只能开具一个基本账户，要求投标人的投标保证金由其基本账户转出，在一定程度上可以防止投标人串通投标。《招标投标法实施条例》第四十条第（六）项规定，不同投标人的投标保证金从同一单位或者个人的账户转出的，视为投标人相互串通投标。该条款中所规定的同一单位或个人账户，包括基本账户、一般存款账户、临时存款账户等。值得注意的是，如果不同投标人的投标保证金虽由不同的账户转出，但其来源均来自同一投标人或者个人账户的，同样构成串通投标。本案例中，S、Q、G、F、H 五家投标人的投标保证金实际是由S公司提供的，已构成串通投标，应当依据《招标投标法实施条例》第五十一条“有下列情形之一的，评标委员会应当否决其投标：……（七）投标人有串通投标、弄虚作假、行贿等违法行为”的规定，否决其投标。

【提示】

对于收取投标保证金的招标项目，招标人可在招标文件中明确投标保证金的交纳方式，规定投标人的投标保证金从其基本账户转出。实践中，投标保证金的收受人各有不同，对于受招标人委托，代其收取投标保证金的机构，应当认真核对投标保证金的转出账户，发现存在不同投标人的保证金由同一账户转出的，及时告知招标人。

12. 不同投标人的电子投标文件上传计算机的网卡MAC地址、CPU序列号和硬盘序列号等硬件信息均相同

【案例】

某大厦A座内部改造工程项目招标，招标人通过使用电子招标投标平台的自动筛查功能，发现甲、乙、丙公司3家投标单位的电子投标文件上传的MAC地址、CPU序列号和硬盘序列号均一致。

【分析】

随着电子招标投标的发展，串通投标也出现了新的表现形式。为规范电子招标投标活动，很多地方都通过立法作出针对性规定。福建省住房和城乡建设厅《关于施工招标项目电子投标文件雷同认定与处理的指导意见》（闽建筑〔2018〕29号）中规定，不同投标人的电子投标文件上传计算机的网

卡 MAC 地址、CPU 序列号和硬盘序列号等硬件信息均相同的（开标现场上传电子投标文件的除外），应认定为《招标投标法实施条例》第四十条第（二）项"不同投标人委托同一单位或者个人办理投标事宜"的情形。网卡 MAC 地址、CPU 序列号和硬盘序列号对于一台计算机来说类似于汽车的发动机编号，在正常情况下是唯一的，因此不同的投标人上传的电子投标文件硬件信息均相同的，意味着投标人使用了同一台计算机上传投标文件，即为"不同投标人委托同一单位或者个人办理投标事宜"。本案例中，甲、乙、丙公司 3 家投标单位的电子投标文件经电子评标系统筛查，上传时显示出的硬件信息均相同，视为串通投标行，依据《招标投标法实施条例》第五十一条"有下列情形之一的，评标委员会应当否决其投标：……（七）投标人有串通投标、弄虚作假、行贿等违法行为"的规定，评标委员会应当否决其投标。

【提示】

（1）随着技术手段的不断革新，电子开评标系统能够很好地完成对电子投标数据的偏差审核、符合性评审、计算错误检查、合理性分析等辅助工作，大大提升评标质量和效率。招标人应加强电子招标投标平台建设，充分利用技术手段对投标人 IP 地址、MAC 地址和硬盘序列号等信息进行收集和智能分析，同时在招标文件中明确规定电子招标投标过程中的认定串通投标情形，为电子评标提供评审依据。

（2）投标人应当避免通过网吧、打印店等公用计算机上传投标文件，以防因电子投标文件上传计算机的硬件信息相同被认定为串通投标。

13. 不同投标人的投标文件所记录的软硬件信息均相同

【案例】

某县文体中心图书馆建设项目施工招标，招标文件规定："不同投标人的电子投标文件存在下列情形之一，视为电子投标文件雷同：……2. 不同投标人的已标价工程量清单 XML 电子文档记录的计价软件加密锁序列号信息有一条及以上相同……应认定为《招标投标法实施条例》第四十条第（一）项'不同投标人的投标文件由同一单位或者个人编制'的情形。"在评标过程中，评标委员会发现投标人 A 公司提供的软硬件信息与投标人 B 公司提供的软硬件信息一致（加密锁序列号相同）。

【分析】

对于电子招标投标中的串通投标行为，《电子招标投标办法》中并无明确的列举式规定，一些地方结合实践探索制定了相关认定标准。如前所述，福建省住房和城乡建设厅发布的《关于施工招标项目电子投标文件雷同认定与处理的指导意见》（闽建筑〔2018〕29 号）第一条第（二）款规定，不同投标人的已标价工程量清单 XML 电子文档记录的计价软件加密锁序列号信息有一条及以上相同，或者记录的硬件信息中存在一条及以上的计算机网卡 MAC 地址（如有）、CPU 序列号和硬盘序列号均相同的（招标控制价的 XML 格式文件或计价软件版成果文件发布之前的软硬件信息相同的除外），或者不同投标人的电子投标文件（已标价工程量清单 XML 电子文档除外）编制时的计算机硬件信息中存在一条及以上的计算机网卡 MAC 地址（如有）、CPU 序列号和硬盘序列号均相同的，应认定为《招标投标法实施条例》第四十条第（一）项“不同投标人的投标文件由同一单位或者个人编制”的情形。已标价工程量清单 XML 电子文档由电子招标投标平台提供给投标人的预算软件生成，生成后导入到投标文件，在评标时电子评标系统将直接取出投标文件中先前导入的“XML 电子投标数据文件”，作为清标、抽取清单项、计算综合单价报价得分的数据源。按照福建省住房和城乡建设厅 2019 年 4 月发布的《关于计价软件加密锁实施实名制管理的通知》（闽建筑〔2019〕16 号），应当实名登记的计价软件包括投标人用于制作、生成投标工程量清单报价的造价计价软件以及用于报价分析等辅助软件。通过对计价软件加密锁（含已出售的）进行实名登记，核对并如实记录购买人和使用人信息，实现信息可追溯管理。在此前提下，如果不同投标人的已标价工程量清单 XML 电子文档记录的计价软件加密锁序列号信息有一条及以上相同，说明其投标文件是使用同一计价软件制作加密的，构成串通投标。本案例中，投标人 A 公司提供的软硬件信息与投标人 B 公司提供的软硬件信息一致（加密锁序列号相同），且招标文件明确规定此类情形构成串通投标，应当依据《招标投标法实施条例》第五十一条“有下列情形之一的，评标委员会应当否决其投标：……（七）投标人有串通投标、弄虚作假、行贿等违法行为”的规定，否决该两家投标。

【提示】

招标人可借鉴一些地方政府的规范性文件规定，在招标文件中对电子招标投标中的串通投标情形作出明确详细的规定，如规定不同投标人投标文件所记录的软件（如加密锁序列号信息）、硬件信息（如计算机网卡 MAC 地址、CPU 序列号和硬盘序列号）均相同，认定为“不同投标人的投标文件由同一单位或者个人编制”，视同串通投标。

14. 不同投标人的技术文件经电子招标投标交易平台查重分析，内容异常一致或者实质性相同

【案例】

某市政建设工程项目在评标过程中，评标委员会通过使用电子招标投标平台的投标文件查重比对功能，发现甲、乙两家投标单位所列“投标分项报价明细表”的 56 个分项中仅 1 项的数量、价格存在差异，其余 55 项完全相同，雷同率超过 98%。

【分析】

《招标投标法实施条例》第四十条规定：“有下列情形之一的，视为投标人相互串通投标：……（四）不同投标人的投标文件异常一致或者投标报价呈规律性差异……”电子招标投标平台对投标文件的内容审查较之评标专家人工审核更为全面和严格，通过系统比对能够快速识别不同标书的雷同及错误，诸如格式相同、内容异常一致、报价呈规律性差异等情况。如福建省住房和城乡建设厅发布的《关于施工招标项目电子投标文件雷同认定与处理的指导意见》（闽建筑〔2018〕29 号）第一条第（三）款规定，不同投标人的技术文件经电子招标投标交易平台查重分析，内容异常一致或者实质性相同的，应认定为《招标投标法实施条例》第四十

条第（四）项“不同投标人的投标文件异常一致”的情形。本案例中，甲、乙两家投标单位的投标分项报价雷同率超过98%，评标委员会应当依据《招标投标法实施条例》第五十一条“有下列情形之一的，评标委员会应当否决其投标：……（七）投标人有串通投标、弄虚作假、行贿等违法行为”的规定，否决其投标。

【提示】

（1）招标人可在招标文件中明确规定投标文件内容异常一致或实质性相同的认定标准，如规定文件内容重复率的百分比超过多少，或文件错误、内容一致之处超过几处的，认定为串通投标。

（2）投标人应当严格按照招标文件要求自行编制投标文件，尽量避免从网上下载使用现成的技术规范等文件，或简单修改同行业其他企业的投标文件作为自己的投标文件，避免因文件内容雷同被认定为串通投标。

15. 不同投标人编制的投标文件存在两处以上错误一致

【案例】

某路面铺设工程项目评标过程中，评标委员会发现A、B公司两家投标人编制的投标文件存在内容雷同且多处错误一致的情况，如将“路面铺装施工材料表”中的某种沥青混凝土的数量写成了242411t（笔误，实际预估使用量应为24241t），“路面基层施工”写成“露面基层施工”等。

【分析】

《招标投标法实施条例》第四十条第（四）项将投标人的

投标文件异常一致视为投标人相互串通的情形之一，但并未规定异常一致的判断标准。在实践中，不同投标人的投标文件内容雷同甚至错误都相同的情况屡见不鲜。为强化该条款的可操作性，便于评标委员会对串通投标行为进行认定，除招标人在招标文件中对此类情形进行细化规定外，部分地区也出台了相应文件对如何认定投标文件雷同进行了明确。如杭州市政府于 2019 年 3 月《杭州市工程建设项目招标投标管理暂行办法》第（十六）条规定，不同投标人编制的投标文件存在两处以上错误一致的，视为投标人相互串通投标。本案例中，A、B 公司两家投标人的投标文件出现多处错误一致和内容雷同，基本可以判断属于同一人或同一家单位编制，此类情况经核查属实，其投标应当依据《招标投标法实施条例》第五十一条“有下列情形之一的，评标委员会应当否决其投标：……（七）投标人有串通投标、弄虚作假、行贿等违法行为”的规定被否决。

【提示】

（1）投标文件错误一致、内容雷同的情况是串通投标行为较为明显的线索，为便于评标委员会对此类情形进行认定，招标人在编制招标文件时可以统一量化认定规则，如明确规定两份投标文件雷同比例达到多少可视为异常一致，或者相同的错误出现几次时视为串通投标。

（2）评标委员会在认定此类串通投标时应当注意区别投标文件的错误或雷同是否符合逻辑和情理，如果此类错误或雷同是生活中较为普遍的情形，认定为串通投标应当慎重；若当事人对出现的一致情形无法给出合理理由，应当认定为串通投标。

16. 不同投标人提交电子投标文件的IP地址相同

【案例】

某安防监控系统采购项目招标，招标文件中规定：“投标人提交电子投标文件的IP地址相同的，将被认定为串通投标行为予以否决。”评标过程中发现，电子评审系统显示该标段戊、戌公司两家投标人提交的电子投标文件的IP地址相同。

【分析】

《招标投标法实施条例》第四十条第（二）款规定：不同投标人委托同一单位或者个人办理投标事宜，视为投标人相互串通投标。国家发展和改革委员会法规司等编著的《中华人民共和国招标投标法实施条例释义》对此条进行了延伸说明：“不同单位的投标文件出自同一台计算机”，符合《招标投标法实施条例》第四十条第（一）款“不同投标人的投标文件由同一单位或者个人编制”的规定。IP地址是指互联网协议地址，每台联网的计算机上都需要有IP地址，才能正常通信。如果把制作投标文件的计算机比作一部手机，那么IP地址就相当于电话号码。与查证计算机的机器码相比，IP地址从技术角度并不能完全证明招标文件出自同一台计算机，部分情况下，即使不是使用同一台计算机也可能导致IP地址一致，如不同的公司在同一个写字楼、酒店或网吧里共用同一宽带上传或下载文件。实践中，部分地区明确将“不同投标人投标报名的IP地址一致，或者IP地址在某一特定区域”作为串通投标行为进行认定。如河北雄安新区管理委员会于2019年1月印发的《雄安新区工程建设项目招标投标管理办法（试行）》第二十八条第（三）款，将不同投标人提交电子投标文件的 IP 地址相同的情形视为投标人相互串通投标。本案例中，戊公司与戌公司提交的电子投标文件 IP 地址相同，且招标文件中已明确将此类情形视为串通投标行为，因此两家公司的投标应当依据《招标投标法实施条例》第五十一条“有下列情形之一的，评标委员会应当否决其投标：……（七）投标人有串通投标、弄虚作假、行贿等违法行为”的规定被否决。

【提示】

（1）目前各地出台的针对电子招标投标细化规定不尽一致，招标人采用电子招标投标方式进行招标的，应在招标文件中明确列举认定电子投标的串通投标情形，或写明认定串通投标行为所参照的地方性规定，避免因缺乏依据导致无法进行否决。

（2）投标人在进行电子投标时，应尽量使用本单位计算机，且做到专机专用，避免在公共网络或计算机上下载招标文件或上传投标文件，或让其他投标人使用本单位计算机传输文件，以免被认定为串通投标。

17. 不同投标人的投标文件由同一投标人的附属设备打印、复印

【案例】

某电梯采购安装及配套设施项目招标过程中，招标人接到举报，称投标人 G 公司为谋取中标，找来 F、E 公司陪标，三家公司的投标文件均是 G 公司制作并打印的。评标委员会根据线索对三家投标单位的投标文件进行了核查比对，发现

三家投标单位的投标文件封面设计、字体、版式高度一致。

【分析】

不同投标人的投标文件由同一投标人的附属设备打印、复印，违反了投标人“背靠背”的投标模式，是非常明显的串通投标行为。在传统的纸质投标活动中，评标委员会无法直接发现此类行为，而是通过评标发现不同投标人的投标文件形式、内容高度相似，或是通过查实举报线索，按照“投标人投标文件异常一致”的规定进行认定。实践中，一些地方性文件将此类行为明确视为串通投标，如《江苏省国有资金投资工程建设项目招标投标管理办法》第十八条规定：“投标人在投标过程中有下列情形之一的，视为投标人相互串通投标：……（二）不同投标人的投标文件由同一投标人的附属设备打印、复印的……”《义乌市工程建设项目招标投标管理办法》第四十七条规定：“有下列情形之一的，视为串通投标行为，评标过程中，经评标委员会集体表决后认定的，可直接作废标处理，并提请有关行政管理部门依法作出处罚：……（七）不同投标人的投标文件由同一台计算机编制或者同一台附属设备打印的。”本案例中，G、F、E公司三家投标单位的投标文件均由一个投标人打印制作，已构成了串通投标行为，应当依据《招标投标法实施条例》第五十一条“有下列情形之一的，评标委员会应当否决其投标：……（七）投标人有串通投标、弄虚作假、行贿等违法行为”的规定予以否决。

【提示】

招标人应当大力推广电子招标评标，通过技术手段有效识别投标人一家单位编制多份投标文件的行为，防范串通投标事件的发生。

18. 不同投标人的投标文件从同一投标人处领取或者由同一投标人分发

【案例】

某科创产业基地建设工程项目招标过程中，招标人接到举报称以B公司为首的A、B、C、D四家公司存在串通投标嫌疑，A、C、D公司的投标文件均是从B公司的授权代表处领取后自行盖章、签字后分头提交给招标人的。

【分析】

不同投标人的投标文件从同一投标人处领取或者由同一投标人分发是投标人相互串通投标的一类表现形式，《上海市建设工程招标投标管理办法》第二十四条规定，此类情形经调查属实的，视为投标人相互串通投标。不论是从同一投标人处领取或由同一投标人分发投标文件，都说明了不同投标人间存在交换信息、密切联络的情况，应当严格禁止。本案例中，A、B、C、D四家投标单位的投标文件均是从一个投标人的授权代表处领取的，实际属于由同一单位编制投标文件，是明显的串通投标行为，经查证属实后应当依据《招标投标法实施条例》第五十一条“有下列情形之一的，评标委员会应当否决其投标：……（七）投标人有串通投标、弄虚作假、行贿等违法行为”的规定予以否决。

【提示】

串通投标行为在实践中有多种表现形式，因隐蔽性较强，存在“发现难、认定难、查处难”的问题。对于社会关注度高、影响较大项目中发现的串通投标线索，可联系公安、市场监督管理等部门介入核实认定。

19. 电子招标投标系统运营机构协助投标人串通投标

【案例】

某市未成年人保护中心项目施工招标过程中接到举报，称负责运维该市电子评标系统的S公司利用技术优势谋取非法利益，违规透露参与投标企业的数量和名单，甚至为确保特定投标人中标，修改投标人的投标数据。

【分析】

《电子招标投标办法》第五十七条规定，招标投标活动当事人和电子招标投标系统运营机构协助招标人、投标人串通投标的，依照《招标投标法》第五十三条和《招标投标法实施条例》第六十七条规定处罚。《招标投标法》第五十三条规定，投标人相互串通投标或者与招标人串通投标的，投标人以向招标人或者评标委员会成员行贿的手段谋取中标的，中标无效，处中标项目金额千分之五以上千分之十以下的罚款，对单位直接负责的主管人员和其他直接责任人员处单位罚款数额百分之五以上百分之十以下的罚款；有违法所得的，并处没收违法所得；情节严重的，取消其一至二年内参加依法必须进行招标的项目的投标资格并予以公告，直至由工商行政管理机关吊销营业执照；构成犯罪的，依法追究刑事责任。给他人造成损失的，依法承担赔偿责任。《招标投标法实施条例》第六十七条规定，投标人相互串通投标或者与招标人串通投标的，投标人向招标人或者评标委员会成员行贿谋取中标的，中标无效；构成犯罪的，依法追究刑事责任；尚不构成犯罪的，依照《招标投标法》第五十三条的规定处罚。投标人未中标的，对单位的罚款金额按照招标项目合同金额依照《招标投标法》规定的比例计算。本案例中，电子招标投标系统运营机构 S 公司为谋取私利，协助投标人串通投标，不仅投标人的投标应当依据《招标投标法实施条例》第五十一条“有下列情形之一的，评标委员会应当否决其投标：……（七）投标人有串通投标、弄虚作假、行贿等违法行为”的规定被否决，该系统运营机构也应当视情节被处以罚款、吊销营业执照乃至被追究刑事责任的处罚。

【提示】

电子招标投标系统运营机构应当从设备、技术、实施国家检测认证等方面加强电子化平台和系统运维管理，提升责任意识和保密意识，进一步完善电子标书备份制度，防止电子标书被篡改、标书服务器被非法入侵、服务器故障导致电子投标文件丢失等意外情况发生。

第二节　以他人的名义投标

1. 使用通过受让或者租借等方式获取的资格、资质证书投标

【案例】

某企业通过招标方式采购一批设备，招标文件“投标人

须知前附表”中要求投标人为设备生产制造商，且应提供相应业绩证明材料和生产许可证。A设备公司是一家新成立企业，尚未取得相应的生产许可证，但仍然参与了投标。评标委员会在评标过程中发现，A公司在该项目投标文件中所提供的业绩证明和生产许可证是从B设备公司借来的。

【分析】

《招标投标法》第三十三条规定：“投标人不得以他人名义投标或者以其他方式弄虚作假，骗取中标。”第五十四条规定：“投标人以他人名义投标或者以其他方式弄虚作假，骗取中标的，中标无效，给招标人造成损失的，依法承担赔偿责任；构成犯罪的，依法追究刑事责任。”《招标投标法实施条例》第四十二条对此类情形进行了细化规定，即投标人使用通过受让或者租借等方式获取的资格、资质证书投标的，属于《招标投标法》第三十三条规定的以他人名义投标。《招标投标法》第六十八条规定：“投标人以他人名义投标或者以其他方式弄虚作假骗取中标的，中标无效；构成犯罪的，依法追究刑事责任；尚不构成犯罪的，依照招标投标法第五十四条的规定处罚……”《招标投标法》及其实施条例明确禁止投标人以他人名义投标，目的是为了防止不具备资格条件的投标人扰乱正常招标投标秩序，维护招标人及其他投标人的合法权益。在实践中，一些投标人在不具备招标项目所要求的资格条件（如业绩、资格证书等）情形下，借用他人资格、资质证书参与投标，有违诚实信用原则，属于违法行为。本案例中，A公司借用他人的业绩证明及生产许可证参与投标，属于弄虚作假行为，依据《招标投标法实施条例》第五十一条“有下列情形之一的，评标委员会应当否决其投标：……（七）投标人有串通投标、弄虚作假、行贿等违法行为”的规定，评标委员会应当否决其投标。

【提示】

（1）招标人在编制招标文件过程中，可进一步细化投标人借用资格、资质证书的具体认定情形，明确投标人借用资质应作否决投标处理，同时可对中标人候选人资格条件进行核查，及时发现借用资质行为。

（2）投标人应当认真阅读招标文件规定的资质、业绩要求，提供真实且在有效期内的资质、业绩证明。对于本企业不具备相应资格条件的项目，不得采取借用他人资质、业绩的方式蒙混过关，骗取中标。在编制投标文件、提供业绩证明时，应当注意招标文件中有无对业绩证明的时间段要求（如招标公告发布前三年内取得的业绩），避免所提供的资质及业绩证明不被认定而导致投标失败。

（3）评标委员会在评标时应当慎重开展投标文件审核，在资质、业绩的认定方面，应认真查阅比对投标人提供的资格证书及业绩资料的取得主体，避免因审核不细、不严导致不具备资格的投标人中标。在评标时一旦发现投标人投标文件中借用他人资格、资质证书或业绩投标，应当予以否决。值得注意的是，子公司与母公司间的资质也不得相互借用，虽然母子公司间存在控股关系，但实际上是两个独立的民事主体，不论是相互借用资质或是直接以对方名义投标均不符合法律规定。

2. 投标人挂靠其他单位投标

【案例】

某学校对数字教学楼建设项目进行公开招标，招标人在评标过程中接到举报，称A公司是刘某为了提高中标概率挂靠参与投标的，并提供了刘某与A公司签订的《标前合作协议》复印件，其中约定由刘某以A公司名义参与投标，工程中标后，刘某组织施工队以A公司名义负责工程施工，并按中标总价的3%向A公司支付管理费。招标人依据举报线索进行调查，并要求A公司就相关事项进行澄清，A公司无法提供投标文件中主要技术人员与其签订的劳动合同和社保缴纳记录。

【分析】

“挂靠”一般是指在建筑工程领域一些不具备相应施工资质的单位或个人以其他有资质的施工单位或个人名义投标，并承揽工程的行为。《工程建设项目施工招标投标办法》第四十八条规定，以他人名义投标，是指投标人挂靠其他施工单位，或从其他单位通过受让或租借的方式获取资格或资质证书，或者由其他单位及其法定代表人在自己编制的投标文件上加盖印章和签字等行为。依据《建筑工程施工发包与承包违法行为认定查处管理办法》第十条规定，存在下列情形之一的，属于挂靠：（一）没有资质的单位或个人借用其他施工单位的资质承揽工程的；（二）有资质的施工单位相互借用资质承揽工程的，包括资质等级低的借用资质等级高的，资质等级高的借用资质等级低的，相同资质等级相互借用的；

（三）本办法第八条第一款第（三）至（九）项规定的情形，有证据证明属于挂靠的，即：一是施工总承包单位或专业承包单位未派驻项目负责人、技术负责人、质量管理负责人、安全管理负责人等主要管理人员，或派驻的项目负责人、技术负责人、质量管理负责人、安全管理负责人中一人及以上与施工单位没有订立劳动合同且没有建立劳动工资和社会养老保险关系，或派驻的项目负责人未对该工程的施工活动进行组织管理，又不能进行合理解释并提供相应证明的；二是合同约定由承包单位负责采购的主要建筑材料、构配件及工程设备或租赁的施工机械设备，由其他单位或个人采购、租赁，或施工单位不能提供有关采购、租赁合同及发票等证明，又不能进行合理解释并提供相应证明的；三是专业作业承包人承包的范围是承包单位承包的全部工程，专业作业承包人计取的是除上缴给承包单位“管理费”之外的全部工程价款的；四是承包单位通过采取合作、联营、个人承包等形式或名义，直接或变相将其承包的全部工程转包给其他单位或个人施工的；五是专业工程的发包单位不是该工程的施工总承包或专业承包单位的，但建设单位依约作为发包单位的除外；六是专业作业的发包单位不是该工程承包单位的；七是施工合同主体之间没有工程款收付关系，或者承包单位收到款项后又将款项转拨给其他单位和个人，又不能进行合理解释并提供材料证明的。上述行为均为“挂靠”的常见情形，属于典型的在投标中弄虚作假的行为，一旦被认定应当被否决投标。本案例中，招标人在有明确线索举报A公司为被挂靠单位的情形下，要求A公司提供相应证据进行澄清，A公司未提供相应证据且未作出合理解释，评标委员会应当依据《招标投标法实施条例》第五十一条“有下列情形之一的，评标委员会应当否决其投标：……（七）投标人有串通投标、弄虚作假、行贿等违法行为”的规定否决其投标。

【提示】

（1）招标人应当在招标文件中明确将挂靠投标列为否决投标情形。为防范挂靠行为，招标人可以在招标文件中明确要求投标人的投标保证金从其基本账户转出，也可以在合同中约定中标人不得更换项目经理及主要技术人员，否则将承担违约责任或导致合同解除的后果。

（2）投标人应严格遵循相关规定，秉持诚实信用原则进行投标，避免因“挂靠”行为导致投标失败、合同无效，承担相应法律责任。

（3）评标委员会在评审过程中做到细审严查，对于可能存在挂靠情形的投标人进行澄清或通过查询劳动关系、资质证书等方式进行复核，从源头降低挂靠风险。

3. 投标人未按照招标文件要求提供项目负责人、主要技术人员的劳动合同和社会保险等劳动关系证明材料

【案例】

某水利工程施工招标，招标文件第二章“投标人须知”中要求“项目负责人应为投标人本单位人员，投标人应提供与其签订的劳动合同、社会保险证明材料”。在评标过程中，评标委员会发现投标人A公司的投标文件在项目实施方案中写明项目负责人为贾某，但未按照招标文件要求

提供贾某与A公司签订的劳动合同以及社会保险证明的复印件。

【分析】

《招标投标法》第二十六条规定:“投标人应当具备承担招标项目的能力;国家有关规定对投标人资格条件或者招标文件对投标人资格条件有规定的,投标人应当具备规定的资格条件。”第二十七条第一款规定:“投标人应当按照招标文件的要求编制投标文件。投标文件应当对招标文件提出的实质性要求和条件作出响应。”实践中,除国家规定的投标人必须具备的资格条件外,招标人应根据项目实际需要确定投标人资格条件,并写入招标文件中。投标人应对此进行全面响应,并提供相应证明材料。《招标投标法实施条例》第五十一条规定:“有下列情形之一的,评标委员会应当否决其投标:……(六)投标文件没有对招标文件的实质性要求和条件作出响应。”项目负责人、主要技术人员对于招标项目顺利完成至关重要,招标人可以要求这些人员必须为投标人的自有职工并将其设置为实质性条件。对于未全面响应招标文件实质性要求的投标文件,评标委员会应当予以否决。本案例中,招标文件写明投标人应当提供项目负责人为投标人本单位人员的证明材料,但投标人A公司未提供,对此评标委员会应当以投标文件未实质性响应招标文件的要求为由,否决该公司的投标。

【提示】

投标人应当仔细阅读招标文件,按照招标文件要求的格式、顺序和内容编制投标文件,特别要注意招标文件中对提供证明材料的相关要求。实践中，不同招标人制定的招标文件对项目班子成员（主要是项目经理和技术负责人）是否为投标人本单位人员认定依据的规定不尽相同，有的仅要求提供劳动合同，有的要求提供劳动合同和社会保险参保明细，还有的要求提供劳动合同、社会保险参保明细和工资表等。投标人应按照此要求作出投标响应。

4. 由其他单位及其法定代表人在自己编制的投标文件上加盖印章和签字

【案例】

某专业污水处理设备采购招标中，招标人接到投诉称B公司以A公司名义进行投标，购买招标文件、参与投标的李某实际是B公司的负责人。B公司作为一家新成立的公司，自身销售业绩无法满足招标文件要求，但该招标项目所采购设备价值达2000多万元，一旦中标并履行合同可以获得丰厚的利润，李某为此以供货业绩丰富的A公司名义参与投标，让A公司法定代表人在其投标文件上签字盖章。评标委员会随即按线索核查证实上述投诉事项属实。

【分析】

《招标投标法》第三十三条规定：“投标人不得以低于成本的报价竞标，也不得以他人名义投标或者以其他方式弄虚作假，骗取中标。”《招标投标法实施条例》第四十二条规定：“使用通过受让或者租借等方式获取的资格、资质证书投标的，属于招标投标法第三十三条规定的以他人名义投标。”在实践中，以他人名义投标的行为一般表现为实际履约人和名义上的投标人不一致，实际履约人借用名义投标人的资质证书、营业执照、业绩材料等进行投标，中标后以他人名义签订合同，但合同履行均由其自己完成。由其他单位及其法定代表人在自己编制的投标文件上加盖印章和签字等行为属于典型的“以他人名义投标”的行为。《招标投标法》第五十四条规定：“投标人以他人名义投标或者以其他方式弄虚作假，骗取中标的，中标无效，给招标人造成损失的，依法承担赔偿责任；构成犯罪的，依法追究刑事责任。”以他人名义投标的行为因违反法律强制性规定自始无效。本案例中，B公司为谋取中标，在明知自身条件无法满足招标文件要求的情况下借用A公司名义投标，并让A公司法定代表人在其编制的投标文件上签字盖章，一经查证属实，应当依据《招标投标法实施条例》第五十一条“有下列情形之一的，评标委员会应当否决其投标：……（七）投标人有串通投标、弄虚作假、行贿等违法行为”的规定否决其投标。

【提示】

（1）投标人应当以自己的名义参与投标，如实提供相应资质、业绩证明等材料，不应抱有侥幸心理以他人名义投标谋取中标。

（2）投标人利用招标人信息掌握不对称的漏洞，在自身条件不合格的情况下铤而走险，以他人名义投标并谋取中标，不仅扰乱了招标投标秩序，也会对招标项目的后续履约带来负面影响。评标委员会可从资质、业绩证明文件的持有人和投标人是否一致、办理投标业务的人员劳动关系归属、履约和收款单位是否与投标人一致等线索中查证是否存在以他人名义投标的行为。一经查实，应依法否决投标。

5. 承包人派驻施工现场的项目负责人、技术负责人、财务负责人、质量管理负责人、安全管理负责人中部分人员不是本单位人员

【案例】

某水利工程项目施工招标，招标文件规定“投标人派驻施工现场的项目负责人、技术负责人、财务负责人、质量管理负责人、安全管理负责人必须为投标人正式员工”，并要求提供相应劳动合同等证明材料。评标过程中，评标委员会发现在业内被公认有较强实力的投标人A公司，在其投标文件中仅提供了派驻施工现场的项目负责人、技术负责人、财务负责人的劳动合同及社保证明，但未提供质量管理负责人蒋某、安全管理负责人万某的相关劳动关系证明材料。后经核查社保缴纳记录，蒋某、万某为其他单位人员。

【分析】

水利部《水利工程施工转包违法分包等违法行为认定查处管理暂行办法》第九条规定：“具有下列情形之一的，认定为出借借用资质：……（六）承包人派驻施工现场的项目负责人、技术负责人、财务负责人、质量管理负责人、安全管理负责人中部分人员不是本单位人员的。”对于依法必须进行招标的水利工程建设项目，要求派驻施工现场的项目负责人、技术负责人、财务负责人、质量管理负责人、安全管理负责人必须是投标人单位人员，是为了保

障现场的安全施工和工程质量，杜绝因“挂靠”或管理不到位给后续施工带来种种隐患。如果根据社保缴纳记录、劳动合同等证据证明投标文件中载明的投标人拟派驻施工现场的项目负责人、技术负责人、财务负责人、质量管理负责人、安全管理负责人等并非本单位人员，则可定性为借用资质行为。本案例中，A公司拟派驻施工现场的质量管理负责人、安全管理负责人为其他单位人员，依据《招标投标法实施条例》第五十一条“有下列情形之一的，评标委员会应当否决其投标：……（七）投标人有串通投标、弄虚作假、行贿等违法行为”的规定，评标委员会应当否决A公司的投标。

【提示】

（1）对于建设工程施工项目，为确保投标人派驻现场的施工人员均为该单位人员，源头杜绝挂靠、转包等隐患，招标人可在编制招标文件时参照《水利工程施工转包违法分包等违法行为认定查处管理暂行办法》相关规定，明确写明投标人应当提供相关负责人员的劳动关系证明等材料，并将其作为评标委员会否决投标的条件和认定标准，便于投标人对照参考编制投标文件。

（2）对于投标人拟定在中标后派驻施工现场的项目负责人、技术负责人、财务负责人、质量管理负责人、安全管理负责人是否是本单位人员，可以通过查询缴纳社保记录、劳动合同等方面进行核查。

第三节　虚假投标

1. 使用伪造、变造的许可证件

【案例】

某企业对其厂房改造工程施工项目进行公开招标，招标文件要求：“投标人需具有住房城乡建设主管部门颁发的安全生产许可证。”评标委员会在评审中发现，投标人 A 建筑公司的投标文件中提供的安全生产许可证上的单位名称有明显的图片处理痕迹，后经核实，A 建筑公司使用的是伪造的安全生产许可证。

【分析】

弄虚作假是当前招标投标活动中存在的突出问题之一。《招标投标法》第三十三条规定：“投标人不得以低于成本的报价竞标，也不得以他人名义投标或者以其他方式弄虚作假，骗取中标。”《招标投标法实施条例》第四十二条规定：“投标人有下列情形之一的，属于招标投标法第三十三条规定的以其他方式弄虚作假的行为：（一）使用伪造、变造的许可证件……。”使用伪造、变造的许可证件，即假造实际从未获取过的许可证件或者篡改获取的许可证件的许可范围、等级或有效期限等以欺瞒招标人。招标采购标的物的不同，决定了投标人需要具备不同的许可证件。如工程招标可能涉及的许可证件包括建筑业企业资质、安全生产许可证、专业人员注册执业资格证书；服务招标可能涉及咨询服务企业资质或者资格、专业人员注册执业资格证书；货物招标可能涉及安全生产许可证、工业产品生产或制造许可证、特种设备安全监察许可、强制认证等。安全生产许可证是建筑企业具备安全生产条件的重要证明文件，也是投标人具备履约能力的必备条件。《建筑施工企业安全生产许可证管理规定》第十二条第二款规定："安全生产许可证采用国务院安全生产监督管理部门规定的统一式样。"第十八条规定："建筑施工企业不得转让、冒用安全生产许可证或者使用伪造的安全生产许可证。"使用伪造、变造的安全生产许可证属于典型的弄虚作假行为。本案例中，A建筑公司伪造安全生产许可证参加投标，属于上述法律法规禁止的"使用伪造、变造的许可证件"行为，评标委员会应对A建筑公司作出否决投标处理。

【提示】

实践中，招标文件通常要求投标人提供资格证明文件复印件，招标人、评标委员会可采取多种方式进行核实：一是向投标人澄清核实，要求投标人提供原件予以核对；二是请求第三方配合核实，联系资质证书、生产许可证、试验报告出具单位，对证书、报告的真实性予以鉴别；三是通过出具资质证书、生产许可证、试验报告等资格证明文件的单位官方网站查询核实。如2016年5月19日住房和城乡建设部办公厅印发的《关于规范使用建筑企业资质证书的通知》中规定："每套新版建筑企业资质证书包括1个正本和1个副本，每本证书上均印制二维码标识。为切实减轻企业负担，各有关部门和单位在对企业跨地区承揽业务监督管理、招标活动中，不得要求企业提供建筑业企业资质证书原件，企业资质情况可通过扫描建筑企业资质证书复印件的二维码查询。”

2. 提供虚假的财务状况或者业绩

【案例】

某国有企业对某设备防腐工程项目进行招标，招标文件规定：“投标人应当提供投标截止日近三年内的防腐工程业绩，且业绩不少于5项。”评标委员会在评审中发现，投标人A公司投标文件中提供的业绩证明材料有严重修改痕迹，随即根据合同签署页上的B公司联系人信息与B公司取得联系，核实后发现B公司从未与A公司签订防腐工程合同。

【分析】

《招标投标法》第三十三条规定：“投标人不得以低于成本的报价竞标，也不得以他人名义投标或者以其他方式弄虚作假，骗取中标。”《招标投标法实施条例》第四十二条规定：“投标人有下列情形之一的，属于招标投标法第三十三条规定的以其他方式弄虚作假的行为：……（二）提供虚假的财务状况或者业绩……”伪造、虚报业绩等弄虚作假的行为，严重扰乱了正常的招标投标秩序，也会造成对其他投标人的不公平，违反了诚实信用原则，是法律法规明文禁止的行为。本案例中，A公司伪造合同业绩材料，提供了虚假的业绩，属于上述法律法规规定的弄虚作假投标的行为。评标委员会应依据《招标投标法实施条例》第五十一条“有下列情形之一的，评标委员会应当否决其投标：……（七）投标人有串通投标、弄虚作假、行贿等违法行为”的规定，对A公司进行否决投标处理。

【提示】

（1）招标人在招标文件中应当对有效的业绩证明材料提出具体的要求。例如明确要求投标人提供中标通知书、合同复印件或施工项目明细等。如果是已经投产的工程（近年完成的类似项目）业绩，则可以要求提供工程验收证明文件（竣工验收证书、交接证书或验收证书等）影印件。

（2）对于投标人而言，应当遵循诚实信用原则参与招标投标活动，一旦查实确属虚假投标的，不仅投标或者中标无效，还将依据《招标投标法》第五十四条规定承担相应的法律责任。

（3）在评审过程中，评标委员会要严格审查投标人尤其是初次参加投标的投标人业绩证明文件。对业绩证明文件真伪存疑的，评标委员会应仔细认真核实，可以提出澄清，要求投标人提供原件核对；可以建立外部单位配合协查机制，联系投标文件载明的相关项目业主单位核实；在确定为中标候选人后，仍可以采用书面外调、实地调研、协查等途径调查核实。

3. 提供虚假的项目负责人或者主要技术人员简历、劳动关系证明

【案例】

某水电站对移民安置房屋建设施工项目进行公开招标，招标文件要求“项目负责人应具有3年以上移民安置管理工作经验”。评标委员会在评审中发现，投标人A公司的投标文件中提供了项目负责人张某某的简历，包括张某某在B厂担任移民安置管理工程师的工作经历证明材料，证明材料中

加盖B厂的公章字样为“××公司”，恰巧评标委员会成员中有B厂的评标专家，经了解，B厂公章字样应为“××水电厂有限公司”，张某某也未在B厂担任过移民安置管理工程师。

【分析】

《招标投标法》第二十七条规定：“投标人应当按照招标文件的要求编制投标文件。投标文件应当对招标文件提出的实质性要求和条件作出响应。招标项目属于建设施工的，投标文件的内容应当包括拟派出的项目负责人与主要技术人员的简历、业绩和拟用于完成招标项目的机械设备等。”项目负责人是建设施工项目的组织者，投标人必须满足招标文件对项目负责人的简历、业绩等资格要求。《招标投标法》第三十三条规定：“投标人不得以低于成本的报价竞标，也不得以他人名义投标或者以其他方式弄虚作假，骗取中标。”《招标投标法实施条例》第四十二条规定：“投标人有下列情形之一的，属于招标投标法第三十三条规定的以其他方式弄虚作假的行为：……（三）提供虚假的项目负责人或者主要技术人员简历、劳动关系证明……”项目负责人是工程项目安全、质量的第一责任人，负责对工程总体的协调与沟通，主持本项目的技术、质量管理工作，对工程技术、工程质量全面负责，如果投标人提供虚假的项目负责人的简历、劳动关系证明，则属于虚假投标。本案例中，A公司项目负责人张某某未在B厂担任过移民安置管理工程师，其使用伪造的简历来投标，已经构成了虚假投标行为，根据上述法律规定，评标委员会应当依据《招标投标法实施条例》第五十一条第（七）

项规定，对A公司进行否决投标处理。

【提示】

（1）为了打击虚假投标行为，招标人可以事前在招标文件中提出惩罚措施，如规定："投标人串通投标、弄虚作假、以他人名义投标、行贿或有其他违法行为的，其投标将被否决，且招标人不退还投标保证金，招标人还将有权拒绝该投标人在今后一段时间内的任何投标。"这是招标人对失信行为自主决定的一种制裁措施。

（2）投标人应遵循诚实信用的原则参与招标投标活动，对投标文件提供的证明材料真实性负责，如发现投标人在招标采购活动中提供虚假证明材料，一经查实将按法律法规及招标文件规定作出相应惩戒或者提交行政监督部门查处。

4. 提供虚假的信用状况

【案例】

某企业通过招标方式采购钢盖板，招标文件"应答人通用资格条件要求"规定："为进一步落实供应商质量主体责任，请各应答人严格按照采购文件要求编制《重法纪、讲诚信、提质量承诺函》，并提供企业信用信息公示报告。"A公司参与该项目投标，并提供了《重法纪、讲诚信、提质量承诺函》及企业信用信息公示报告复印件，报告显示"一切正常"。但在另一家投标人B公司提交的"企业诉讼及仲裁情况表"中显示，B公司与A公司之间发生了几起法律诉讼，均为债权债务纠纷，投标文件中还附有B公司申请法院强制执行A公司财产的法律文书。经评标委员会查实，A公司确实存在多项被申请强制执行记录，已被列入"失信被执行人"黑名单。

【分析】

投标人为了追求经济利益，在自身资格条件不合格或者在投标竞争中不具有优势的情况下，容易弄虚作假，以达到提高投标竞争优势、谋取中标的目的。为打击虚假投标行为，《招标投标法》第三十三条规定："投标人不得以低于成本的报价竞标，也不得以他人名义投标或者以其他方式弄虚作假，骗取中标。"《招标投标法实施条例》第四十二条规定："投标人有下列情形之一的，属于招标投标法第三十三条规定的以其他方式弄虚作假的行为：……（四）提供虚假的信用状况……"提供虚假的信用状况一般是指故意隐瞒投标人受到的行政处罚、违约以及安全责任事故等情况。本案例中，A公司存在多项被申请强制执行记录，已被列入"失信被执行人"黑名单，因此其提供的"企业信用信息公示报告"显然系伪造，属于《招标投标法实施条例》第四十二条规定的"提供虚假的信用状况"的虚假投标行为。评标委员会应当依据《招标投标法实施条例》第五十一条第七项及招标文件规定对其进行否决投标处理。

【提示】

（1）在评标阶段，招标人或者招标代理机构、评标委员会应当查询投标人是否为失信被执行人，对失信被执行人的投标资格依法予以限制。考虑到失信被执行人名单是动态变化的，而评标一般要持续一段时间，避免因评标期间情况变化导致错误惩戒并引发争议，可以在招标文件中明确查询的截止时间或基准时间，如规定以开标当日或次日的查询结果为准。

（2）对投标人是否存在严重违法失信行为的查询方式主要有两种：一是通过“信用中国”网站查询是否存在税务、安全、质量等领域的违法失信行为；二是通过“国家企业信用信息公示系统”查询是否被市场监督管理部门列入严重违法失信企业名单。

5. 提供虚假的资格证明文件、剩余生产能力表、试验报告等

【案例】

某企业办公室物资招标采购项目，招标公告对于通用资格条件要求为：投标人具有ISO9000系列质量保证体系认证，具有本次投标产品的生产许可证或国家规定的认证机构颁发的认证证书。招标文件中还明确规定“投标人所提交的证明文件应真实无误，若不如实填报或提供虚假资料属违法行为，将取消其投标资格，并追究法律责任”。评审过程中，评标委员会对A公司提供的试验报告的真伪存疑，于是联系试验报告出具单位B公司进行鉴别，B公司最终给出的结论是该试验报告系伪造。

【分析】

《招标投标法》明确禁止投标人弄虚作假，《招标投标法实施条例》第四十二条第二款则详细规定了弄虚作假的情形：（一）使用伪造、变造的许可证件；（二）提供虚假的财务状况或者业绩；（三）提供虚假的项目负责人或者主要技术人员简历、劳动关系证明；（四）提供虚假的信用状况；（五）其

他弄虚作假的行为。其中，第五项“其他弄虚作假的行为”是“兜底”条款，因为有些投标人为谋求中标穷尽手段，法条中无法完全列举所有弄虚作假行为，与明确列举的同类情形均可判定为弄虚作假行为。实践中，凡是能够证明投标人资格条件和履约能力的证件、文件、资料都存在被伪造、变造的可能。本案例中，A公司提供虚假的试验报告的行为即属于“其他弄虚作假的行为”，按照招标文件“投标人所提交的证明文件应真实无误，若不如实填报或提供虚假资料属违法行为，将取消其投标资格，并追究法律责任”的规定，其投标应予以否决，同时招标人可追究其法律责任。

【提示】

（1）招标文件一般仅要求投标人提供资格证明文件、业绩证明材料的复印件，在评标现场核实其真实性有一定困难，招标人和评标委员会可采取多种方式进行核实：一是向投标人提出澄清，要求投标人提供原件以供核实；二是请求第三方配合核实，如可以联系投标文件载明的相关项目业主单位协查，对业绩证明文件是否系伪造予以核对；或者联系资质证书、生产许可证、试验报告出具单位，对证书、报告的真实性予以鉴别；三是通过出具资质证书、生产许可证、试验报告等资格证明文件的单位官方网站查询核实。

（2）投标人虚假投标的行为严重违反了诚实信用原则，为法律法规所明确禁止。根据《招标投标法》及《招标投标法实施条例》规定，投标人虚假投标可能承担的法律责任包括中标无效、罚款、没收违法所得、取消投标资格、承担民事赔偿、追究刑事责任等，因此，投标人应遵循诚实信用的原则参与招标投标活动。

6. 在投标文件中修改招标文件要求，然后以原要求或者更高要求响应投标

【案例】

某企业物资招标项目，在网上公开发布电子招标公告。有 16 家潜在投标人通过网上获取电子版招标文件，并到第三方认证机构办理了 CA 证书电子钥匙，开标后，招标代理机构共收到 12 家投标人递交的投标文件。经评标委员会审查发现，投标人之一 P 公司在投标文件中，将招标文件中串联电抗器技术参数由“CKSJ-10-400.8/0.32-5”修改为“CKSJ-10-133.6/0.32-5”，最后又以“CKSJ-10-400.8/0.32-5”进行响应。

【分析】

招标文件规定的商务、技术条件和要求，投标人应当对照进行自评价，能够满足这些条件和要求的，可作出响应或提出更优于的承诺。不满足这些条件和要求的，投标人可以不投标。在社会诚信体系建设不完善的情况下，投标人为了谋取中标不惜弄虚作假，比如本身不能满足招标文件规定的实质性要求和条件，但是作出虚假的意思表示参与投标，违背诚实信用原则，扰乱了市场交易秩序，对于这样的投标应当予以拒绝。本案例中，P 公司故意修改招标文件中的主要技术参数要求，然后以原要求响应投标，企图蒙混过关，目的是为了使自己的响应优于招标文件要求，增加自己的竞争力，在评审中增加分值，最终目的是能够中标，对此可以认

定为虚假投标行为，依据《招标投标法实施条例》第四十二条第二款及第五十一条第七项规定，其投标应予以否决。

【提示】

（1）投标人应本着诚实信用的原则参与招标投标活动，不能为了谋取中标而不择手段，这样不仅有损公司声誉和社会形象，还要面临行政、刑事等处罚，得不偿失。

（2）评标委员会应当仔细阅读研究招标文件，掌握其中的所有实质性要求和条件，然后就各投标文件针对这些实质性内容和条件所陈述的内容一一对应、审核，避免被投标人弄虚作假的行为所蒙骗，让虚假投标人中标。

7. 投标文件技术规格中的响应与事实不符

【案例】

某国有企业通过招标方式采购10kV开关柜，招标文件规定“开关防护等级须达到IPX4”。投标人Q公司的投标文件载明“开关防护等级为IPX4”，但是在评标过程中经与生产厂商核实，Q公司投标的该型10kV开关柜防护等级只有IPX3，Q公司为增加中标概率在投标文件中以高于其投标产品的防护等级投标。

【分析】

弄虚作假投标可以分为投标人以他人名义投标（即投标人身份造假，就是采取“挂靠”甚至直接冒名顶替的方法，以其他法人、非法人组织的名义进行投标竞争）和投标文件内容造假两种行为。实践中，只要是投标人在投标文件中虚构事实或隐瞒真相，提供与实际情况不符的虚假材料，以证明其符合投标资格条件，增强竞争优势，谋取中标的行为，不论是故意为之还是疏忽过失所致，都会被认定为弄虚作假行为。《招标投标法实施条例》第四十二条规定："投标人有下列情形之一的，属于招标投标法第三十三条规定的以其他方式弄虚作假的行为：……（五）其他弄虚作假的行为……"同时，《工程建设项目货物招标投标办法》四十一条也规定："有下列情形之一的，评标委员会应当否决其投标：……（七）投标人有串通投标、弄虚作假、行贿等违法行为……"在投标文件中，投标人违背真实情况作出虚假承诺是比较常见的弄虚作假行为，根据上述法律规定，评标委员会应当对此否决投标。本案例中，投标人Q公司在明知其投标10kV开关柜防护等级不满足招标文件要求的情况下，以不符合客观事实的技术参数进行投标，符合前述规定的弄虚作假情形，其投标应当被否决。

【提示】

投标人应当秉承诚实信用原则，根据招标文件要求和自身实际情况，客观如实提供商务文件、技术文件所需各项参数、内容，不得作出虚假响应和承诺。

8. 电子招标投标系统运营机构帮助投标人伪造、篡改、损毁招标投标信息，或者以其他方式弄虚作假

【案例】

某市城市管理指挥中心平台建设项目招标，采用电子招标投标方式进行，A公司为其招标代理机构。招标文件规定："投标人以任何方式虚假投标的，将否决其投标，并追究其

法律责任。"评标过程中，评标委员会发现投标人甲公司和乙公司的投标报价文件存在多处相似，有串通投标嫌疑，后经查证，发现投标人甲、乙公司系同一集团公司，而乙公司的 MAC 地址曾被此次项目中的电子招标投标系统运营机构修改。

【分析】

投标人虚假投标及串通投标的行为严重损害了招标人和其他投标人的合法权益，严重违背了招标投标活动所应遵循的公开、公平、公正和诚实信用原则，为法律法规所明确禁止。《电子招标投标办法》第五十八条规定："招标投标活动当事人和电子招标投标系统运营机构伪造、篡改、损毁招标投标信息，或者以其他方式弄虚作假的，依照招标投标法第五十四条和招标投标法实施条例第六十八条规定处罚。"本案例中，电子招标投标系统运营机构通过对投标人乙公司 MAC 地址进行修改，帮助隐瞒投标人甲、乙公司串通投标事实，既属于弄虚作假又属于串通投标的行为。依据招标文件"投标人以任何方式虚假投标的，将否决其投标，并追究其法律责任"的规定，甲、乙两个公司的投标均应当被否决，且依照《招标投标法》第五十四条和《招标投标法实施条例》第六十八条的规定，甲、乙两公司以及电子招标投标系统运营机构将承担相应法律责任。

【提示】

（1）根据《招标投标法》及《招标投标法实施条例》规定，投标人虚假投标或串通投标将承担法律责任，包括中标无效、罚款、没收违法所得、取消投标资格、承担民事赔偿、追究刑事责任等。

（2）在实践中，投标人弄虚作假的行为往往非常隐蔽，难以直接发现，因此，评标委员会在评标过程中需要加强对投标文件的审查力度，当发现投标人弄虚作假的，应严格按照招标文件及法律法规的相关规定进行处理。

第四节　以行贿手段谋取中标

1. 投标人以谋取中标为目的，给予招标人（包括其工作人员）财物或其他好处

【案例】

某办公设备招标项目，招标人接到举报，投标人A公司在该项目报招前，为提前了解项目情况，私下宴请负责办理该项目招标流程的后勤事务部门工作人员王某，并给王某办理了某百货公司的大额提货卡，让王某为其量身定制投标人资质业绩，确保其中标。

【分析】

《招标投标法》第三十二条第三款规定："禁止投标人以向招标人或者评标委员会成员行贿的手段谋取中标。"第五十三条规定："……投标人以向招标人或者评标委员会成员行贿的手段谋取中标的，中标无效，处中标项目金额千分之五以上千分之十以下的罚款，对单位直接负责的主管人员和其他直接责任人员处单位罚款数额百分之五以上百分之十以下的罚款；有违法所得的，并处没收违法所得；情节严重

的，取消其一至二年内参加依法必须进行招标的项目的投标资格并予以公告，直至由工商行政管理机关吊销营业执照；构成犯罪的，依法追究刑事责任。给他人造成损失的，依法承担赔偿责任。”投标人以谋取中标为目的，给予招标人及其工作人员财物的行为即属于上述规定中的行贿行为。此类行为不仅严重破坏公平竞争秩序，更有可能因选择了资质条件不符的投标人导致无法实现招标目的，进而损害国家利益、社会公共利益，因此被法律法规所严格禁止。根据《招标投标法实施条例》第五十一条第七项规定，投标人有串通投标、弄虚作假、行贿等违法行为，评标委员会应当否决其投标。本案例中，A公司通过向招标人工作人员行贿手段谋取中标，一经查实，对其投标应当依据上述法律规定予以否决。

【提示】

（1）招标人应当做好源头预防，建立健全招标投标制度体系和监督保障机制，强化对工作人员及投标人的廉洁警示教育，严控从招标计划编报、招标方式确定、招标文件拟定、投标单位入围、评标、定标、合同签订与履行各环节的廉洁风险。

（2）投标人应严格遵守招标投标纪律，杜绝以行贿手段谋取中标。

2. 投标人以谋取中标为目的，给予评标委员会成员财物

【案例】

某起重设备年度维保外委服务项目招标过程中，招标人接到举报，投标人A公司通过贿赂手段，买通了参与该次评

标的数位评标专家，让评标专家在评标时为其公司打高分，以达到帮助其中标的目的。经查，A公司向参与该次评标的技术专家张某行贿4万元，且还有通过张某向其他专家行贿的行为。

【分析】

《招标投标法》第三十二条第二款、第三款规定："投标人不得与招标人串通投标，损害国家利益、社会公共利益或者他人的合法权益。禁止投标人以向招标人或者评标委员会成员行贿的手段谋取中标。"第五十三条规定："投标人与招标人串通投标的，投标人以向招标人或者评标委员会成员行贿的手段谋取中标的，中标无效。"第五十六条规定："评标委员会成员收受投标人的财物或者其他好处的，评标委员会成员或者参加评标的有关工作人员向他人透露对投标文件的评审和比较、中标候选人的推荐以及与评标有关的其他情况的，给予警告，没收收受的财物，可以并处三千元以上五万元以下的罚款，对有所列违法行为的评标委员会成员取消担任评标委员会成员的资格，不得再参加任何依法必须进行招标的项目的评标；构成犯罪的，依法追究刑事责任。"《招标投标法实施条例》第四十九条第二款规定："评标委员会成员不得私下接触投标人，不得收受投标人给予的财物或者其他好处，不得向招标人征询确定中标人的意向，不得接受任何单位或者个人明示或者暗示提出的倾向或者排斥特定投标人的要求，不得有其他不客观、不公正履行职务的行为。"评标委员会受招标人委托开展评标工作，应当廉洁履职、公正评标。本案例中，A公司向评标专家行贿谋取中标，依据《招标投标法实施条例》第五十一条“有下列情形之一的，评标委员会应当否决其投标：……（七）投标人有串通投标、弄虚作假、行贿等违法行为”的规定，其投标应当被否决。

【提示】

（1）招标人评标委员会成员的名单在中标结果确定前应当严格保密。

（2）评标专家应当遵守职业道德和评标纪律，不私下接触投标人，不收受他人的财务或其他好处，严格按照招标文件规定的评标标准、办法和有关法律法规的规定进行评标，对所提出的评审意见承担责任。评标专家非法收受他人贿赂，协助他人中标的，不仅会被取消评标资格，被处以罚款、没收违法所得等处罚，还可能触犯刑法，构成非国家工作人员受贿罪。

第五节　转包、违法分包

1. 投标人在投标文件中提出要将工程项目转包或者肢解工程后分包给其他单位或个人

【案例】

某国有企业通过招标方式采购中央空调机维修服务，评审时发现，投标人××维修公司在投标文件中载明：“如若我公司中标，为给贵公司提供更加良好的服务，我公司计划将维修服务交由中央空调机专业维修企业进行维修。”

【分析】

《招标投标法》四十八条、《招标投标法实施条例》五十九条均规定："中标人不得向他人转让中标项目，也不得将中标项目肢解后分别向他人转让。"中标人转包、违法分包属于违法行为，对招标项目具有极大的危害性，主要体现在以下几方面：一方面可能存在"层层扒皮、雁过拔毛"，收取管理费等各种名目费用的情况，导致实际投入招标项目的费用大幅减少，项目"偷工减料"；还可能出现招标项目最终由不具备相应资质或履约能力的企业、施工队、个人承揽，轻则降低项目质量，重则造成安全、质量事故。另一方面招标项目的转包会破坏合同关系的稳定性和严肃性，使得招标人无法获得应有的服务，损害招标人权益，也破坏公平的市场竞争秩序。本案例中，投标人××维修公司在投标文件中载明的事项违反了《招标投标法》和《招标投标法实施条例》的规定，依据《招标投标法实施条例》第五十一条第七项规定，其投标应当依法被否决。

【提示】

(1)《招标投标法实施条例》第五十一条规定："有下列情形之一的，评标委员会应当否决其投标：……(七)投标人有串通投标、弄虚作假、行贿等违法行为。"因此，招标人可以在招标文件中将转包、违法分包等违法行为一并详细列举，并明确其为否决投标条件。

(2)投标人应在投标前充分考虑自身履约能力，在自身能力允许的前提下审慎投标，投标文件中切勿提出转包、违法分包要求。中标后秉承诚实信用的原则履行合同义务，杜绝转包、违法分包。

（3）评标委员会在评审过程中，应认真核对投标文件所列明的转包、分包内容，即使招标文件未将转包、违法分包作为否决投标的条件明确列明，评标委员会也应根据法律法规对提出转包、违法分包的投标予以否决。

2. 母公司拟在承接工程后将所承接工程交由具有独立法人资格的子公司

【案例】

某公司通过招标方式采购配套停车场建筑工程服务，评审中发现，投标人 A 公司为投标人 B 公司的母公司，其在投标文件中声明“本公司若中标，将由本公司全资子公司 B 公司与招标人签订《配套停车场建筑工程施工合同》，履行全部合同义务”。

【分析】

《招标投标法》四十八条、《招标投标法实施条例》五十九条均规定：“中标人不得向他人转让中标项目，也不得将中标项目肢解后分别向他人转让。”根据《建筑工程施工发包与承包违法行为认定查处管理办法》（建市规〔2019〕1 号）第八条规定，承包单位将其承包的全部工程转给其他单位（包括母公司承接建筑工程后将所承接工程交由具有独立法人资格的子公司施工的情形）或个人施工的，应当认定为“转包”。母公司与其投资的子公司均为独立的法人，应当独立参与投标，母公司若将其承包的工程交由具有独立法人资格的子公司施工，则属于转包行为。本案例中，虽然 A 公司与 B 公司系母公司和子公司的关系，B公司处于A公司的实际控制之下，受到A公司的管理和制约，但是根据《公司法》第三条规定，子公司以自己的名义从事经营活动并独立承担民事责任。A公司拟将其与招标人签订的合同项下的全部权利、义务转让给B公司实施的行为，事实上构成了转包，根据上述法律规定，其转让行为无效，故其投标应予以否决。

【提示】

（1）投标人若有意整合母、子公司资源进行投标，在招标文件未对联合体投标进行限制的前提下，可与其子公司组成联合体进行投标。联合体中标后，共同与招标人订立中标合同。

（2）需要注意的是，在接受联合体投标的招标项目中，如果两个以上的单位组成联合体承包工程，在联合体分工协议中约定或者在项目实际实施过程中，联合体一方不进行施工也未对施工活动进行组织管理，并且向联合体其他成员收取管理费或者其他类似费用的，也视为联合体一方将承包的工程转包给联合体其他成员。

3. 投标人在投标文件中提出拟将主体工程或者关键性工作分包给他人

【案例】

某公司通过招标方式采购通信线路迁改服务，招标文件规定“本项目不得分包。投标人提出分包的，其投标将予以否决”。评审中发现，投标人Z公司在投标文件中载明“该项目计划进行分包，分包范围为通信杆塔组立施工”。

【分析】

《招标投标法》四十八条、《招标投标法实施条例》五十九条均规定：“中标人按照合同约定或者经招标人同意，可以将中标项目的部分非主体、非关键性工作分包给他人完成。接受分包的人应当具备相应的资格条件，并不得再次分包。”同时，《招标投标法》第五十八条、《招标投标法实施条例》七十六条也规定：“违反本法规定将中标项目的部分主体、关键性工作分包给他人的，或者分包人再次分包的，转让、分包无效。”违法分包行为主要表现为：发包人将应当由一个承包人完成的建设工程肢解成若干部分后分包给几个承包人；承包人未经发包人同意，将自己承包的工程全部或部分分包给第三人；总承包单位将建设工程分包给不具备相应资质条件的单位；分包的第三人将其分包的工程再次分包；承包人将主体结构的施工工作分包给第三人；承包人将其承包的全部建设工程转包给第三人；承包人将其承包的全部建设工程肢解以后以分包名义分别转包给第三人。本案例中，投标人Z公司在投标文件中载明的“杆塔组立”属于架空通信线路迁改服务的主体、关键性工作，Z公司在其投标文件中提出将项目进行分包的行为违反了上述法律规定，其投标应当被否决。

【提示】

（1）招标人在起草招标文件时，可以基于自身监督、管理等需求在招标文件中规定是否接受分包。

（2）投标人在招标文件允许分包的前提下，仅可提出将非主体、非关键性工作进行分包，投标人必须承诺主体、关键性工作由自己实施。

（3）违法分包属于法律规定的禁止行为，即使招标文件并未将违法分包作为否决投标条款予以明确，评标委员会也应该根据法律规定对提出违法分包的投标予以否决。

4. 招标文件不允许分包的情况下投标人自行决定分包

【案例】

某公司通过招标方式采购网络安全设备升级改造服务，招标文件规定："本项目由中标人自行完成，不得分包给第三方单位或个人实施，投标人提出分包的其投标将予以否决。"评审中发现，投标人××网络设备公司在投标文件中载明"计划将该项目中脆弱性漏洞扫描以及扫描结果可视化功能开发部分服务分包给具备'中国国家信息安全漏洞库CNNVD一级技术职称单位'资质的A公司实施"。

【分析】

《招标投标法》四十八条、《招标投标法实施条例》五十九条均规定："中标人按照合同约定或者经招标人同意，可以将中标项目的部分非主体、非关键性工作分包给他人完成。接受分包的人应当具备相应的资格条件，并不得再次分包。"这意味着分包的前提条件是经招标人同意（劳务分包不在此列）。未经招标人同意擅自分包合同项目，即为违法分包。本案例中，招标人已经明确不接受分包，投标人××网络设备公司在投标文件中载明的"计划将该项目中脆弱性漏洞扫描以及扫描结果可视化功能开发部分服务分包给具备'中国国家信息安全漏洞库CNNVD一级技术职称单位'资质的

A公司实施"的内容，自行提出分包，属于附加了招标人不能接受的条件，不符合招标文件的实质性要求，也违反了上述法律规定，依据《招标投标法实施条例》第五十一条第七项规定，其投标应当被否决。

【提示】

（1）法律法规对于是否允许分包给予了招标人极大的自主权，招标人应当采用明示的方式对是否接受分包以及分包的范围在招标文件予以明确规定。如果招标文件未对分包进行限制，则投标人经招标人同意可以将非主体、非关键性工作进行分包。

（2）投标人如果有意在中标后进行工程分包，首先要查看招标文件有无同意分包的规定，只有招标文件允许分包的情形下，可以将其分包方案在投标文件中进行描述。在中标后分包的，应当经过招标人同意，但不得有违法分包行为。

（3）评标委员会应严格审核投标人有无违法分包行为。法律法规允许将非主体、非关键性工作进行分包。对于将中标项目分包给个人、不具备相应资质的单位，或者将主体、关键性工作分包，将非劳务作业部分再分包等违法分包情形，是法律法规所禁止的行为。

5. 投标人选定的分包人的资格条件不满足招标文件要求

【案例】

某公司通过招标方式采购营业厅建筑施工服务，招标文件规定"装饰装修部分允许分包，分包人须具备建筑工程施工总承包三级及以上或者建筑装饰装修工程设计与施工资质二级及以上资质”。评审时发现，投标人A建筑公司在投标文件中载明“装饰装修部分采用分包方式，分包人为××商贸有限公司”，经查该分包人不具备专业承包资质。

【分析】

《建筑工程施工发包与承包违法行为认定查处管理办法》第十二条规定：“存在下列情形之一的，属于违法分包：……（二）施工总承包单位或专业承包单位将工程分包给不具备相应资质单位的……”同时，《建筑法》第二十九条规定：“建筑工程总承包单位可以将承包工程中的部分工程发包给具有相应资质条件的分包单位……禁止总承包单位将工程分包给不具备相应资质条件的单位。”分包并未被法律严格禁止，但如果将工程分包给不具备相应资质的企业实施，则属于违法分包行为。《建筑工程施工发包与承包违法行为认定查处管理办法》规定了“违法分包”的认定条件，如承包单位将其承包的工程分包给个人，施工总承包单位或专业承包单位将工程分包给不具备相应资质的单位，都属于常见典型“违法分包”行为。本案例中，投标人A建筑公司在投标文件中载明的分包人不具备相应资质，且招标人在招标文件中明确载明分包所需的资质，A建筑公司的行为违反法律法规、不符合招标文件实质性要求，评标委员会应当否决其投标。

【提示】

（1）招标文件中对于分包人资质条件的设置必须符合相关法律规定，一方面不能设置低于项目所需的资质条件，导致招标人利益受损甚至是遭受行政处罚；另一方面不能违背法律法规的规定设置过高的资质条件“门槛”，阻碍投标人参与竞争。

（2）在招标文件未对分包进行限制的前提下，评标委员会在评审过程中应审查分包人的资质是否符合法律法规及招标文件要求。

6. 承包单位将其承包的工程分包给个人

【案例】

某公司通过招标方式采购居住区建筑工程施工服务，招标文件规定：“分包：允许。”评审时发现，投标人甲工程服务有限公司提交的投标文件中显示：“本工程混凝土浇筑、内外粉刷等内容由王某某施工队承担。”

【分析】

《建筑工程施工发包与承包违法行为认定查处管理办法》第十二条规定：“存在下列情形之一的，属于违法分包：(一)承包单位将其承包的工程分包给个人的……”同时，《建筑法》第二十九条规定：“建筑工程总承包单位可以将承包工程中的部分工程发包给具有相应资质条件的分包单位……禁止总承包单位将工程分包给不具备相应资质条件的单位。”这意味着具有从事建筑行业资质的企业法人或者非法人组织方可作为施工分包人，个人不得成为分包人。《建筑工程施工发包与承包违法行为认定查处管理办法》也将“承包单位将其承包的工程分包给个人”明确规定为“违法分包”行为。本案例中，投标人甲工程服务有限公司将中标项目分包给了个人，违反了法律法规的规定，其分包行为无效，评标委员会应当依法否决其投标。

【提示】

需要注意的是，按照《民法典》第五十四条规定，自然人从事工商业经营，经依法登记，为个体工商户。个体工商户虽然可以起字号，其本质上仍属于自然人，不属于法人或者非法人组织，也不得承担分包的工程。

7. 施工总承包单位或专业承包单位将工程分包给不具备相应资质的单位

【案例】

某公司办公楼施工项目公开招标，招标文件规定“承包方式：房屋建筑工程施工总承包……消防设施工程允许分包，拟分包单位需具备消防设施工程专业承包贰级及以上资质”。A 投标人在投标文件中提供的拟分包单位为 ×× 劳务服务有限公司，该分包单位不具备消防设施工程专业承包贰级资质。

【分析】

《建筑工程施工发包与承包违法行为认定查处管理办法》第十二条规定：“存在下列情形之一的，属于违法分包：……（二）施工总承包单位或专业承包单位将工程分包给不具备相应资质单位的……”同时，《建筑法》第二十九条规定：“建筑工程总承包单位可以将承包工程中的部分工程发包给具有相应资质条件的分包单位……禁止总承包单位将工程分包给不具备相应资质条件的单位。”在建筑和市政基础设施项目领域的工程总承包是指承包单位按照与建设单位签订的合同，对工程设计、采购、施工或者设计、施工等阶段实行总承包，并对工程的质量、安全、工期和造价等全面负责的工程建设组织实施方式。在工程总承包的前提下，分包必须满足一定的条件，即：①招标文件、合同中约定分包内容；②招标文件、合同中未约定，但取得建设单位同意可分包；③分包单位具备相应的资格条件。同时，工程总承包人还需要在分包时注意避免违法分包的情形，常见的有以下几种情形：一是将项目主体结构的施工进行分包；二是将项目中的部分工程发包给不具有相应资质条件的分包单位；三是未取得建设单位同意将招标文件、合同中未约定部分的工程进行分包；四是分包单位将其承包的工程再分包。本案例中，A投标人的拟分包单位不具备相应资质，投标人的行为违反法律法规、不符合招标文件实质性要求，其投标应当被否决。

【提示】

（1）对于工程总承包招标项目，招标人在起草招标文件时应依法要求投标文件载明拟分包的内容和拟分包单位资格要求，并将"违法分包"作为否决条款予以明确。

（2）投标人在投标时，应当按照招标文件的要求在投标文件中载明拟分包内容以及拟分包单位资格要求，不得将项目主体结构施工、关键性工作列为分包内容。

8. 施工总承包单位将施工总承包合同范围内工程主体结构的施工分包给其他单位

【案例】

某国有企业通过招标方式采购地下电缆隧道施工服务，招标文件规定："施工方式：施工总承包。"评审时发现，投标人K工程公司在其提交的技术方案中提出其中标后拟将地下电缆隧道的砌筑施工分包给其他单位。

【分析】

《建筑工程施工发包与承包违法行为认定查处管理办法》第十二条规定："存在下列情形之一的，属于违法分包：……（三）施工总承包单位将施工总承包合同范围内工程主体结构的施工分包给其他单位的，钢结构工程除外。"同时，《建筑法》第二十九条规定："施工总承包的，建筑工程主体结构的施工必须由总承包单位自行完成。"所谓建筑的主体结构是基于地基基础之上，接受、承担和传递建筑所有上部荷载，维持上部建筑整体性、稳定性和安全性的承重结构。具体来讲，在框架结构的建筑上，梁、板、柱、混凝土墙、围护结构、楼梯工程都属于主体结构，应由总承包人自行实施，不得分包；而其他诸如水、电、暖、通信、网络等都不属于主体结构工程，可以分包给具有相应资格的专业单位实施。本案例中，地下电缆隧道的砌筑施工属于建筑工程的主体结构，必须由总承包单位自行完成，投标人K工程公司分包主体结构施工的行为违反了法律法规规定，属于"违法分包"行为，因此其投标无效。

【提示】

（1）对于工程总承包范围内的专业分包，招标人在起草招标文件时应要求投标文件载明拟分包的内容和拟分包单位资格要求，并将其作为否决条款予以明确。

（2）投标人在投标时，应按照招标文件的要求在投标文件中载明拟分包内容以及拟分包单位资格要求，注意不得将项目主体结构的施工进行分包；不得将项目中的部分工程发包给不具有相应资质条件的分包单位；不得在未取得建设单位同意时，将招标文件、合同中未约定部分的工程进行分包。

9. 专业分包单位将其承包的专业工程中非劳务作业部分再分包

【案例】

A公司通过招标方式承揽地铁站新建工程，承包方式为施工总承包，其在中标后按照《施工总承包合同》组织电气设备试验部分分包工程招标。评审时发现，投标人某科技有限公司在投标文件中载明："分包内容：……开关柜安装及试验，拟分包单位具备承装（修、试）许可证。"

【分析】

《建筑工程施工发包与承包违法行为认定查处管理办法》第十二条规定："存在下列情形之一的，属于违法分包：……（四）专业分包单位将其承包的专业工程中非劳务作业部分再分包的……"同时，《建筑法》第二十九条规定："禁止分包单位将其承包的工程再分包。"所谓再分包，就是专业分包单位将其承接的分包项目中的一部分以专业分包的方式发包出去，由于再分包具有较强的危害性，主要体现在再分包会导致项目经层层分包、层层压价，使得实际用于项目的费用大幅削减，导致"一流企业中标、二流企业进场、三流企业施工"的乱象发生，直接影响工程质量，甚至可能引发重大安全、质量事故，故这种行为被法律所严格禁止。本案例中，某科技有限公司参与电气设备试验部分分包工程项目投标，但又提出要对拟承接的专业分包内容进行再次分包，违反了法律强制性规定，其投标应当被否决。

【提示】

招标人面对层层分包的情形，应从招标、合同、项目现场管理、竣工结算管理和项目监督管理五个方面入手。具体如下：一是在招标文件中要求投标人提供项目负责人及其他主要人员名单，并规定未提供或提供不完全名单的处罚措施；二是在合同中对更换项目负责人及其他主要人员进行限制，如禁止未经同意更换人员、限制更换人员比例等，同时做好更换人员审查，要求分包人提供劳动合同、社保缴费证明等；三是加强合同对项目负责人及其他主要人员履职要求；四是加强合同中对违法分包行为的惩戒条款力度；五是积极引入第三方力量（如监理），加强项目履约过程检查。

10. 专业作业承包人将其承包的劳务再分包

【案例】

某公司通过招标方式采购通信线路架设施工服务，招标文件规定："承包方式为施工总承包。"投标人H公司在中标后按照《施工总承包合同》要求组织了劳务分包工程招标，在劳务分包工程招标评审时发现，投标人某人力资源服务有限公司在投标文件中载明："分包内容：施工场地平整、材料转运。"

【分析】

《建筑工程施工发包与承包违法行为认定查处管理办法》第十二条规定："存在下列情形之一的，属于违法分包：……

（五）专业作业承包人将其承包的劳务再分包的……”同时，《建筑法》第二十九条规定：“禁止分包单位将其承包的工程再分包。”所谓劳务分包，即施工单位或者专业分包单位将其承包工程的劳务作业发包给具有相应资质的劳务分包单位并由其实施的行为。劳务分包必须满足依法进行这一前提条件，即：①具备劳务分包资格条件；②与施工单位或者专业分包单位建立劳务分包合同关系；③未将劳务分包内容的全部或者部分进行转包或者再分包。本案例中，某人力资源服务有限公司系劳务分包工程招标项目的投标人，不能对劳务分包内容进行再次分包，其在投标文件中提出劳务分包方案，违背上述法律规定，其投标应当被否决。

【提示】

（1）投标人应当在投标前充分考虑自身履约能力，在自身能力允许的前提下审慎投标，切勿在劳务分包招标项目中提出转包、分包要求。中标后秉承诚实信用的原则履行合同义务，杜绝转包、违法分包。

（2）评标委员会在评审劳务分包项目过程中，应认真核对投标文件所列明的转包、分包内容，即使招标文件未将转包、违法分包明确列为否决投标的条件，评标委员会也应当根据法律法规对提出转包、违法分包要求的投标予以否决。

附 录

附录A 否决投标、投标无效法律条款一览表

序号	法律法规名称	相关条文
1	中华人民共和国招标投标法	第四十二条　评标委员会经评审，认为所有投标都不符合招标文件要求的，可以否决所有投标。 依法必须进行招标的项目的所有投标被否决的，招标人应当依照本法重新招标。
2	中华人民共和国招标投标法实施条例	第三十四条　与招标人存在利害关系可能影响招标公正性的法人、其他组织或者个人，不得参加投标。 单位负责人为同一人或者存在控股、管理关系的不同单位，不得参加同一标段投标或者未划分标段的同一招标项目投标。 违反前两款规定的，相关投标均无效。 第三十七条　招标人应当在资格预审公告、招标公告或者投标邀请书中载明是否接受联合体投标。 招标人接受联合体投标并进行资格预审的，联合体应当在提交资格预审申请文件前组成。资格预审后联合体增减、更换成员的，其投标无效。 联合体各方在同一招标项目中以自己名义单独投标或者参加其他联合体投标的，相关投标均无效。 第三十八条　投标人发生合并、分立、破产等重大变化的，应当及时书面告知招标人。投标人不再具备资格预审文件、招标文件规定的资格条件或者其投标影响招标公正性的，其投标无效。

（续）

序号	法律法规名称	相关条文
2	中华人民共和国招标投标法实施条例	第五十一条　有下列情形之一的，评标委员会应当否决其投标： （一）投标文件未经投标单位盖章和单位负责人签字； （二）投标联合体没有提交共同投标协议； （三）投标人不符合国家或者招标文件规定的资格条件； （四）同一投标人提交两个以上不同的投标文件或者投标报价，但招标文件要求提交备选投标的除外； （五）投标报价低于成本或者高于招标文件设定的最高投标限价； （六）投标文件没有对招标文件的实质性要求和条件作出响应； （七）投标人有串通投标、弄虚作假、行贿等违法行为。 第八十一条　依法必须进行招标的项目的招标投标活动违反招标投标法和本条例的规定，对中标结果造成实质性影响，且不能采取补救措施予以纠正的，招标、投标、中标无效，应当依法重新招标或者评标。
3	中华人民共和国政府采购法	第三十六条　在招标采购中，出现下列情形之一的，应予废标： （一）符合专业条件的供应商或者对招标文件作实质响应的供应商不足三家的； （二）出现影响采购公正的违法、违规行为的； （三）投标人的报价均超过了采购预算，采购人不能支付的； （四）因重大变故，采购任务取消的。 废标后，采购人应当将废标理由通知所有投标人。
4	中华人民共和国政府采购法实施条例	第三十三条　招标文件要求投标人提交投标保证金的，投标保证金不得超过采购项目预算金额的2%。投标保证金应当以支票、汇票、本票或者金融机构、担保机构出具的保函等非现金形式提交。投标人未按照招标文件要求提交投标保证金的，投标无效。

（续）

序号	法律法规名称	相关条文
5	评标委员会和评标方法暂行规定	第二十条　在评标过程中，评标委员会发现投标人以他人的名义投标、串通投标、以行贿手段谋取中标或者以其他弄虚作假方式投标的，应当否决该投标人的投标。 第二十一条　在评标过程中，评标委员会发现投标人的报价明显低于其他投标报价或者在设有标底时明显低于标底，使得其投标报价可能低于其个别成本的，应当要求该投标人作出书面说明并提供相关证明材料。投标人不能合理说明或者不能提供相关证明材料的，由评标委员会认定该投标人以低于成本报价竞标，应当否决其投标。 第二十二条　投标人资格条件不符合国家有关规定和招标文件要求的，或者拒不按照要求对投标文件进行澄清、说明或者补正的，评标委员会可以否决其投标。 第二十三条　评标委员会应当审查每一投标文件是否对招标文件提出的所有实质性要求和条件作出响应。未能在实质上响应的投标，应当予以否决。 第二十五条　下列情况属于重大偏差： （一）没有按照招标文件要求提供投标担保或者所提供的投标担保有瑕疵； （二）投标文件没有投标人授权代表签字和加盖公章； （三）投标文件载明的招标项目完成期限超过招标文件规定的期限； （四）明显不符合技术规格、技术标准的要求； （五）投标文件载明的货物包装方式、检验标准和方法等不符合招标文件的要求； （六）投标文件附有招标人不能接受的条件； （七）不符合招标文件中规定的其他实质性要求。 投标文件有上述情形之一的，为未能对招标文件作出实质性响应，并按本规定第二十三条规定作否决投标处理。招标文件对重大偏差另有规定的，从其规定。

（续）

序号	法律法规名称	相关条文
5	评标委员会和评标方法暂行规定	第二十七条　评标委员会根据本规定第二十条、第二十一条、第二十二条、第二十三条、第二十五条的规定否决不合格投标后，因有效投标不足三个使得投标明显缺乏竞争的，评标委员会可以否决全部投标。 投标人少于三个或者所有投标被否决的，招标人在分析招标失败的原因并采取相应措施后，应当依法重新招标。
6	工程建设项目勘察设计招标投标办法	第二十七条　以联合体形式投标的，联合体各方应签订共同投标协议，连同投标文件一并提交招标人。 联合体各方不得再单独以自己名义，或者参加另外的联合体投同一个标。 招标人接受联合体投标并进行资格预审的，联合体应当在提交资格预审申请文件前组成。资格预审后联合体增减、更换成员的，其投标无效。 第三十六条　投标文件有下列情况之一的，评标委员会应当否决其投标： （一）未经投标单位盖章和单位负责人签字； （二）投标报价不符合国家颁布的勘察设计取费标准，或者低于成本，或者高于招标文件设定的最高投标限价； （三）未响应招标文件的实质性要求和条件。 第三十七条　投标人有下列情况之一的，评标委员会应当否决其投标： （一）不符合国家或者招标文件规定的资格条件； （二）与其他投标人或者与招标人串通投标； （三）以他人名义投标，或者以其他方式弄虚作假； （四）以向招标人或者评标委员会成员行贿的手段谋取中标； （五）以联合体形式投标，未提交共同投标协议； （六）提交两个以上不同的投标文件或者投标报价，但招标文件要求提交备选投标的除外。

（续）

序号	法律法规名称	相关条文
7	工程建设项目施工招标投标办法	第十九条　经资格预审后，招标人应当向资格预审合格的潜在投标人发出资格预审合格通知书，告知获取招标文件的时间、地点和方法，并同时向资格预审不合格的潜在投标人告知资格预审结果。资格预审不合格的潜在投标人不得参加投标。 经资格后审不合格的投标人的投标应予否决。 第四十三条　招标人接受联合体投标并进行资格预审的，联合体应当在提交资格预审申请文件前组成。资格预审后联合体增减、更换成员的，其投标无效。 第五十条　投标文件有下列情形之一的，招标人应当拒收： （一）逾期送达； （二）未按招标文件要求密封。 有下列情形之一的，评标委员会应当否决其投标： （一）投标文件未经投标单位盖章和单位负责人签字； （二）投标联合体没有提交共同投标协议； （三）投标人不符合国家或者招标文件规定的资格条件； （四）同一投标人提交两个以上不同的投标文件或者投标报价，但招标文件要求提交备选投标的除外； （五）投标报价低于成本或者高于招标文件设定的最高投标限价； （六）投标文件没有对招标文件的实质性要求和条件作出响应； （七）投标人有串通投标、弄虚作假、行贿等违法行为。
8	工程建设项目货物招标投标办法	第二十条　经资格预审后，招标人应当向资格预审合格的潜在投标人发出资格预审合格通知书，告知获取招标文件的时间、地点和方法，并同时向资格预审不合格的潜在投标人告知资格预审结果。依法必须招标的项目通过资格预审的申请人不足三个的，招标人在分析招标失败的原因并采取相应措施后，应当重新招标。

（续）

序号	法律法规名称	相关条文
8	工程建设项目货物招标投标办法	对资格后审不合格的投标人，评标委员会应当否决其投标。 第三十二条　投标人是响应招标、参加投标竞争的法人或者其他组织。 法定代表人为同一个人的两个及两个以上法人，母公司、全资子公司及其控股公司，都不得在同一货物招标中同时投标。 一个制造商对同一品牌同一型号的货物，仅能委托一个代理商参加投标。 违反前两款规定的，相关投标均无效。 第三十八条　两个以上法人或者其他组织可以组成一个联合体，以一个投标人的身份共同投标。 联合体各方签订共同投标协议后，不得再以自己名义单独投标，也不得组成或参加其他联合体在同一项目中投标；否则相关投标均无效。 联合体中标的，应当指定牵头人或代表，授权其代表所有联合体成员与招标人签订合同，负责整个合同实施阶段的协调工作。但是，需要向招标人提交由所有联合体成员法定代表人签署的授权委托书。 第三十九条　招标人接受联合体投标并进行资格预审的，联合体应当在提交资格预审申请文件前组成。资格预审后联合体增减、更换成员的，其投标无效。 招标人不得强制资格预审合格的投标人组成联合体。 第四十一条　投标文件有下列情形之一的，招标人应当拒收： （一）逾期送达； （二）未按招标文件要求密封。 有下列情形之一的，评标委员会应当否决其投标： （一）投标文件未经投标单位盖章和单位负责人签字； （二）投标联合体没有提交共同投标协议； （三）投标人不符合国家或者招标文件规定的资格条件；

（续）

序号	法律法规名称	相关条文
8	工程建设项目货物招标投标办法	（四）同一投标人提交两个以上不同的投标文件或者投标报价，但招标文件要求提交备选投标的除外； （五）投标标价低于成本或者高于招标文件设定的最高投标限价； （六）投标文件没有对招标文件的实质性要求和条件作出响应； （七）投标人有串通投标、弄虚作假、行贿等违法行为。 依法必须招标的项目评标委员会否决所有投标的，或者评标委员会否决一部分投标后其他有效投标不足三个使得投标明显缺乏竞争，决定否决全部投标的，招标人在分析招标失败的原因并采取相应措施后，应当重新招标。
9	建筑工程设计招标投标管理办法	第十七条　有下列情形之一的，评标委员会应当否决其投标： （一）投标文件未按招标文件要求经投标人盖章和单位负责人签字； （二）投标联合体没有提交共同投标协议； （三）投标人不符合国家或者招标文件规定的资格条件； （四）同一投标人提交两个以上不同的投标文件或者投标报价，但招标文件要求提交备选投标的除外； （五）投标文件没有对招标文件的实质性要求和条件作出响应； （六）投标人有串通投标、弄虚作假、行贿等违法行为； （七）法律法规规定的其他应当否决投标的情形。
10	建筑工程方案设计招标投标管理办法	第二十六条　投标文件出现下列情形之一的，其投标文件作为无效标处理，招标人不予受理： （一）逾期送达的或者未送达指定地点的； （二）投标文件未按招标文件要求予以密封的； （三）违反有关规定的其他情形。 第二十九条　设计招标投标评审活动应当符合以下规定：

（续）

序号	法律法规名称	相关条文
10	建筑工程方案设计招标投标管理办法	…… （五）在评标过程中，一旦发现投标人有对招标人、评标委员会成员或其他有关人员施加不正当影响的行为，评标委员会有权拒绝该投标人的投标。 （六）投标人不得以任何形式干扰评标活动，否则评标委员会有权拒绝该投标人的投标。 …… 第三十一条　投标文件有下列情形之一的，经评标委员会评审后按废标处理或被否决： （一）投标文件中的投标函无投标人公章（有效签署）、投标人的法定代表人有效签章及未有相应资格的注册建筑师有效签章的；或者投标人的法定代表人授权委托人没有经有效签章的合法、有效授权委托书原件的； （二）以联合体形式投标，未向招标人提交共同签署的联合体协议书的； （三）投标联合体通过资格预审后在组成上发生变化的； （四）投标文件中标明的投标人与资格预审的申请人在名称和组织结构上存在实质性差别的； （五）未按招标文件规定的格式填写，内容不全，未响应招标文件的实质性要求和条件的，经评标委员会评审未通过的； （六）违反编制投标文件的相关规定，可能对评标工作产生实质性影响的； （七）与其他投标人串通投标，或者与招标人串通投标的； （八）以他人名义投标，或者以其他方式弄虚作假的； （九）未按招标文件的要求提交投标保证金的； （十）投标文件中承诺的投标有效期短于招标文件规定的； （十一）在投标过程中有商业贿赂行为的； （十二）其他违反招标文件规定实质性条款要求的。 评标委员会对投标文件确认为废标的，应当由三分之二以上评委签字确认。

（续）

序号	法律法规名称	相关条文
11	房屋建筑和市政基础设施工程施工招标投标管理办法	第三十四条　在开标时，投标文件出现下列情形之一的，应当作为无效投标文件，不得进入评标： （一）投标文件未按照招标文件的要求予以密封的； （二）投标文件中的投标函未加盖投标人的企业及企业法定代表人印章的，或者企业法定代表人委托代理人没有合法、有效的委托书（原件）及委托代理人印章的； （三）投标文件的关键内容字迹模糊、无法辨认的； （四）投标人未按照招标文件的要求提供投标保函或者投标保证金的； （五）组成联合体投标的，投标文件未附联合体各方共同投标协议的。 第三十九条　评标委员会经评审，认为所有投标文件都不符合招标文件要求的，可以否决所有投标。 依法必须进行施工招标工程的所有投标被否决的，招标人应当依法重新招标。
12	水利工程建设项目招标投标管理规定	第四十五条　招标人对有下列情况之一的投标文件，可以拒绝或按无效标处理： （一）投标文件密封不符合招标文件要求的； （二）逾期送达的； （三）投标人法定代表人或授权代表人未参加开标会议的； （四）未按招标文件规定加盖单位公章和法定代表人（或其授权人）的签字（或印鉴）的； （五）招标文件规定不得标明投标人名称，但投标文件上标明投标人名称或有任何可能透露投标人名称的标记的； （六）未按招标文件要求编写或字迹模糊导致无法确认关键技术方案、关键工期、关键工程质量保证措施、投标价格的； （七）未按规定交纳投标保证金的； （八）超出招标文件规定，违反国家有关规定的； （九）投标人提供虚假资料的。

（续）

序号	法律法规名称	相关条文
12	水利工程建设项目招标投标管理规定	第四十六条　评标委员会经过评审，认为所有投标文件都不符合招标文件要求时，可以否决所有投标，招标人应当重新组织招标。对已参加本次投标的单位，重新参加投标不应当再收取招标文件费。
13	水利工程建设项目监理招标投标管理办法	第四十九条　属于下列情况之一的投标文件，招标人可以拒绝或者按无效标处理： （一）投标人的法定代表人或者授权代表人未参加开标会议； （二）投标文件未按照要求密封或者逾期送达； （三）投标文件未加盖投标人公章或者未经法定代表人（或者授权代表人）签字（或者印鉴）； （四）投标人未按照招标文件要求提交投标保证金； （五）投标文件字迹模糊导致无法确认涉及关键技术方案、关键工期、关键工程质量保证措施、投标价格； （六）投标文件未按照规定的格式、内容和要求编制； （七）投标人在一份投标文件中，对同一招标项目报有两个或者多个报价且没有确定的报价说明； （八）投标人对同一招标项目递交两份或者多份内容不同的投标文件，未书面声明哪一个有效； （九）投标文件中含有虚假资料； （十）投标人名称与组织机构与资格预审文件不一致； （十一）不符合招标文件中规定的其他实质性要求。 第五十七条　评标委员会经评审，认为所有投标文件都不符合招标文件要求，可以否决所有投标，招标人应当重新招标，并报水行政主管部门备案。
14	水利工程建设项目重要设备材料采购招标投标管理办法	第四十七条　属于下列情况之一的投标文件，招标人可以拒绝或按无效标处理： （一）投标文件未按招标文件要求密封、标志，或者逾期送到； （二）投标文件未按招标文件要求加盖公章和投标人法定代表人或授权代表签字；

（续）

序号	法律法规名称	相关条文
14	水利工程建设项目重要设备材料采购招标投标管理办法	（三）未按招标文件要求交纳投标保证金； （四）投标人与通过资格预审的投标申请人在名称上和法人地位上发生实质性的改变； （五）投标人法定代表人或授权代表人未参加开标会议； （六）投标文件未按照规定的格式、内容和要求编制； （七）投标文件字迹模糊导致无法确认关键技术方案、关键工期、关键工程质量保证措施、投标价格； （八）投标人对同一招标项目递交两份或者多份内容不同的投标文件，未书面声明哪一个有效； （九）投标文件中含有虚假资料； （十）不符合招标文件中规定的其他实质性要求。
15	公路工程建设项目招标投标管理办法	第四十九条　评标委员会发现投标人的投标报价明显低于其他投标人报价或者在设有标底时明显低于标底的，应当要求该投标人对相应投标报价作出书面说明，并提供相关证明材料。 投标人不能证明可以按照其报价以及招标文件规定的质量标准和履行期限完成招标项目的，评标委员会应当认定该投标人以低于成本价竞标，并否决其投标。 第五十一条　评标委员会对投标文件进行评审后，因有效投标不足3个使得投标明显缺乏竞争的，可以否决全部投标。未否决全部投标的，评标委员会应当在评标报告中阐明理由并推荐中标候选人。 投标文件按照招标文件规定采用双信封形式密封的，通过第一信封商务文件和技术文件评审的投标人在3个以上的，招标人应当按照本办法第三十七条规定的程序进行第二信封报价文件开标；在对报价文件进行评审后，有效投标不足3个的，评标委员会应当按照本条第一款规定执行。

（续）

序号	法律法规名称	相关条文
15	公路工程建设项目招标投标管理办法	通过第一信封商务文件和技术文件评审的投标人少于3个的，评标委员会可以否决全部投标；未否决全部投标的，评标委员会应当在评标报告中阐明理由，招标人应当按照本办法第三十七条规定的程序进行第二信封报价文件开标，但评标委员会在进行报价文件评审时仍有权否决全部投标；评标委员会未在报价文件评审时否决全部投标的，应当在评标报告中阐明理由并推荐中标候选人。
16	铁路工程建设项目招标投标管理办法	第三十二条　评标委员会认为投标人的报价明显低于其他投标报价，有可能影响工程质量或者不能诚信履约的，可以要求其澄清、说明是否低于成本价投标，必要时应当要求其一并提交相关证明材料。投标人不能证明其报价合理性的，评标委员会应当认定其以低于成本价竞标，并否决其投标。 第三十三条　评标委员会经评审，否决投标的，应当在评标报告中列明否决投标人的原因及依据；认为所有投标都不符合招标文件要求，或者符合招标文件要求的投标人不足3家使得投标明显缺乏竞争性的，可以否决所有投标。评标委员会作出否决投标或者否决所有投标意见的，应当有三分之二及以上评标委员会成员同意。
17	通信工程建设项目招标投标管理办法	第三十三条　评标过程中，评标委员会收到低于成本价投标的书面质疑材料、发现投标人的综合报价明显低于其他投标报价或者设有标底时明显低于标底，认为投标报价可能低于成本的，应当书面要求该投标人作出书面说明并提供相关证明材料。招标人要求以某一单项报价核定是否低于成本的，应当在招标文件中载明。 投标人不能合理说明或者不能提供相关证明材料的，评标委员会应当否决其投标。 第三十四条　投标人以他人名义投标或者投标人经资格审查不合格的，评标委员会应当否决其投标。 部分投标人在开标后撤销投标文件或者部分投标人被否决投标后，有效投标不足3个且明显缺乏竞争的，评标委员会应当否决全部投标。有效投标不足3个，评

（续）

序号	法律法规名称	相关条文
17	通信工程建设项目招标投标管理办法	标委员会未否决全部投标的，应当在评标报告中说明理由。 依法必须进行招标的通信工程建设项目，评标委员会否决全部投标的，招标人应当重新招标。
18	民航专业工程建设项目招标投标管理办法	第二十八条　投标人是响应招标、参加投标竞争的法人或者其他组织。 与招标人存在利害关系可能影响招标公正性的法人、其他组织或者个人，不得参加投标。 单位负责人为同一人或者存在控股、管理关系的不同单位，不得参加同一标段投标或者未划分标段的同一招标项目投标。 违反前两款规定的，相关投标均无效。 一个制造商对同一品牌同一型号的货物，仅能委托一个代理商参加投标。 第三十条　招标人接受联合体投标并进行资格预审的，联合体应当在提交资格预审申请文件前组成。资格预审后联合体增减、更换成员的，其投标无效。 联合体各方在同一招标项目中以自己名义单独投标或者参加其他联合体投标的，相关投标均无效。 投标人组织投标联合体的，应当划分联合体各成员的专业职责，联合体各成员应当具备相应的专业工程资质。联合体成员中同一专业的最低资质为投标联合体该专业的资质。 第五十一条　投标人的投标报价超出最高投标限价的，其投标文件按否决投标处理。
19	水运工程建设项目招标投标管理办法	第四十条　投标人在投标截止时间之前撤回已提交投标文件的，招标人应当自收到投标人书面撤回通知之日起5日内退还已收取的投标保证金。 投标截止后投标人撤销投标文件的，招标人可以不退还投标保证金。 出现特殊情况需要延长投标有效期的，招标人以书面形式通知所有投标人延长投标有效期。投标人同意延长

（续）

序号	法律法规名称	相关条文
19	水运工程建设项目招标投标管理办法	的，应当延长其投标保证金的有效期，但不得要求或被允许修改其投标文件；投标人拒绝延长的，其投标失效，投标人有权撤销其投标文件，并收回投标保证金。 第四十八条　有下列情形之一的，评标委员会应当否决其投标： （一）投标文件未按招标文件要求盖章并由法定代表人或其书面授权的代理人签字的； （二）投标联合体没有提交共同投标协议的； （三）未按照招标文件要求提交投标保证金的； （四）投标函未按照招标文件规定的格式填写，内容不全或者关键字迹模糊无法辨认的； （五）投标人不符合国家或者招标文件规定的资格条件的； （六）投标人名称或者组织结构与资格预审时不一致且未提供有效证明的； （七）投标人提交两份或者多份内容不同的投标文件，或者在同一份投标文件中对同一招标项目有两个或者多个报价，且未声明哪一个为最终报价的，但按招标文件要求提交备选投标的除外； （八）串通投标、以行贿手段谋取中标、以他人名义或者其他弄虚作假方式投标的； （九）报价明显低于成本或者高于招标文件中设定的最高限价的； （十）无正当理由不按照评标委员会的要求对投标文件进行澄清或说明的； （十一）没有对招标文件提出的实质性要求和条件作出响应的； （十二）招标文件明确规定废标的其他情形。 第五十条　评标委员会经评审，认为所有投标都不符合招标文件要求的，或者否决不合格投标后，因有效投标不足三个使得投标明显缺乏竞争的，可以否决全部投标。 所有投标被否决的，招标人应当依法重新招标。

（续）

序号	法律法规名称	相关条文
20	机电产品国际招标投标实施办法（试行）	第三十二条　投标人是响应招标、参加投标竞争的法人或其他组织。 与招标人存在利害关系可能影响招标公正性的法人或其他组织不得参加投标；接受委托参与项目前期咨询和招标文件编制的法人或其他组织不得参加受托项目的投标，也不得为该项目的投标人编制投标文件或者提供咨询。 单位负责人为同一人或者存在控股、管理关系的不同单位，不得参加同一招标项目包投标，共同组成联合体投标的除外。 违反前三款规定的，相关投标均无效。 第四十二条　第四款 联合体各方在同一招标项目包中以自己名义单独投标或者参加其他联合体投标的，相关投标均无效。 第四十四条　投标人发生合并、分立、破产等重大变化的，应当及时书面告知招标人。投标人不再具备资格预审文件、招标文件规定的资格条件或者其投标影响招标公正性的，其投标无效。 第五十七条　在商务评议过程中，有下列情形之一者，应予否决投标： （一）投标人或其制造商与招标人有利害关系可能影响招标公正性的； （二）投标人参与项目前期咨询或招标文件编制的； （三）不同投标人单位负责人为同一人或者存在控股、管理关系的； （四）投标文件未按招标文件的要求签署的； （五）投标联合体没有提交共同投标协议的； （六）投标人的投标书、资格证明材料未提供，或不符合国家规定或者招标文件要求的； （七）同一投标人提交两个以上不同的投标方案或者投标报价的，但招标文件要求提交备选方案的除外；

（续）

序号	法律法规名称	相关条文
20	机电产品国际招标投标实施办法（试行）	（八）投标人未按招标文件要求提交投标保证金或保证金金额不足、保函有效期不足、投标保证金形式或出具投标保函的银行不符合招标文件要求的； （九）投标文件不满足招标文件加注星号（"*"）的重要商务条款要求的； （十）投标报价高于招标文件设定的最高投标限价的； （十一）投标有效期不足的； （十二）投标人有串通投标、弄虚作假、行贿等违法行为的； （十三）存在招标文件中规定的否决投标的其他商务条款的。 前款所列材料在开标后不得澄清、后补；招标文件要求提供原件的，应当提供原件，否则将否决其投标。 第五十八条　对经资格预审合格且商务评议合格的投标人不能再因其资格不合格否决其投标，但在招标周期内该投标人的资格发生了实质性变化不再满足原有资格要求的除外。 第五十九条　技术评议过程中，有下列情形之一者，应予否决投标： （一）投标文件不满足招标文件技术规格中加注星号（"*"）的重要条款（参数）要求，或加注星号（"*"）的重要条款（参数）无符合招标文件要求的技术资料支持的； （二）投标文件技术规格中一般参数超出允许偏离的最大范围或最多项数的； （三）投标文件技术规格中的响应与事实不符或虚假投标的； （四）投标人复制招标文件的技术规格相关部分内容作为其投标文件中一部分的； （五）存在招标文件中规定的否决投标的其他技术条款的。

（续）

序号	法律法规名称	相关条文
20	机电产品国际招标投标实施办法（试行）	第六十二条　招标文件允许备选方案的，评标委员会对有备选方案的投标人进行评审时，应当以主选方案为准进行评标。备选方案应当实质性响应招标文件要求。凡提供两个以上备选方案或者未按要求注明主选方案的，该投标应当被否决。凡备选方案的投标价格高于主选方案的，该备选方案将不予采纳。 第六十三条　投标人应当根据招标文件要求和产品技术要求列出供货产品清单和分项报价。投标人投标报价缺漏项超出招标文件允许的范围或比重的，为实质性偏离招标文件要求，评标委员会应当否决其投标。缺漏项在招标文件允许的范围或比重内的，评标时应当要求投标人确认缺漏项是否包含在投标价中，确认包含的，将其他有效投标中该项的最高价计入其评标总价，并依据此评标总价对其一般商务和技术条款（参数）偏离进行价格调整；确认不包含的，评标委员会应当否决其投标；签订合同时以投标价为准。 第六十五条　评标委员会经评审，认为所有投标都不符合招标文件要求的，可以否决所有投标。 依法必须进行招标的项目的所有投标被否决的，招标人应当依照本办法重新招标。 第九十七条　投标人有下列行为之一的，当次投标无效，并给予警告，并处3万元以下罚款： （一）虚假招标投标的； （二）以不正当手段干扰招标、评标工作的； （三）投标文件及澄清资料与事实不符，弄虚作假的； （四）在投诉处理过程中，提供虚假证明材料的； （五）中标通知书发出之前与招标人签订合同的； （六）中标的投标人不按照其投标文件和招标文件与招标人签订合同的或提供的产品不符合投标文件的； （七）其他违反招标投标法、招标投标法实施条例和本办法的行为。 有前款所列行为的投标人不得参与该项目的重新招标。

（续）

序号	法律法规名称	相关条文
20	机电产品国际招标投标实施办法（试行）	第一百零八条　依法必须进行招标的项目的招标投标活动违反招标投标法、招标投标法实施条例和本办法的规定，对中标结果造成实质性影响，且不能采取补救措施予以纠正的，招标、投标、中标无效，应当依照本办法重新招标或者重新评标。 重新评标应当由招标人依照本办法组建新的评标委员会负责。前一次参与评标的专家不得参与重新招标或者重新评标。依法必须进行招标的项目，重新评标的结果应当依照本办法进行公示。 除法律、行政法规和本办法规定外，招标人不得擅自决定重新招标或重新评标。
21	进一步规范机电产品国际招标投标活动有关规定	第四条　招标文件如允许联合体投标，应当明确规定对联合体牵头方和组成方的资格条件及其他相应要求。 招标文件如允许投标人提供备选方案，应当明确规定投标人在投标文件中只能提供一个备选方案并注明主选方案，且备选方案的投标价格不得高于主选方案。凡提供两个以上备选方案或未注明主选方案的，该投标将被视为实质性偏离而被拒绝。
22	机电产品国际招标综合评价法实施规范（试行）	第九条　综合评价法应当集中列明招标文件中所有的重要条款（参数）（加注星号“*”的条款或参数），并明确规定投标人对招标文件中的重要条款（参数）的任何一条偏离将被视为实质性偏离，并导致废标。
23	政府采购货物和服务招标投标管理办法	第三十六条　投标人应当遵循公平竞争的原则，不得恶意串通，不得妨碍其他投标人的竞争行为，不得损害采购人或者其他投标人的合法权益。 在评标过程中发现投标人有上述情形的，评标委员会应当认定其投标无效，并书面报告本级财政部门。 第三十七条　有下列情形之一的，视为投标人串通投标，其投标无效： （一）不同投标人的投标文件由同一单位或者个人编制；

（续）

序号	法律法规名称	相关条文
23	政府采购货物和服务招标投标管理办法	（二）不同投标人委托同一单位或者个人办理投标事宜； （三）不同投标人的投标文件载明的项目管理成员或者联系人员为同一人； （四）不同投标人的投标文件异常一致或者投标报价呈规律性差异； （五）不同投标人的投标文件相互混装； （六）不同投标人的投标保证金从同一单位或者个人的账户转出。 第五十九条　投标文件报价出现前后不一致的，除招标文件另有规定外，按照下列规定修正： （一）投标文件中开标一览表（报价表）内容与投标文件中相应内容不一致的，以开标一览表（报价表）为准； （二）大写金额和小写金额不一致的，以大写金额为准； （三）单价金额小数点或者百分比有明显错位的，以开标一览表的总价为准，并修改单价； （四）总价金额与按单价汇总金额不一致的，以单价金额计算结果为准。 同时出现两种以上不一致的，按照前款规定的顺序修正。修正后的报价按照本办法第五十一条第二款的规定经投标人确认后产生约束力，投标人不确认的，其投标无效。 第六十条　评标委员会认为投标人的报价明显低于其他通过符合性审查投标人的报价，有可能影响产品质量或者不能诚信履约的，应当要求其在评标现场合理的时间内提供书面说明，必要时提交相关证明材料；投标人不能证明其报价合理性的，评标委员会应当将其作为无效投标处理。 第六十三条　投标人存在下列情况之一的，投标无效： （一）未按照招标文件的规定提交投标保证金的；

（续）

序号	法律法规名称	相关条文
23	政府采购货物和服务招标投标管理办法	（二）投标文件未按招标文件要求签署、盖章的； （三）不具备招标文件中规定的资格要求的； （四）报价超过招标文件中规定的预算金额或者最高限价的； （五）投标文件含有采购人不能接受的附加条件的； （六）法律、法规和招标文件规定的其他无效情形。

附录 B 招标投标活动中联合惩戒失信主体法律规定一览表

序号	文件名称	惩戒对象	惩戒措施
1	《国务院关于促进市场公平竞争维护市场正常秩序的若干意见》（国发〔2014〕20号）	违背市场竞争原则和侵犯消费者、劳动者合法权益的市场主体	第四条第（十五）项 对失信主体在经营、投融资、取得政府供应土地、进出口、出入境、注册新公司、工程招标投标、政府采购、获得荣誉、安全许可、生产许可、从业任职资格、资质审核等方面依法予以限制或禁止。
2	《国务院关于印发社会信用体系建设规划纲要（2014~2020年）的通知》（国发〔2014〕21号）	列入不良行为记录名单的供应商	在一定期限内禁止参加政府采购活动。鼓励市场主体运用基本信用信息和第三方信用评价结果，并将其作为投标人资格审查、评标、定标和合同签订的重要依据。
3	《国务院关于建立完善守信联合激励和失信联合惩戒制度加快推进社会诚信建设的指导意见》（国发〔2016〕33号）	严重失信主体	（十）依法依规加强对失信行为的行政性约束和惩戒。限制参与有关公共资源交易活动，限制参与基础设施和公用事业特许经营。

（续）

序号	文件名称	惩戒对象	惩戒措施
4	《企业信息公示暂行条例》（国务院令第654号）	被列入经营异常名录或者严重违法企业名单的企业	县级以上地方人民政府及其有关部门应当建立健全信用约束机制，在政府采购、工程招标投标、国有土地出让、授予荣誉称号等工作中，将企业信息作为重要考量因素，对被列入经营异常名录或者严重违法企业名单的企业依法予以限制或者禁入。
5	国家发展改革委、工商行政管理总局、中央精神文明建设指导委员会办公室等《关于印发〈失信企业协同监管和联合惩戒合作备忘录〉的通知》（发改财金〔2015〕2045号）	违背市场竞争准则和诚实信用原则，存在侵犯消费者合法权益、制假售假、未履行信息公示义务等违法行为，被各级工商行政管理、市场监督管理部门（以下简称"工商行政管理部门"）吊销营业执照、列入经营异常名录或严重违法失信企业名单，并在企业信用信息公示系统上予以公示的企业及其法定代表人（负责人），以及根据相关法律法规规定对企业严重违法行为负有责任的企业法人和自然人股东、其他相关人员	（六）限制参与政府采购活动。 惩戒措施：对当事人在一定期限内依法限制其参与政府采购活动 （七）限制参与工程招标投标 惩戒措施：对当事人在一定期限内参与依法进行投标项目投标活动的行为予以限制。

6	国家发展改革委、中国证券监督管理委员会、财政部等《关于印发〈关于对违法失信上市公司相关责任主体实施联合惩戒的合作备忘录〉的通知》（发改财金〔2015〕3062号）	被中国证监会及其派出机构依法予以行政处罚、市场禁入的上市公司及相关机构和人员等责任主体（以下简称违法失信当事人），包括：（1）上市公司；（2）上市公司的董事、监事、高级管理人员等责任人员；（3）上市公司控股股东、实际控制人、持股5%以上的股东及其董事、监事、高级管理人员等责任人员；（4）上市公司收购人、上市公司重大资产重组或者发行股份购买资产的交易各方（含一致行动人）及其董事、监事、高级管理人员等责任人员。其中，以违法失信的上市公司控股股东、实际控制人、董事、监事、高级管理人员等责任人员为主	禁止参加政府采购活动。对违法失信当事人，特别是上市公司控股股东、实际控制人及各机构相关责任人员，在一定期限内禁止作为供应商参加政府采购活动。

（续）

序号	文件名称	惩戒对象	惩戒措施
7	最高人民法院、国家发展改革委、工业和信息化部等《关于在招标投标活动中对失信被执行人实施联合惩戒的通知》（法〔2016〕285号）	被人民法院列为失信被执行人的下列人员：投标人、招标代理机构、评标专家以及其他招标从业人员	（一）限制失信被执行人的投标活动 依法必须进行招标的工程建设项目，招标人应当在资格预审公告、招标公告、投标邀请书及资格预审文件、招标文件中明确规定对失信被执行人的处理方法和评标标准，在评标阶段，招标人或者招标代理机构、评标专家委员会应当查询投标人是否为失信被执行人，对属于失信被执行人的投标活动依法予以限制。 两个以上的自然人、法人或者其他组织组成一个联合体，以一个投标人的身份共同参加投标活动的，应当对所有联合体成员进行失信被执行人信息查询。联合体中有一个或一个以上成员属于失信被执行人的，联合体视为失信被执行人。 （二）限制失信被执行人的招标代理活动 招标人委托招标代理机构开展招标事宜的，应当查询其失信被执行人信息，鼓励优先选择无失信记

			录的招标代理机构。 （三）限制失信被执行人的评标活动 依法建立的评标专家库管理单位在对评标专家聘用审核及日常管理时，应当查询有关失信被执行人信息，不得聘用失信被执行人为评标专家。对评标专家在聘用期间成为失信被执行人的，应及时清退。 （四）限制失信被执行人招标从业活动 招标人、招标代理机构在聘用招标从业人员前，应当明确规定对失信被执行人的处理办法，查询相关人员的失信被执行人信息，对属于失信被执行人的招标从业人员应按照规定进行处理。
8	国家发展改革委、最高人民法院、中国人民银行等《关于印发对失信被执行人实施联合惩戒的合作备忘录的通知》（发改财金〔2016〕141号）	最高人民法院公布的失信被执行人（包括自然人和单位）	鼓励市场主体运用基本信用信息和第三方信用评价结果，并将其作为投标人资格审查、评标、定标和合同签订的重要依据。 协助查询政府采购项目信息；依法限制参加政府采购活动。

（续）

序号	文件名称	惩戒对象	惩戒措施
9	国家发展改革委、中国人民银行、国家安全生产监督管理总局等《关于印发〈关于对安全生产领域失信生产经营单位及其有关人员开展联合惩戒的合作备忘录〉的通知》（发改财金〔2016〕1001号）	在安全生产领域存在失信行为的生产经营单位，及其法定代表人、主要负责人、分管安全的负责人、负有直接责任的有关人员等	（三）依法限制参与建设工程招标投标。 （五）依法限制生产经营单位取得或者终止其基础设施和公用事业特许经营。 （十八）依法限制存在失信行为的生产经营单位参与政府采购活动。
10	国家发展改革委、中国人民银行、环境保护部等《印发〈关于对环境保护领域失信生产经营单位及其有关人员开展联合惩戒的合作备忘录〉的通知》（发改财金〔2016〕1580号）	在环境保护领域存在严重失信行为的生产经营单位及其法定代表人、主要负责人和负有直接责任的有关人员	3. 禁止作为供应商参加政府采购活动。 4. 限制参与财政投资公共工程建设项目投标活动。 5. 限制参与基础设施和公用事业特许经营。

11	国家发展改革委、国家食品药品监督管理总局、中国人民银行等《印发〈关于对食品药品生产经营严重失信者开展联合惩戒的合作备忘录〉的通知》（发改财金〔2016〕1962号）	食品药品监督管理部门公布的存在严重失信行为的食品（含食品添加剂）、药品、化妆品、医疗器械生产经营者。该生产经营者为企业的，联合惩戒对象为企业及其法定代表人、负有直接责任的有关人员；该生产经营者为其他经济组织的，联合惩戒对象为其他经济组织及其负责人；该生产经营者为自然人的，联合惩戒对象为本人	在一定期限内依法禁止其参与政府采购活动。
12	国家发展改革委、中国人民银行、国家质量监督检验检疫总局等《印发〈关于对严重质量违法失信行为当事人实施联合惩戒的合作备忘录〉的通知》（发改财金〔2016〕2202号）	违反产品质量管理相关法律、法规，违背诚实信用原则，经过质检部门认定存在严重质量违法失信行为的生产经营企业及其法定代表人	10. 依法限制参与政府采购活动。 11. 限制参与工程等招标投标。

（续）

序号	文件名称	惩戒对象	惩戒措施
13	国家发展改革委、中国人民银行、财政部等《印发〈关于对财政性资金管理使用领域相关失信责任主体实施联合惩戒的合作备忘录〉的通知》（发改财金〔2016〕2641号）	财政部、国家发展改革委会同有关部门确定的在财政性资金管理使用领域中存在弄虚作假、虚报冒领、骗取套取、截留挪用、拖欠国际金融组织和外国政府贷款到期债务等失信、失范行为的单位、组织和有关人员	（三）依法限制参加政府采购活动。依法限制失信责任主体作为供应商参加政府采购活动。 （四）作为选择参与政府和社会资本合作的参考。将失信责任主体相关信息作为选择参与政府和社会资本合作的依据或参考。 （十四）依法限制参与基础设施和公用事业特许经营。对失信责任主体申请参与基础设施和公用事业特许经营，依法进行必要限制。 （十六）依法限制参与政府投资工程建设项目投标活动。对失信责任主体申请参与政府投资工程建设项目投标活动，依法进行必要限制。
14	国家发展改革委、中国人民银行、国家税务总局等《印发〈关于对重大税收违法案件当事人实施联合惩	税务机关根据《国家税务总局关于修订〈重大税收违法案件信息公布办法（试行）〉的公告》（国家税务总局公告2016年第24号）等有关规定，公布的重大税收违法案件信息中所列明的当事人。当事人为自然人的，惩戒的对象为当事人本人；当事人为企业的，惩戒的对象为企业及其法定代表人、负有直接责任的财务负责人；	（九）依法禁止参加政府采购活动。 惩戒措施：对公布的重大税收违法案件当事人，在一定期限内依法禁止参加政府采购活动。 （二十）依法限制参与有关公共资源交易活动。 惩戒措施：对公布的重大税收违法案件当事人，依法限制参与有关公共资源交易活动。 （二十一）依法限制参与基础设施和公用事业特

	戒措施的合作备忘录（2016年版）〉的通知》（发改财金〔2016〕2798号）	当事人为其他经济组织的，惩戒的对象为其他经济组织及其负责人、负有直接责任的财务负责人；当事人为负有直接责任的中介机构及从业人员的，惩戒的对象为中介机构及其法定代表人或负责人，以及相关从业人员	许经营。 惩戒措施：对公布的重大税收违法案件当事人，依法限制参与基础设施和公用事业特许经营。
15	国家发展改革委、中国人民银行、交通运输部等《印发〈关于对严重违法失信超限超载运输车辆相关责任主体实施联合惩戒的合作备忘录〉的通知》（发改财金〔2017〕274号）	根据《交通运输部办公厅关于界定严重违法失信超限超载运输行为和相关责任主体有关事项的通知》（交办公路〔2017〕8号）和相关法律、法规、规章及规范性文件等有关规定，公布的严重违法失信超限超载运输车辆的相关责任主体，包括货运源头单位、道路运输企业及其法定代表人、主要负责人和负有直接责任的有关人员；货运车辆和货运车辆驾驶人	4. 依法限制参与政府采购活动。协助查询政府采购项目信息，依法限制失信当事人在一定期限内参与政府采购活动。 6. 依法限制参与工程等招标投标。在一定期限内依法限制失信当事人参与投标活动。
16	国家发展改革委、中国人民银行、农业部等《印发〈关于对农资领域严重失信生产经营单位及其有关人员开展联合惩戒的合作备忘录〉的通知》（发改财金〔2017〕346号）	在农资生产经营领域存在严重失信行为的企业及其法定代表人、主要负责人和直接负责的主管人员	15. 依法限制失信企业参与政府采购活动。 16. 依法限制失信企业参与工程等招标投标。

（续）

序号	文件名称	惩戒对象	惩戒措施
17	国家发展改革委、中国人民银行、海关总署等《印发〈关于对海关失信企业实施联合惩戒的合作备忘录〉的通知》（发改财金〔2017〕427号）	根据《中华人民共和国海关企业信用管理暂行办法》（海关总署令第225号）认定的海关失信企业及其法定代表人（负责人）、董事、监事、高级管理人员	20. 在一定期限内，依法限制参与政府采购活动。 21. 在一定期限内，依法限制参与工程等招标投标。
18	国家发展改革委、中国人民银行、中国银行业监督管理委员会、中国证券监督管理委员会、中国保险监督管理委员会等《印发〈关于对涉金融严重失信人实施联合惩戒的合作备忘录〉的通知》（发改财金〔2017〕454号）	列入涉金融严重失信人名单的当事人。当事人为企业的，联合惩戒对象为企业及其法定代表人，实际控制人、负有个人责任或直接领导责任的董事、监事、高级管理人员，负有直接责任的从业人员；当事人为社会组织的，联合惩戒对象为社会组织及其法定代表人和负有直接责任的工作人员；当事人为自然人的，惩戒对象为自然人本人	依法限制参加依法必须进行招标的工程建设项目招标投标和政府采购活动。依法限制失信名单当事人作为投标人参加依法必须进行招标的工程建设项目招标投标，或者作为供应商参加政府采购活动，由国家发展改革委、财政部等相关部门实施。

19	国家发展改革委、中国人民银行、工业和信息化部等《印发〈关于在电子认证服务行业实施守信联合激励和失信联合惩戒的合作备忘录〉的通知》(发改财金〔2017〕844号)	工业和信息化部认定并公布的存在严重失信行为的电子认证服务机构，未经许可从事电子认证服务的企事业单位或其他组织及其法定代表人、主要负责人和负有直接责任的有关人员	禁止作为供应商参加政府采购活动。
20	国家发展改革委、国务院国有资产监督管理委员会、国家能源局等《印发〈关于对电力行业严重违法失信市场主体及其有关人员实施联合惩戒的合作备忘录〉的通知》(发改运行〔2017〕946号)	违反电力管理等相关法律、法规规定，违背诚实信用原则，经政府主管部门认定存在严重违法失信行为并纳入电力行业“黑名单”的市场主体及负有责任的法定代表人、自然人股东、其他相关人员	限制参与工程等招标投标活动。

（续）

序号	文件名称	惩戒对象	惩戒措施
21	国家发展改革委、中国人民银行、工业和信息化部、国家食品药品监督管理总局等《印发〈关于对盐行业生产经营严重失信者开展联合惩戒的合作备忘录〉的通知》（发改经体〔2017〕1164号）	国务院盐业主管机构公布的存在严重失信行为的食盐和非食用盐产品生产和经营者。该生产经营者为企业的，联合惩戒对象为企业及其法定代表人、负有直接责任的有关人员；该生产经营者为其他经济组织的，联合惩戒对象为其他经济组织及其负责人；该生产经营者为自然人的，惩戒对象为本人	在一定期限内依法禁止其参与政府采购活动。
22	国家发展改革委、中国人民银行、住房和城乡建设部等《关于印发〈关于对房地产领域相关失信责任主体实施联合惩戒的合作备忘录〉的通知》（发改财金〔2017〕1206号）	在房地产领域开发经营活动中存在失信行为的相关机构及人员等责任主体，包括：（1）房地产开发企业、房地产中介机构、物业管理企业；（2）失信房地产企业的法定代表人、主要负责人和对失信行为负有直接责任的从业人员	8. 禁止作为供应商参加政府采购活动。 10. 限制参与政府投资公共工程建设的投标活动。 11. 限制或者禁止参与基础设施和公用事业特许经营，依法取消已获得的特许经营权。 23. 限制参与公共资源交易活动。

23	国家发展改革委、中国人民银行、国家能源局等《印发〈关于对石油天然气行业严重违法失信主体实施联合惩戒的合作备忘录〉的通知》（发改运行〔2017〕1455号）	石油天然气行业从事勘探开发、储运、加工炼制、批发零售及进出口等业务，违反相关法律、法规、规章及规范性文件规定，违背诚实信用原则，经有关主管部门认定存在严重违法失信行为并被列入石油天然气行业“严重违法失信名单”的市场主体。该市场主体为企业的，联合惩戒对象为企业及其法定代表人、负有直接责任的有关人员；该市场主体为其他经济组织的，联合惩戒对象为其他经济组织及其负责人；该市场主体为自然人的，联合惩戒对象为本人	27. 依法禁止作为供应商参加政府采购活动。 29. 限制参与基础设施和公用事业特许经营。
24	国家发展改革委、中国人民银行、交通运输部等《印发〈关于对运输物流行业严重违法失信市场主体及其有关人员实施联合惩戒的合作备忘录〉的通知》（发改运行〔2017〕1553号）	违反运输物流行业相关法律、法规、规章及规范性文件规定，违背诚实守信原则，经政府行政管理部门认定存在严重违法失信行为并被列入运输物流行业“黑名单”的市场主体及负有直接责任的法定代表人、企业负责人、挂靠货车实际所有人及相关人员。本备忘录所指的运输物流行业市场主体为从事运输、仓储、配送、代理、包装、流通加工、快递、信息服务等物流相关业务的企业和个体工商户	4. 对失信主体作为供应商参加政府采购活动依法予以限制。 5. 对失信主体参与工程等招标投标依法予以限制。

（续）

序号	文件名称	惩戒对象	惩戒措施
25	国家发展改革委、中国人民银行、中国保险监督管理委员会等《印发〈关于对保险领域违法失信相关责任主体实施联合惩戒的合作备忘录〉的通知》（发改财金〔2017〕1579号）	保险监督管理部门依法认定的存在严重违法失信行为的各类保险机构、保险从业人员以及与保险市场活动相关的其他机构和人员	（十一）依法限制参加政府采购活动。对保险领域违法失信当事人，依法限制其作为供应商参加政府采购活动。 （二十六）依法限制参与政府投资工程建设项目投标活动参考。将保险领域违法失信当事人相关失信信息作为限制申请参与政府投资工程建设项目投标活动的参考。
26	国家发展改革委、中国人民银行、商务部、外交部等《关于印发〈关于对对外经济合作领域严重失信主体开展联合惩戒的合作备忘录〉的通知》（发改外资〔2017〕1894号）	被对外经济合作主管部门和地方列为对外经济合作领域严重失信行为的责任主体和相关责任人	6. 依法限制严重失信主体参与政府采购活动。 7. 依法限制严重失信主体参与政府投资工程建设项目投标活动。 17. 对失信主体，限制其参与基础设施和公用事业特许经营。

27	国家发展改革委、中国人民银行、商务部等《印发〈关于对国内贸易流通领域严重违法失信主体开展联合惩戒的合作备忘录〉的通知》（发改财金〔2017〕1943号）	批发零售、商贸物流、住宿餐饮及居民服务等国内贸易流通领域，违反相关法律、法规、规章和规范性文件，违背诚实信用原则，经有关主管部门确认存在严重违法失信行为的市场主体。该主体为企业的，联合惩戒对象为企业及其法定代表人、主要负责人和其他负有直接责任的人员；该主体为其他经济或行业组织的，联合惩戒对象为其他经济或行业组织及其主要负责人和其他负有直接责任的人员；该主体为自然人的，联合惩戒对象为本人	7. 在一定期限内依法禁止其作为供应商参与政府采购活动。 9. 依法限制或者禁止参与基础设施和公用事业特许经营。 10. 依法限制参与有关公共资源交易活动。
28	国家发展改革委、中国人民银行、人力资源和社会保障部等《印发〈关于对严重拖欠农民工工资用人单位及其有关人员开展联合惩戒的合作备忘录〉的通知》（发改财金〔2017〕2058号）	存在严重拖欠农民工工资违法失信行为的用人单位及其法定代表人、主要负责人和负有直接责任的有关人员	（四）依法限制参与工程建设项目招标投标活动。 （五）依法限制取得或终止其基础设施和公用事业特许经营。 （七）在一定期限内依法禁止其作为供应商参与政府采购活动。

（续）

序号	文件名称	惩戒对象	惩戒措施
29	国家发展改革委、中国人民银行、国家质量监督检验检疫总局等《印发〈关于对出入境检验检疫企业实施守信联合激励和失信联合惩戒的合作备忘录〉的通知》（发改财金〔2018〕176号）	严重违反检验检疫相关法律法规，违背诚实守信原则，经过质检总局认定存在严重违法失信行为的进出口生产经营及相关代理企业	15. 依法限制参与政府采购活动。对严重失信企业在一定时期内禁止作为供应商参加政府采购活动。参与工程等招标投标限制。 16. 参与工程等招标投标限制。对严重失信企业限制参与工程等招标投标。
30	国家发展改革委、中国人民银行、商务部、人力资源和社会保障部等《印发〈关于对家政服务领域相关失信责任主体实施联合惩戒的合作备忘录〉的通知》（发改财金〔2018〕277号）	在家政服务领域经营活动中违反《家庭服务业管理暂行办法》（商务部令2012年第11号）（《家庭服务业管理暂行办法》中“家庭服务业”等同于“家政服务业”），以及其他法律、法规、规章和规范性文件，违背诚实信用原则，经有关主管部门确认存在严重失信行为的相关机构及人员等责任主体，包括：（1）失信家政服务企业；（2）失信家政服务企业的法定代表人、主要负责人和对失信行为负有直接责任的从业人员	4. 在一定期限内依法禁止其作为供应商参与政府采购活动。 6. 依法限制或者禁止参与基础设施和公用事业特许经营。 7. 依法限制参与工程建设项目招标投标等有关公共资源交易活动。

31	国家发展改革委、中国人民银行、民政部等《印发〈关于对慈善捐赠领域相关主体实施守信联合激励和失信联合惩戒的合作备忘录〉的通知》(发改财金〔2018〕331号)	在慈善捐赠活动中有失信行为的相关自然人、法人和非法人组织。其中包括：（1）被民政部门按照有关规定列入社会组织严重违法失信名单的慈善组织；（2）上述组织的法定代表人和直接负责的主管人员；（3）在通过慈善组织捐赠中失信，被人民法院依法判定承担责任的捐赠人；（4）在接受慈善组织资助中失信，被人民法院依法判定承担责任的受益人；（5）被公安机关依法查处的假借慈善名义或假冒慈善组织骗取财产的自然人、法人和非法人组织	依法限制作为供应商参加政府采购活动。
32	国家发展改革委、中国人民银行、民政部等《印发〈关于对婚姻登记严重失信当事人开展联合惩戒的合作备忘录〉的通知》(发改财金〔2018〕342号)	联合惩戒对象为婚姻登记严重失信当事人	（十二）作为选择政府采购供应商、选聘评审专家的审慎性参考。将婚姻登记严重失信当事人信息作为政府采购供应商、选聘评审专家的审慎性参考。

（续）

序号	文件名称	惩戒对象	惩戒措施
33	国家发展改革委、中国人民银行、中共中央组织部等《印发〈关于对公共资源交易领域严重失信主体开展联合惩戒的备忘录〉的通知》（发改法规〔2018〕457号）	违反公共资源交易相关法律、法规规定，违背诚实信用原则，被主管部门依法实施行政处罚的企业及负有责任的法定代表人、自然人股东、评标评审专家及其他相关人员	1. 依法限制失信企业参与工程建设项目招标投标。 2. 依法限制失信企业参与政府采购活动。 3. 依法限制失信企业参与土地使用权和矿业权出让。 4. 依法限制失信企业参与国有产权交易活动。 5. 依法限制失信企业参与药品和医疗器械集中采购及配送 活动。 6. 依法限制失信企业参与二类疫苗采购活动。 7. 依法限制失信企业参与林权流转。 8. 依法限制失信企业参与其他公共资源交易活动。 9. 依法限制失信企业从事公共资源交易代理活动。 10. 依法限制失信相关人担任公共资源交易活动专家。 11. 依法限制失信相关人在公共资源交易领域从业。 12. 依法加强对失信企业、失信相关人从事公共资源交易有关各项活动的监督检查。

34	国家发展改革委、中国人民银行、文化和旅游部等《印发〈关于对旅游领域严重失信相关责任主体实施联合惩戒的合作备忘录〉的通知》（发改财金〔2018〕737号）	文化和旅游部根据《旅游经营服务不良信息管理办法（试行）》（旅办发〔2015〕181号）和相关法律、法规、规章及规范性文件等有关规定公布的存在旅游严重失信行为的相关责任主体，包括旅行社、景区以及为旅游者提供交通、住宿、餐饮、购物、娱乐等服务的经营者及其从业人员	4. 依法限制参加政府采购活动。协助查询政府采购项目信息，依法限制失信当事人在一定期限内参与政府采购活动。 5. 依法限制取得或终止其基础设施和公用事业特许经营。协助查询基础设施和公用事业特许经营，依法限制失信当事人在一定期限内参与基础设施和公用事业特许经营活动。 7. 依法限制参与工程建设项目招标投标活动。
35	国家发展改革委、中国人民银行、科学技术部等《印发〈关于对科研领域相关失信责任主体实施联合惩戒的合作备忘录〉的通知》（发改财金〔2018〕1600号）	在科研领域存在严重失信行为，列入科研诚信严重失信行为记录名单的相关责任主体，包括科技计划（专项、基金等）及项目的承担人员、评估人员、评审专家，科研服务人员和科学技术奖候选人、获奖人、提名人等自然人，项目承担单位、项目管理专业机构、中介服务机构、科学技术奖提名单位、全国学会等法人机构	23. 依法限制参与依法必须招标的工程建设项目招标投标活动。 24. 依法限制参与基础设施和公用事业特许经营。 27. 依法限制其作为供应商参与政府采购活动；依法限制其作为装备承制单位参与武器装备采购。

（续）

序号	文件名称	惩戒对象	惩戒措施
36	国家发展改革委、中国人民银行、国家统计局等《印发〈关于对统计领域严重失信企业及其有关人员开展联合惩戒的合作备忘录（修订版）〉的通知》（发改财金〔2018〕1862号）	存在下列失信行为，经统计部门根据《企业统计信用管理办法》《统计从业人员统计信用档案管理办法》等有关规定，依法认定并通过国家统计局网站公示的统计严重失信企业及其法定代表人、主要负责人和其他负有直接责任人员。（一）在依法开展的政府统计调查中，编造虚假统计数据；（二）提供不真实统计资料，违法数额占应报数额比例较高，或者违法数额较大；（三）在统计机构履行监督检查职责时，不如实反映情况、提供相关证明和资料且造成较严重后果，或者提供虚假情况、证明和资料；（四）拒绝、阻碍统计调查和统计检查，情节严重；（五）转移、隐匿、篡改、毁弃或者拒绝提供原始记录和凭证、统计台账、统计调查表以及其他相关证明和资料等	（三）依法限制参加政府投资项目招标投标。 （七）依法限制参与政府采购活动。 （十一）依法限制参与基础设施和公用事业特许经营。

37	国家发展改革委、中国人民银行、财政部等《印发〈关于对政府采购领域严重违法失信主体开展联合惩戒的合作备忘录〉的通知》（发改财金〔2018〕1614号）	在政府采购领域经营活动中违反《政府采购法》，以及其他法律、法规、规章和规范性文件，违背诚实信用原则，经政府采购监督管理部门依法认定的存在严重违法失信行为的政府采购当事人，包括：（1）政府采购供应商、代理机构及其直接负责的主管人员和其他责任人员；（2）政府采购评审专家	（二）依法限制参与政府投资工程建设项目投标活动。依法限制失信责任主体申请参与政府投资工程建设项目投标活动。 （五）依法限制参与基础设施和公用事业特许经营。依法限制失信责任主体参与基础设施和公用事业特许经营。
38	国家发展改革委、中国人民银行、国家知识产权局等《印发〈关于对知识产权（专利）领域严重失信主体开展联合惩戒的合作备忘录〉的通知》（发改财金〔2018〕1702号）	知识产权（专利）领域严重失信行为的主体实施者。该主体实施者为法人的，联合惩戒对象为该法人及其法定代表人、主要负责人、直接责任人员和实际控制人；该主体实施者为非法人组织的，联合惩戒对象为非法人组织及其负责人；该主体实施者为自然人的，联合惩戒对象为本人	3. 依法限制其作为供应商参与政府采购活动。

（续）

序号	文件名称	惩戒对象	惩戒措施
39	国家发展改革委、中国人民银行、人力资源和社会保障部等《印发〈关于对社会保险领域严重失信企业及其有关人员实施联合惩戒的合作备忘录〉的通知》（发改财金〔2018〕1704号）	人力资源社会保障部、税务总局和医疗保障局会同有关部门确定的违反社会保险相关法律、法规和规章的企事业单位及其有关人员	（六）依法限制失信企业作为供应商参加政府采购活动。 （七）依法将失信信息作为选择基础设施和公用事业特许经营等政府和社会资本合作项目合作伙伴的重要参考因素，限制失信主体成为项目合作伙伴。 （二十四）依法限制失信企业参与工程建设项目招标投标。
40	国家发展改革委、中国人民银行、文化和旅游部等《印发〈关于对文化市场领域严重违法失信市场主体及有关人员开展联合惩戒的合作备忘录〉的通知》（发改财金〔2018〕1933号）	因严重违法失信被列入全国文化市场黑名单的市场主体及其法定代表人或者主要负责人	15. 依法在一定时期内禁止作为供应商参加政府采购活动。 17. 将失信信息作为招标投标的重要参考。